HTML5+CSS3+ jQuery Mobile 轻松构造APP与移动网站

（第 2 版）

陈婉凌 编著

清華大学出版社
北京

内 容 简 介

本书以 HTML 为主轴，搭配 CSS、jQuery 制作网页，再加上 jQuery Mobile 制作移动网页，通过具体的范例从基础到高级，循序渐进地讲解。全书共分 4 部分，首先介绍 HTML5 网页开发和 CSS 网页美化，只要按本书的顺序学习，就能够轻松掌握网页制作的方法；然后介绍目前热门的移动设备网页技术，读者无须学习复杂的程序，就能够轻松创建移动设备的网页；最后通过 3 个移动设备网页制作实例让读者进行实战练习，即学即用，以便于加深理解，巩固所学知识。

本书是网页制作初学者的最佳入门书，同时也适合作为计算机及相关专业的教材和上机指导用书。

图书在版编目（CIP）数据

HTML5+CSS3+jQuery Mobile 轻松构造 APP 与移动网站 / 陈婉凌编著. —2 版. —北京：清华大学出版社, 2016（2022.8重印）
ISBN 978-7-302-45416-8

Ⅰ. ①H…　Ⅱ. ①陈…　Ⅲ. ①超文本标记语言－程序设计②网页制作工具③JAVA 语言－程序设计　Ⅳ.①TP312②TP393.092③TP312

中国版本图书馆 CIP 数据核字（2016）第 260878 号

责任编辑：夏毓彦
封面设计：王　翔
责任校对：闫秀华
责任印制：丛怀宇

出版发行：清华大学出版社
　网　　址：http://www.tup.com.cn，http://www.wqbook.com
　地　　址：北京清华大学学研大厦 A 座　　邮　　编：100084
　社 总 机：010-83470000　　邮　　购：010-62786544
　投稿与读者服务：010-62776969，c-service@tup.tsinghua.edu.cn
　质 量 反 馈：010-62772015，zhiliang@tup.tsinghua.edu.cn
印 装 者：三河市科茂嘉荣印务有限公司
经　　销：全国新华书店
开　　本：190mm×260mm　　印　张：22.75　　字　数：588 千字
版　　次：2015 年 1 月第 1 版　　2016 年 12 月第 2 版　　印　次：2022 年 8 月第 8 次印刷
定　　价：59.00 元

产品编号：069429-01

前　言

最近制作网站时不少客户会问，网站能不能直接转换成手机可以浏览的版本，最好能直接装在用户的手机上？当然可以！只要有HTML5，客户的上述需求都能轻易满足。大多数客户都会优先考虑如何节省成本，如果为了移动设备再开发一个原生应用程序（Native App）的版本，费用会更加昂贵。但是通过HTML5技术，稍微修改一下现有网站就能放到移动设备上，功能界面与普通APP没有区别，甚至更加美观，客户接受度普遍都很高。对于程序开发人员而言，轻轻松松就能增加两三倍的收入，这也是HTML5这么诱人的原因。

对于程序开发人员而言，最大的问题应该是界面设计部分，jQuery Mobile函数库的出现，完全解决了这个问题，它的优点之一就是只要稍加设置属性，就能将表单组件转换成移动设备界面。HTML5与jQuery Mobile两者搭配使用，能够轻易达到跨平台、跨设备（Write-Once，Run Anywhere）的目的，这无疑是目前开发跨移动设备网站的技术首选。

HTML5不仅仅是单纯的HTML语法，还包含了JavaScript、CSS等技术，HTML5新增了一些网页应用程序的API，这些都必须搭配JavaScript语言使用。另外，网页美化的部分，如文字字体、大小与颜色等，以前可以使用<font>标记属性来设置，现在HTML5已经停用这些样式美化的标记属性，改由CSS语法负责。当然，学习这些技术之前，必须十分熟悉基本的HTML语法，才能达到事半功倍的效果。

本书以HTML5为主体，搭配jQuery制作网页，再搭配jQuery Mobile制作Mobile APP，由基础到高级循序渐进，并通过范例，让读者进行实战练习。第4篇“打包与测试”教用户如何将写好的网页打包成Android APP。本书最后3章包含了完整的范例实战——“百度地图API和谷歌地图API”“甜点坊订购系统实战”以及“记事本Note APP实战”，后面两个范例分别搭配Web Storage和Web SQL数据库。制作完成之后，用户立即就能将成果打包并且放到移动设备上安装运行。只要按部就班地跟着本书学习，就能轻松制作网页及Android APP。

“工欲善其事，必先利其器”，网页制作前的首要任务就是准备好相关的软件工具，例如想要设计个人专用图案或影片就必须由图像编辑软件、多媒体剪辑软件进行辅助，这些软件工具虽然可以在市面上买到，但对于经费有限的读者来说，却是一大负担。读者可以参考书中所列举的免费工具或自由软件，让有心学习的用户找到合适的工具。相信本书会是用户学习网页制作的最佳入门书，同时也适合老师们作为相关课程的教材使用。

本书内容虽经再三思考校对，力求谨慎、正确，但疏漏之处恐难避免，还请读者批评指正，再次感谢。

本书范例的素材和代码下载地址为：http://pan.baidu.com/s/1qY6Kj04（注意区分数字和英文字母大小写）。如果下载有问题，请发送电子邮件至 booksaga@126.com，邮件主题设置为“求 HTML5+CSS3（第 2 版）代码”。

编者

2016 年 8 月

目 录

第1篇 HTML5网页开发

第 2 篇 CSS 网页美化

第 3 篇　jQuery 与 jQuery Mobile

第 4 篇 打包与测试

HTML5网页开发

第 1 章　HTML5 基础入门

HTML 是 HyperText Markup Language（超文本标记语言）的缩写，虽然说 HTML 也算是一种程序语言，但是事实上 HTML 并不像 C++或 Visual Basic 语言那样必须记住大量的语法。正确地说，HTML 只是一种标记（tags），每个标记都是一个特定的指令，这些指令组合起来就是我们在浏览器看到的网页。

1.1　认识 HTML5

HTML5 与 HTML4 在架构上有很大的不同，但是基本的标记语法并没有很大的改变。下面我们先来了解一下 HTML5 与 HTML4 的差异。

1.1.1　HTML5 与 HTML4 的差异

HTML5 是最新的 HTML 标准，于 2014 年达到稳定阶段，不过目前多数标准都已经大致制定，大部分的浏览器也都已经支持 HTML5 标准。

广义的 HTML5 除了本身的 HTML5 标记之外，还包含 CSS3 与 JavaScript。为了配合 CSS 语法，HTML5 在架构与网页排版美化方面的标记做了很大的更改，但是基本的标记语法并没有大的改变。下面列出几项 HTML4 和 HTML5 比较大的差异，供读者参考。

1. 语法简化

HTML、XHTML 的 DOCTYPE、html、meta、script 等标记，在 HTML5 中被大幅度简化。

2. 统一网页内嵌影音的语法

以前我们在网页中播放影音时，需要使用 ActiveX 或 Plug-in 的方式来完成，例如播放 YouTube 影音需要安装 Flash Player，播放苹果网站的影音则需要安装 QuickTime Player。HTML5 之后使用<video>或<audio>标记播放影音，就不再需要安装额外的外挂了。

3. 新增<header>、<footer>、<section>、<article>等语义标记

为了让网页的可读性更高，HTML5 增加了<header>、<footer>、<section>、<article>等标记，明确表示网页的结构，这样搜索引擎就能轻易抓到网页的重点，对于 SEO（Search Engine Optimization，搜索引擎优化）有很大的帮助。

4. HTML5 废除了一些旧的标记

HTML5 新增了一些标记，也废除了一些旧标记。废除的旧标记大部分是网页美化的标记，例如<font>、<big>、<u>等。在下一小节中会列出废除的标记。

5. 全新的表单设计

对于设计网页的程序者来说，表单是最常用的功能，在这方面，HTML5 做了很大的更改，不但新增了几项新的标记，原来的<form>标记也增加了许多属性。

6. 利用<canvas>标记绘制图形

HTML5 新增了具有绘图功能的<canvas>标记，利用它可以搭配 JavaScript 语法在网页上画出线条和图形。

7. 提供 API 开发网页应用程序

为了让网页程序设计者更好地开发网页设计应用程序，HTML5 提供了多种 API 供设计者使用，例如 Web SQL Database 让设计者可以脱机访问客户端（Client）的数据库。当然，要使用这些 API，必须熟悉 JavaScript 语法。

以上 7 项只是 HTML5 中较大的更改，有些标记语法的小修改，在以下的章节中笔者会陆续进行说明。

1.1.2 HTML5 废除的标记

HTML5 新增了一些标记，也废除了一些旧的标记，虽然目前这些即将废除的标记仍然可以使用，不过既然 W3C 已经明确指出将废除这些标记，为了避免以后网页显示发生问题，最好避免使用这些标记。

如果网页中不小心使用了这些废除的标记也没有关系，当标记停用时，HTML5 仍然具备向下兼容的特性，浏览器将会跳过错误继续向下执行，只是网页可能会无法完整呈现想要的效果。

表 1-1 列出了常用但 HTML5 将废除的标记，提醒读者特别留意。

表 1-1　HTML 将废除的标记

标记	描述	替代标记
<applet>	内嵌 Java Applet	改用<embed>或<object>标记
<acronym>	缩写词，例如 WWW=World Wide Web	改用<abbr>标记
<dir>	符号列表	改用<ul>标记
<frame>	框架设置	改用 CSS 搭配<iframe>标记
<frameset>	框架声明	
<noframes>	浏览器不支持框架时显示	

（续表）

标记	描述	替代标记
<basefont>	指定基本字体	改用 CSS
<big>	放大字体	
<center>	居中	
<font>	文字格式设置	
<marquee>	滚动字幕	
<s>	删除线	
<strike>	删除线	
<spacer>	插入空格	
<tt>	等宽字体显示	
<u>	下划线	
<bgsound>	插入背景音乐	改用<audio>标记

1.2　学习 HTML 前的准备工作

工欲善其事，必先利其器。学习 HTML 之前必须先准备好编写 HTML 的操作环境，本节就告诉你如何创建 HTML，进而存储文件并在浏览器中预览其结果。

1.2.1　创建 HTML 文件

学习 HTML 不需要昂贵的硬件与软件设备，只要准备好下面两个基本工具即可。

1. 浏览器

如 Microsoft Internet Explorer（IE）、Google Chrome 或者 Mozilla Firefox 浏览器。

2. 纯文本编辑软件

HTML 是标准的文件格式，任何一种纯文本编辑软件都可以编辑 HTML 文件。例如，Windows 操作系统中的“记事本”，就是一个基本的文字编辑工具。

目前，Google Chrome、Firefox、Opera 及 Safari 浏览器都支持 HTML5，只是支持程度各有不同，Internet Explorer（IE）从 IE 9 之后对 HTML 5 才有较佳的支持。

笔者接下来就通过 Windows 操作系统中的记事本和 360 安全浏览器，介绍创建 HTML 文件的方法。

01 打开记事本，请运行“开始/所有程序/附件/记事本”命令。在文档空白中输入如图 1-1 所示的文字。

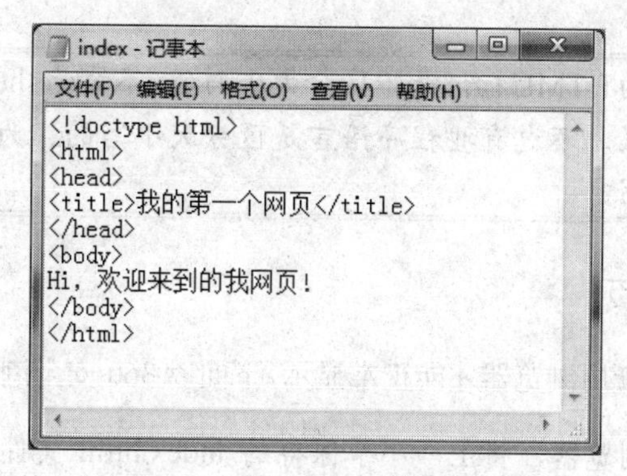

图 1-1 在记事本中输入文字

02 单击“文件”菜单中的“保存”命令，将记事本文件保存为 HTML 文件，如图 1-2 所示。

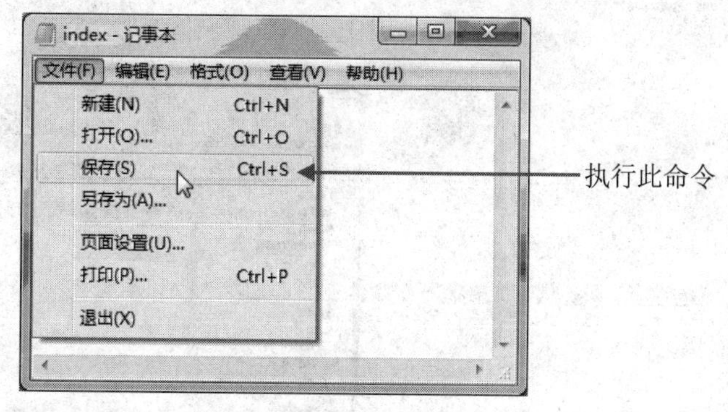

图 1-2 单击“文件”菜单中的“保存”命令

03 在“文件名”文本框中输入 index.htm，保存文件，如图 1-3 所示。

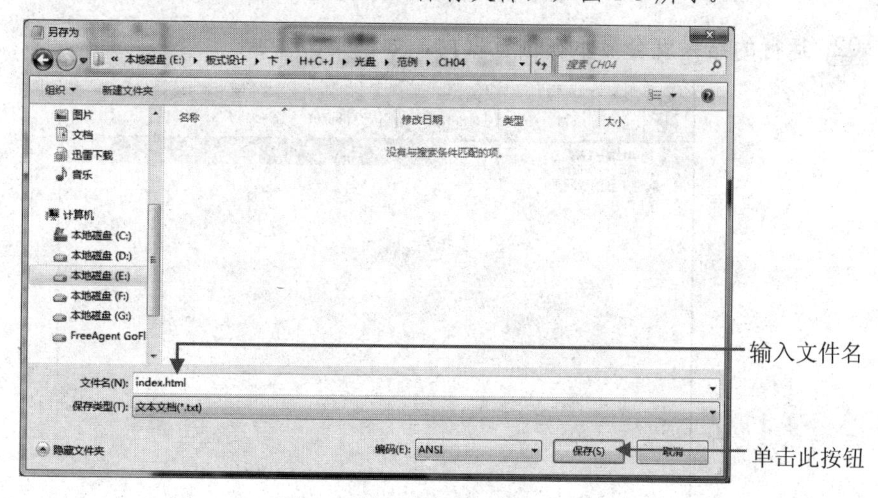

图 1-3 输入文件名

完成以上的操作后，这个文件的格式就是“HTML 文件”。接着就可以利用浏览器来观看网页的效果了。

HTML 文件中的 HTML 标记是不区分大小写的，不管是<html>、<Html>或<HTML>都是同样的效果，不过有些程序语言是区分大小写的。为了养成良好的习惯，建议尽量采用小写。

1.2.2 预览 HTML 网页

制作好的网页必须要使用浏览器才能正常显示，下面以 360 安全浏览器来说明如何浏览网页。

01 打开 360 安全浏览器，将上一小节保存的 index.html 文件拖曳到浏览器内，或者运行“文件 | 打开”命令，打开 index.html 文件，如图 1-4 所示。

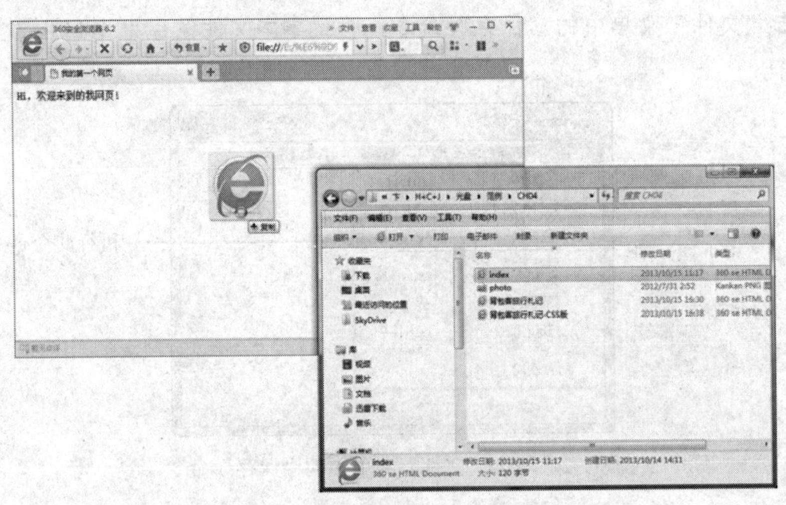

图 1-4 将 html 文件拖曳到浏览器中

02 运行的结果就会显示在浏览器内，如图 1-5 所示。

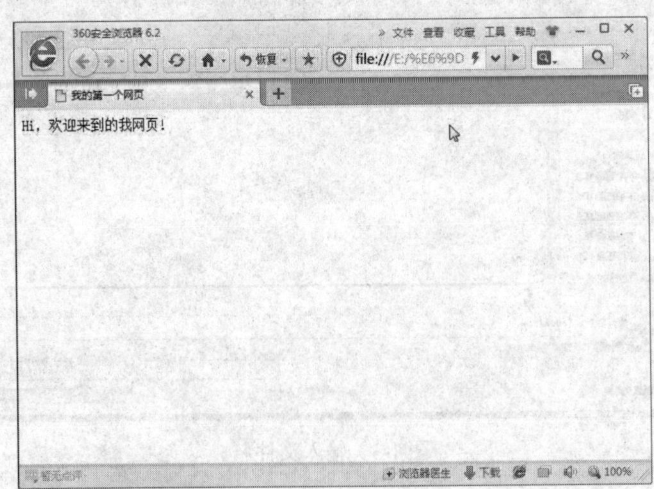

图 1-5 在浏览器中显示网页内容

如果对运行结果不满意，不需要关闭浏览器，可以直接打开 index.html 文件进行修改，修改完成后需要保存文件。此时只要返回浏览器，单击“刷新”按钮或按键盘上的 F5 功能键，就可以立即看到修改后的结果了。

从下一小节开始，我们将进行 HTML 语法的学习。

1.3 HTML 语法的概念与架构

开始学习 HTML 语法之前，首先必须了解 HTML 的基本架构。

1.3.1 HTML 的标记类型

所有的 HTML 标记都有固定的格式，必须用“<”符号与“>”符号括住，例如<html>。HTML 标记有容器标记（Container Tags）与单一标记（Single Tag）两种。

1. 容器标记（Container Tags）

容器标记（Container Tags）是成对的开始标记（Start Tag）与结束标记（End Tag），利用这两个标记将文字围住，以达到预期的效果。大部分的 HTML 标记都属于此种标记，终止标记前会加上一个斜线“/”。

```
<开始标记>……</结束标记>
```

例如：

```
<title>我的网页</title>
```

<title></title>标记的功能是将文字显示在浏览器的标题栏中。

2. 单一标记（Single Tag）

单一标记只有起始标记而没有结束标记，例如<hr>、<img>等标记都属于单一标记，<hr>标记的功能是添加分隔线，<img>标记的功能是插入图片。这些标记加上结束标记是没有意义的，例如，<hr>标记表示成<hr/>即可，不必写成<hr></hr>。

1.3.2 HTML 的组成

一个最简单的 HTML 网页由<html>与</html>标记标识出网页的开始与结束，网页中分为“头（head）”和“主体（body）”两部分，如下所示。

```
<!DOCTYPE html>
<html>
<head>
<title>这里是页标题</title>      } 头（head）
</head>
<body>
这里是网页的内容                } 主体（body）
</body>
```

```
</html>
```

- <head></head>标记：这里通常会放置网页的相关信息，例如<title>、<meta>，这些信息通常不会直接显示在网页上。
- <title></title>标记：用来说明此网页的标题，此标题会显示在浏览器标题栏中。

当浏览者将网页加入“收藏夹”时，看到的标题就是<title>标记中的文字。

- <body></body>标记：这里放置网页的内容，这些内容将直接显示在网页上。

1.3.3 标记属性的应用

有些标记可以加上属性（Attributes）来改变其在网页上显示的方式，属性直接置于开始标记内。如果有一个以上的属性，不同的属性需要以空格隔开。例如<html>标记有 lang 属性可以使用，lang 属性用来指定网页语言，语法如下：

```
<html lang="zh-cn">
```

表示网页语言设置为中文。当有多个属性值时就可以用空格来分隔各个属性，如下所示。

```
<开始标记 属性名称 1=设置值 1 属性名称 2=设置值 2 ......>
```

例如：

```
<meta name="keywords" content="HTML, CSS, XML, XHTML, JavaScript">
```

meta 标记用来描述网页，有利于搜索引擎快速找到网站并正确分类。

标记的属性同样是不区分大小写的。

1.4 HTML5 文件结构与语义标记

网页开发标准很重要的一环就是“结构”（structure）与“呈现”（presentation）分开，让网页开发人员只需关注网页结构及内容，而网页设计师可以用 CSS 语法帮助美化网页。这样，不仅增加了程序的可读性，每当网页需要改版时，设计师只要更改 CSS 文件就可以让网页焕然一新，不需要去修改 HTML 文件。

1.4.1 结构化的语义标记

语义标记其实并不算新的概念，曾经动手设计过博客的读者，相信对分栏、头部、菜单、主内容区、页脚等结构都很熟悉。如果要对页面进行分栏处理、添加标题栏、导航栏或页脚区，在 HTML4 中的做法是使用<div>标记指定 id 属性名称，再加上 CSS 语法来达到想要的效果，如图 1-6 所示是基本的两栏式网页架构。

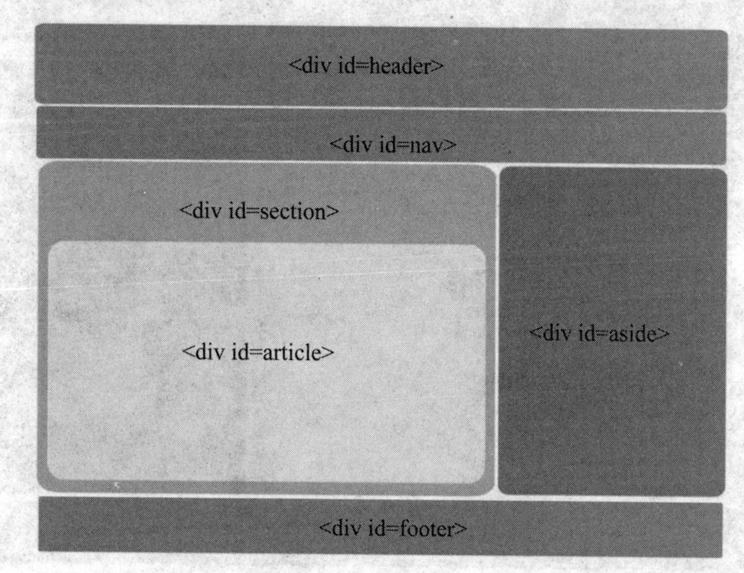

图 1-6　两栏式架构

<div>标记的 id 属性是自由命名的，如果 id 名称与架构完全无关，其他人就很难从名称去判断网页的架构，而且文件中过多的<div>代码会让代码看起来凌乱且不易阅读。因此，HTML5 统一了网页架构的标记，去掉了多余的 div，而用一些容易识别的语义标记来代替。常见的语义标记有表 1-2 所示的几种。

表 1-2　常见的语义标记

标记	说明
<header>	显示网站名称、主题或者主要信息
<nav>	网站的连接菜单
<aside>	用于侧边栏
<article>	用于定义主内容区
<section>	用于章节或段落
<footer>	位于页脚，用来放置版权声明、作者等信息

利用这些语义标记生成同样的两栏式网页架构，如图 1-7 所示。

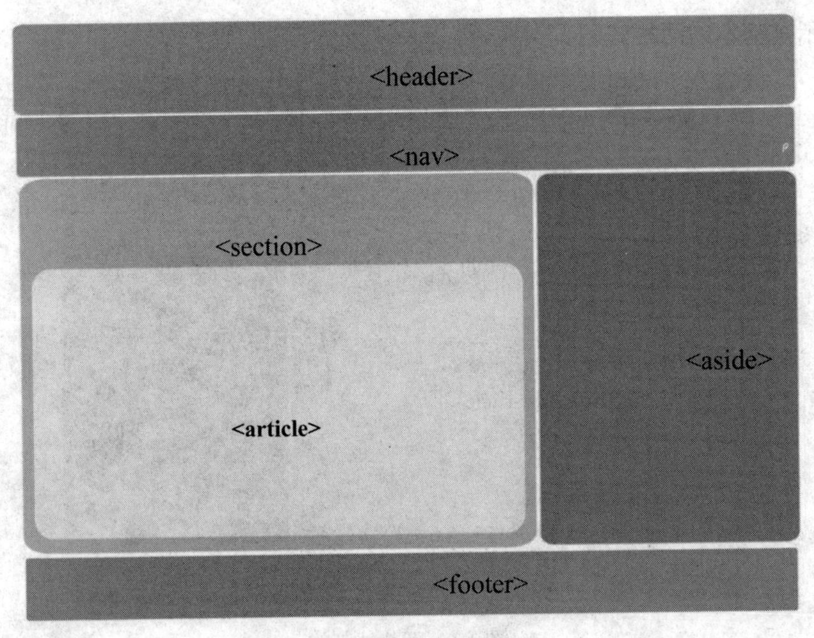

图 1-7　两栏式网页架构

结构化语义标记可以自由配置，并没有规定<aside>标记一定得写在<article>标记下方。写法如下：

```
<body>
  <header>网站主题</header>
  <nav>连接菜单</nav>
  <article>
  主内容
   <section>
   章节段落
   </section>
  </article>
 <aside>侧边栏</aside>
  <footer>页脚</footer>
</body>
```

打开下载资源中的“范例/CH01/背包客旅行札记.htm”文件，就可以看到一个 HTML5 的实例网页，如图 1-8 所示。

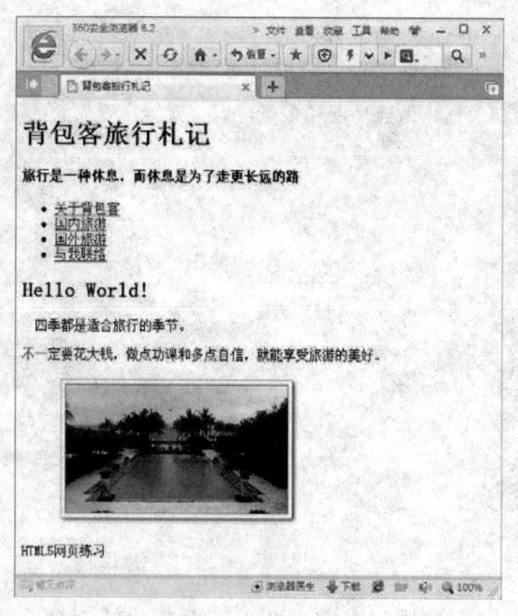

图 1-8　实例网页

用记事本打开“背包客旅行札记.htm”，可以看到完整的 HTML 架构写法。

```
<!DOCTYPE html>
<html>
<head>
<meta charset="GB2312">
<title>背包客旅行札记</title>
</head>
<body>
<header id="header">
    <hgroup>
        <h1>背包客旅行札记</h1>
        <h4>旅行是一种休息，而休息是为了走更长远的路</h4>
    </hgroup>
    <nav>
        <ul>
            <li><a href="#">关于背包客</a></li>
            <li class="current-item"><a href="#">国内旅游</a></li>
            <li><a href="#">国外旅游</a></li>
            <li><a href="#">与我联络</a></li>
        </ul>
    </nav>
</header>
<article id="travel">
    <section>
```

```
        <h2>Hello World!</h2>
        <p>四季都是适合旅行的季节。</p>
        <p>不一定要花大钱，做点功课和多点自信，就能享受旅游的美好。</p>
    </section>
    <aside>
        <figure>
            <img src="photo.png" alt="悠闲" />
        </figure>
    </aside>
</article>
<footer>
    HTML5 网页练习
</footer>
</body>
</html>
```

HTML 语法只是显示网页结构与内容，至于网页美化的部分，就交给 CSS 语法吧。CSS 语法在以后章节中有详细的介绍。

可以打开“CH01/背包客旅行札记-CSS 版.htm”文件，查看加上 CSS 语法之后网页所显示的效果，如图 1-9 所示。

图 1-9　使用 CSS 样式后的页面

1.4.2　HTML5 声明与编码设置

标准的 HTML 文件在文件前端都必须使用 DOCTYPE 声明使用的标准规范。在 HTML4 中还有 DOCTYPE 命令，而且有 3 种模式：严格标准模式（HTML 4 Strict）、近似标准模式（HTML 4 Transitional）和近似标准框架模式（HTML 4 Frameset）。DOCTYPE 命令必须很清楚地声明使用何种标准，以近似标准框架来说，其语法如下：

```
< ! DOCTYPE HTML PUBLIC "-//W3C//DTD HTML 4.01 Frameset//EN"
```

```
"http://www.w3.org/TR/html4/frameset.dtd" >
```

HTML5 的 DOCTYPE 声明就简单多了，其语法如下所示：

```
<!DOCTYPE html>
```

语言与编码类型

网页中声明语言与编码是很重要的，如果网页文件中没有正确声明编码，浏览器会根据浏览者计算机的设置显示编码。例如，我们有时逛一些网站，会看到一些网页变成乱码，通常都是因为没有正确声明编码。

语言的声明方式很简单，只要在<head>与</head>中间加入如下代码即可：

```
<html lang="zh-CN">
```

lang 属性设置为 zh-CN，表示文件内容使用简体中文。

网页编码的声明语法如下：

```
<meta charset="GB2312">
```

charset 属性设置为 GB2312，表示使用 GB2312 编码。如果使用 UTF-8 编码，只要将 charset 属性值改为 UTF-8 即可。

GB2312 是简体中文编码，只支持简体中文，也就是说 GB2312 编码的网页在台湾地区用 BIG5 编码打开会变成乱码，而 UTF-8 是国际码，支持多种语言，不容易出现乱码的问题。要特别提醒读者，网页编码的声明要与保存文件时的编码格式一致。以记事本为例，如果网页要使用 UTF-8 编码，那么保存文件时就必须在“编码”下拉列表中选择“UTF-8”，如图 1-10 所示。

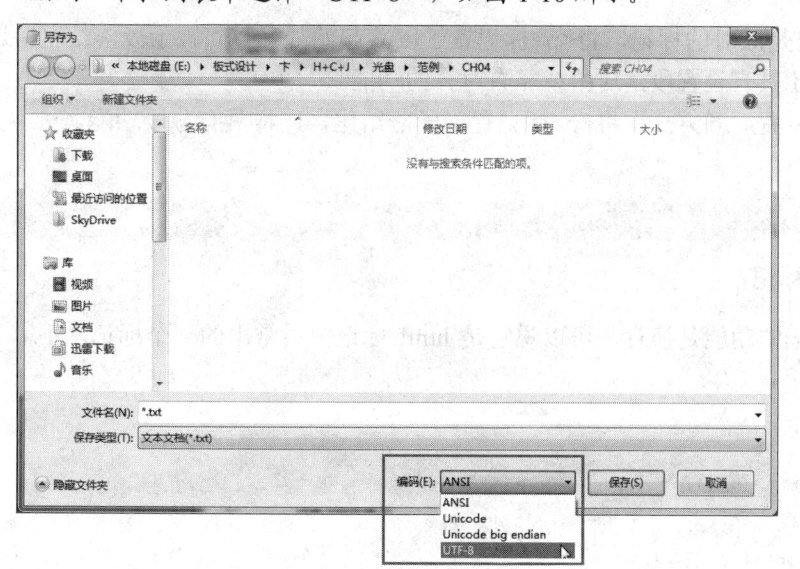

图 1-10　选择文件编码

第 2 章　文字变化与排版技巧

文字是文件最基本的要素之一。设计网页时，如果一长串密密麻麻的文字都没有适当的断行与分段，网友还没看到丰富精彩的网页内容，就被缺乏易读性的网页排版打败了。本章将学习如何在网页中编辑文字与段落。

2.1　段落效果——使用排版标记

当我们使用文字处理软件（例如 Word）时，只要在每一行的结尾按 Enter 键就可以分段，按 Shift+Enter 组合键就可以换行。不过，当你在记事本中输入文字并按 Shift+Enter 组合键时，只有记事本中的文字会换行，而用浏览器查看时又变成一长串没有分段的文字，这是因为浏览器会忽略 HTML 原始代码中空格和换行的部分，所以必须使用排版标记，才能够达到分段的效果。

HTML 用来设置段落的标记有<p>、
、<pre>、<blockquote>、<hr>、<h1>~<h6>等。

2.1.1　设置段落样式的标记

在 HTML 语法中可以利用<p>标记来区分段落，换行可以利用
标记来完成。

1. <p>标记

<p>标记是成对的标记，将<p>标记置于段落起始处，</p>置于段落结尾，这样不但具有分段功能，还具有设置段落居中或靠右对齐的功能。

如果不设置对齐方式，将<p>标记置于段落结尾，同样具有分段功能。

语法如下：

```
<p>...</p>
```

2.
标记

标记的功能是换行，可以说它是 html 标记中最常用的一个标记，不需要结尾标记，也没有属性。

语法如下：

```
第一行<br/>第二行
```

HTML5 不仅符合 HTML 标准也遵循 XHTML 标准，XHTML 是（Extensible HyperText Markup Language，可扩展超文本标记语言）的缩写，语法比 HTML 严谨而且简洁。在 XHTML 语法中规定不成对的单一标记必须在标记后加上“/”符号，例如
、<img />、<hr />。HTML5 规范也建议使用这样的标记方式。

通过下面的范例，可以了解<p>标记、
标记使用前后的效果。

用记事本打开范例文件 CH02/ch02_01.htm，请读者跟着范例一起练习。

范例：ch02_01.htm

01 由于尚未加入段落标记，浏览器会忽略 HTML 原始代码中空格和换行的部分，变成一长串的文字，如图 2-1 所示。

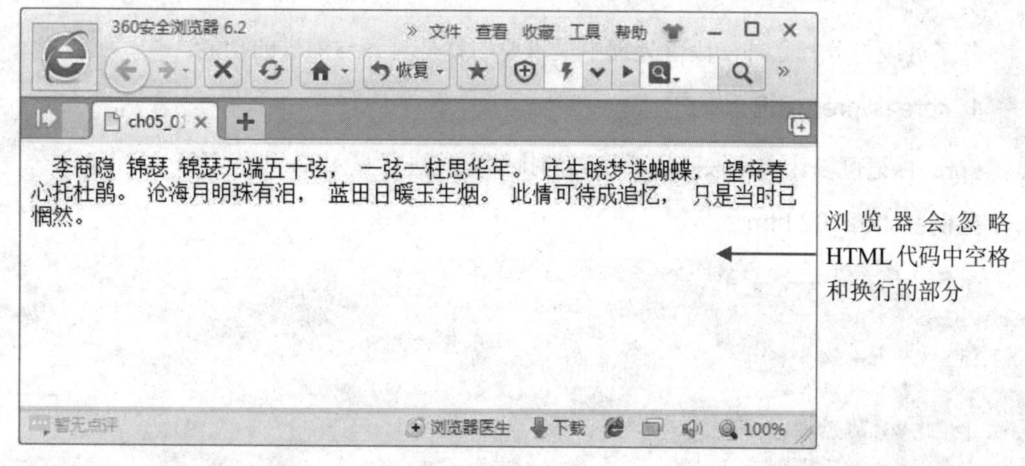

图 2-1　未添加标记的页面

02 请在 HTML 文件中添加如下的<p>、
标记。

HTML 原始代码：

```
<p>李商隐 锦瑟</p>
锦瑟无端五十弦，<br />
一弦一柱思华年。<br />
庄生晓梦迷蝴蝶，<br />
望帝春心托杜鹃。<br />
沧海月明珠有泪，<br />
蓝田日暖玉生烟。<br />
此情可待成追忆，<br />
只是当时已惘然。
```

执行结果如图 2-2 所示。

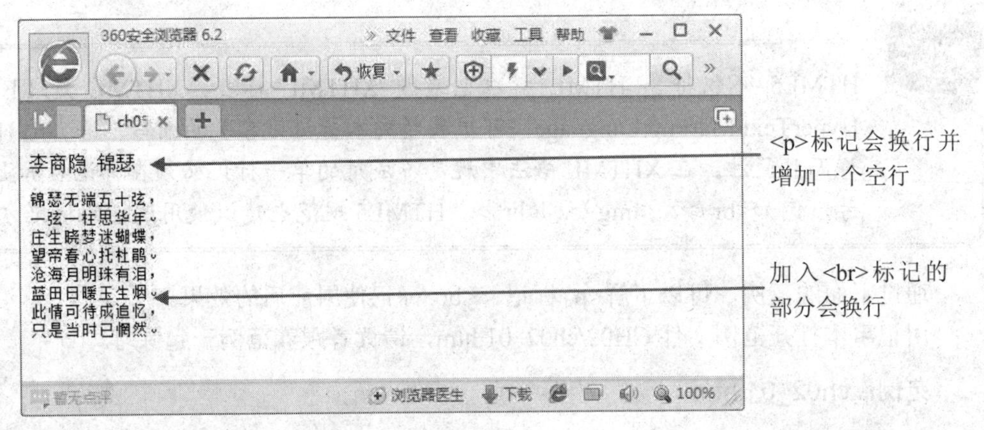

图 2-2　添加标记后的页面

2.1.2　设置对齐与缩进的标记

除了分段与分行之外，段落处理中最重要的就是对齐与缩进的功能。

1. <pre></pre>标记

<pre>标记可以让文字按照原始代码的排列方式进行显示。

范例：ch02_02.htm

```
李商隐 锦瑟
<pre>
锦瑟无端五十弦，
    一弦一柱思华年。
庄生晓梦迷蝴蝶，
    望帝春心托杜鹃。
沧海月明珠有泪，
    蓝田日暖玉生烟。
此情可待成追忆，
    只是当时已惘然。
</pre>
```

执行结果如图 2-3 所示。

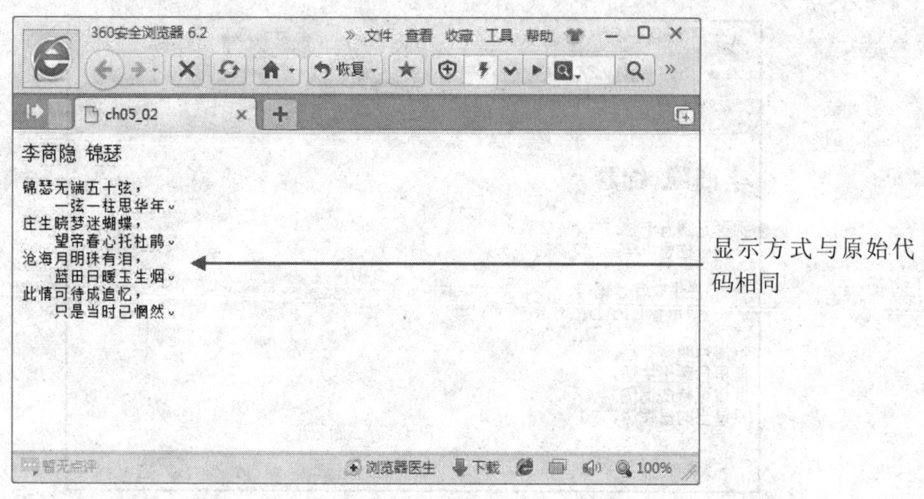

图 2-3 带有缩进的页面

2. <blockquote></ blockquote >标记

< blockquote >标记用来表示引用文字，会将标记内的文字换行并缩进。<blockquote>标记的属性如表 2-1 所示。

表 2-1 <blockquote>标记的属性

属性	设置值	说明
cite	url 网址	说明引用的来源

请参考下面的范例。

范例：ch02_03.htm

```
<h2>李商隐 锦瑟</h2>
锦瑟无端五十弦，<br />
一弦一柱思华年。<br />
<blockquote>
庄生晓梦迷蝴蝶，<br />
望帝春心托杜鹃。<br />
</blockquote>
沧海月明珠有泪，<br />
蓝田日暖玉生烟。<br />
此情可待成追忆，<br />
只是当时已惘然。
```

执行结果如图 2-4 所示。

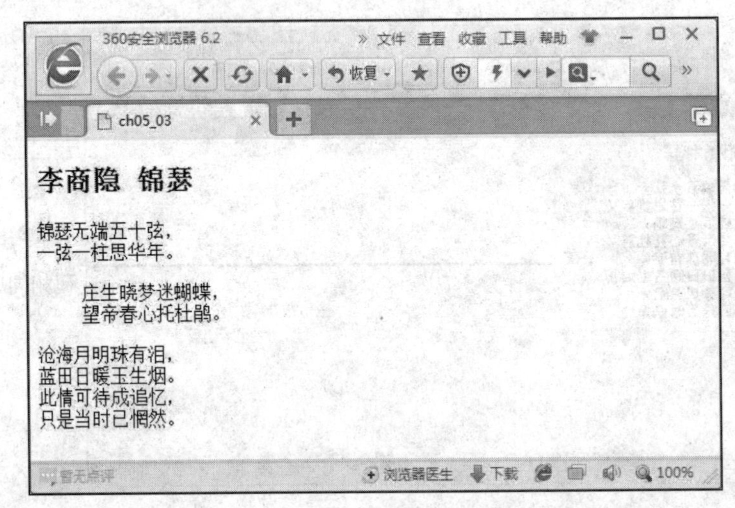

图 2-4　添加缩进标记的页面

范例中的<h2>标记用来设置标题大小，在下一小节中会详细说明。

2.1.3　添加分隔线

为了版面编排的效果，可以在网页中添加分隔线，让画面更容易区分主题或段落。

<hr>标记

<hr>标记的作用是添加分隔线。在 HTML4 中<hr>标记有一些改变外观的属性可以使用，包括 align、size、width、color、noshade 等，这些属性 HTML5 都不再支持，建议使用 CSS 语法来改变分隔线的外观。

语法如下：

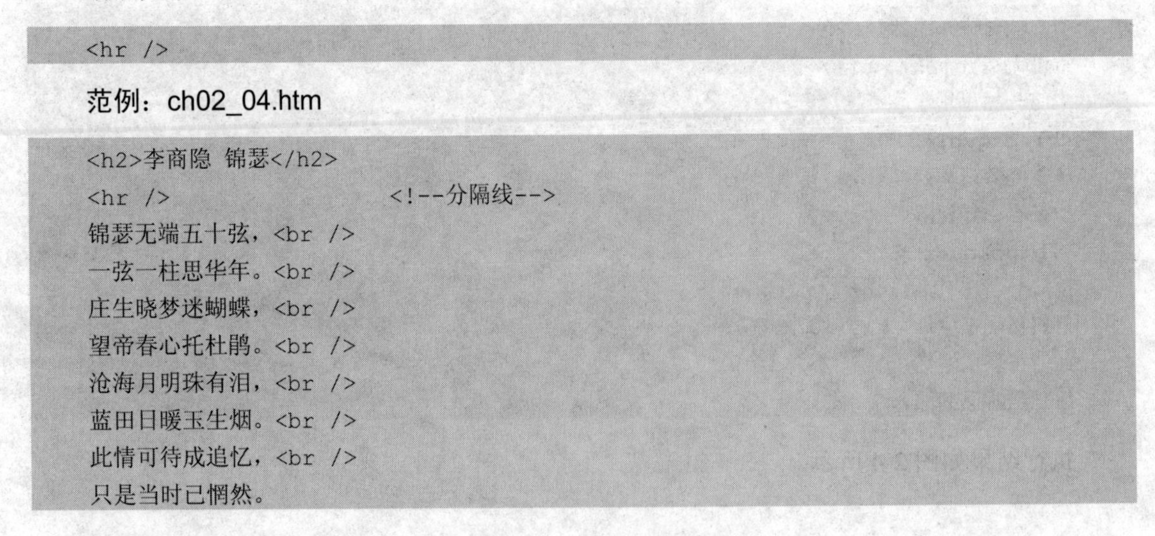

```
<hr />
```

范例：ch02_04.htm

```
<h2>李商隐 锦瑟</h2>
<hr />                      <!--分隔线-->
锦瑟无端五十弦，<br />
一弦一柱思华年。<br />
庄生晓梦迷蝴蝶，<br />
望帝春心托杜鹃。<br />
沧海月明珠有泪，<br />
蓝田日暖玉生烟。<br />
此情可待成追忆，<br />
只是当时已惘然。
```

执行结果如图 2-5 所示。

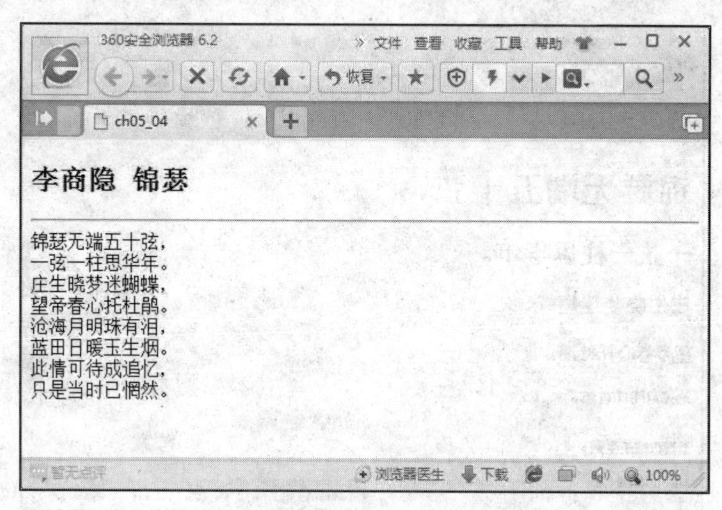

图 2-5　添加分隔线

2.1.4　设置段落标题

<h1>、<h2>、<h3>、<h4>、<h5>、<h6>这几个标记的作用是设置段落标题的大小级别，<h1>字体最大，<h6>字体最小。由<h1>～<h6>标记标识的文字将会独占一行。

语法如下：

```
<h1>...</h1>
```

HTML5 不再支持<h1>~<h6>标记的 align 属性，要想设置标题放置的位置，可以利用 CSS 语法进行调整。

范例：ch02_05.htm

```
<h1>锦瑟无端五十弦，</h1>
<h2>一弦一柱思华年。</h2>
<h3>庄生晓梦迷蝴蝶，</h3>
<h4>望帝春心托杜鹃。</h4>
<h5>沧海月明珠有泪，</h5>
<h6>蓝田日暖玉生烟。</h6>
```

执行结果如图 2-6 所示。

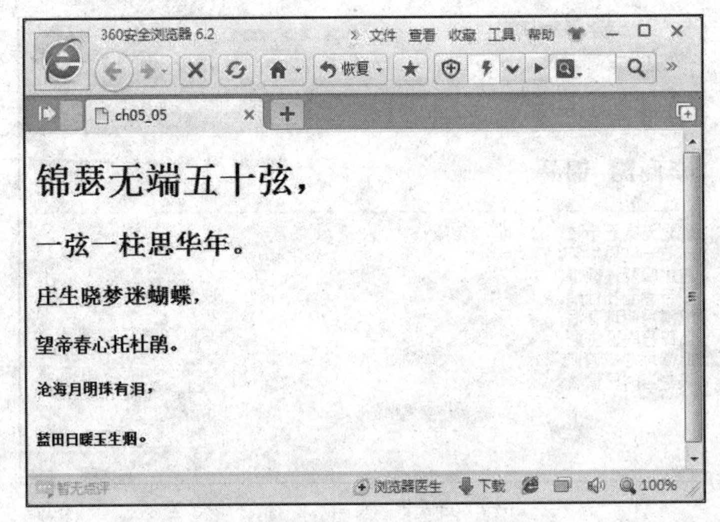

图 2-6　设置标题格式

2.2　文字效果——使用文字标记

HTML 中最常用的就是文字，与文字相关的标记也最多。本节将说明与文字效果相关的标记用法。HTML 常用的文字效果标记有<b>、<i>、<u>、<sup>等。

2.2.1　设置字形样式的标记

HTML 提供的字形样式方面的标记主要可以设置粗体、斜体、下划线等。

1. <font>标记（HTML5 已停用）

HTML4 中常用<font>标记来设置文字外观，这个标记 HTML5 已经停用。不过，笔者认为这个标记相当方便，还是介绍给读者认识，当然建议使用 CSS 语法来设置文字外观。

<font>标记主要用来设置文字的字号、颜色和字体，属性有 size、color 和 face 3 种。

语法如下：

```
<font size="2" color="#FF0000" face="楷体">
```

<font>标记的属性如表 2-2 所示。

表 2-2　<font>标记的属性

属性	设置值	说明
size	相对值（size=+2） 绝对值（size=2）	设置文字的大小，默认值为 size=3
color	颜色名称（color="red"） HEX 码（color="#FF0000"）	设置文字的颜色
face	系统内置字形	设置文字的字体

face 的属性设置值最好是系统内置字形，当浏览者的计算机中没有设置的字体时，浏览器会自动以系统内置字形进行显示。

size 的属性设置值可以是相对值或者绝对值，当没有设置 size 属性值时，默认值为 3。相对值的意思是以 0 为基础，每加 1 则字体放大一级，最大到“+4”，每减 1 则字体缩小 1 级，最小到“-2”。

2. <b>、<u>、<i>标记

这些标记都必须有结束标记。<b>、<u>、<i>三者可以组合使用，语法和效果请参考下面的说明。

<b>标记是将文字设置为粗体。语法如下：

```
<b>这是粗体字</b>
```

显示的结果：

这是粗体字

如果想要将网页中的重点文字以粗体标识，HTML5 建议使用<strong>标记，<strong>标记也必须有结束标记</strong>，用法与<b>标记相同。

<i>标记是将文字设置为斜体。语法如下：

```
<i>这是斜体字</i>
```

显示的结果为：

这是斜体字

<u>标记是为文字添加下划线，语法如下：

```
<u>这是加了下划线的字</u>
```

显示的结果为：

<u>这是加了下划线的字</u>

基本上，HTML5 都不建议使用这些字形标记，最好使用 CSS 语法来代替，<b>标记可以用 CSS 的 font-weight 语法；<i>标记可以用 CSS 的 font-style 语法；<u>使用 text-decoration 语法。

有关字形样式的标记，请参考以下范例。

范例：ch02_06.htm

```
<p><b>李商隐 锦瑟</b></p>
锦瑟无端五十弦，<br />
<b>一弦一柱思华年。</b><br />
<i>庄生晓梦迷蝴蝶，</i><br />
```

```
<u>望帝春心托杜鹃。</u><br />
<u><i><b>沧海月明珠有泪，</b></i></u>
```

执行结果如图 2-7 所示。

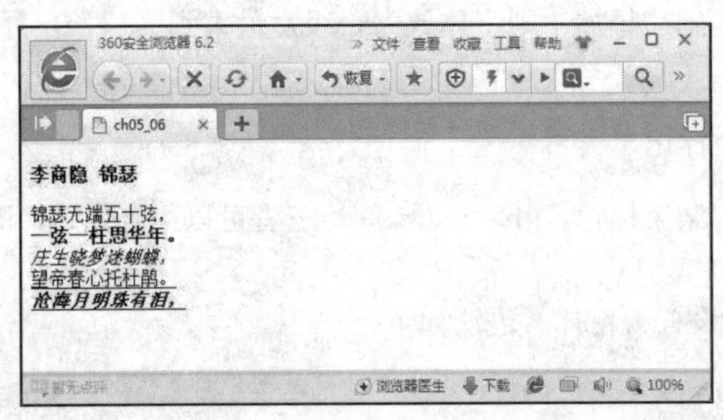

图 2-7 设置字形格式的页面

2.2.2 设置上标、下标

字形效果样式方面的标记主要可以为文字添加上标、下标等效果。

<sup>、<sub>标记

<sup>与<sub>标记分别用于将文字设置为上标和下标，通常用于化学方程式或数学公式，语法如下：

```
SO<sub>4</sub><sup>2+</sup>
```

显示的结果为：

SO_4^{2+}

2.3 项目符号与编号——使用列表标记

列表标记可以将文字内容分门别类地列出来，并且在文字段落前面添加符号或编号，让网页更容易阅读。列表标记可以分为符号列表与编号列表两种，也可以在列表中再加入一层列表，变成多层的嵌套列表。

2.3.1 符号列表

符号列表标记功能是将文字段落向内缩进，并在段落的每一个列表项目前面加上圆形(•)、空心圆形（○）或方形（▪）等项目符号，以达到醒目的效果。符号列表由于没有顺序编号，又称为无序列表（Unordered list）。符号列表的标记是<ul>，必须搭配<li>标记使用。

<ul><li>标记

只需要在项目的文字段落前面加上<ul>标记，并在每个项目的前面加上<li>标记，在段落结尾加上</ul>标记即可。

<ul>标记的语法如下：

```
<ul>...</ul>
```

HTML5 不支持使用 type 属性来设置项目符号的样式，请使用 CSS 的 list-style-type 语法来定义样式。

<li>标记的语法如下：

```
<li value="3">
```

<li>标记的属性如表 2-3 所示。

表 2-3　<li>标记的属性

属性	设置值	说明
value	1、2、3 等整数值	设置编号列表的开始值，此属性只有搭配编号列表时才有用。默认值为 1

请参考下面的范例。

范例：ch02_07.htm

```
<h2>蝴蝶的种类</h2>
<ul>
    <li>凤蝶科</li>
    <li>大红纹凤蝶</li>
    <li>乌鸦凤蝶</li>
    <li>白纹凤蝶</li>
    <li>大凤蝶</li>
</ul>
```

执行结果如图 2-8 所示。

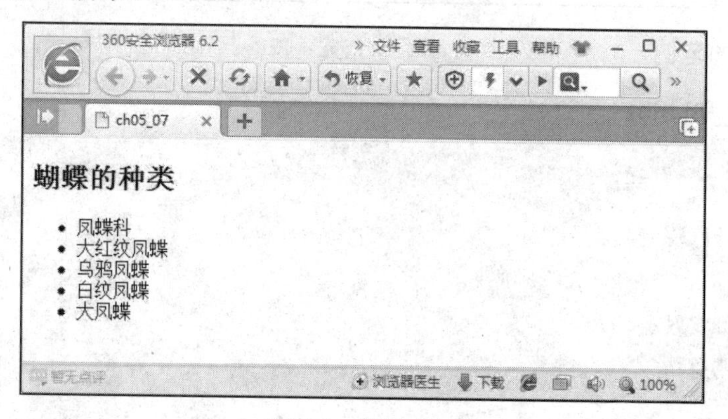

图 2-8　符号列表

2.3.2 编号列表

当我们想要以有序的条目方式来显示数据时，编号列表标记无疑是最佳选择。编号列表标记是<ol>，其功能是将文字段落向内缩进，并在段落的每个项目前面加上 1、2、3……有顺序的数字，又称为有序列表（Ordered list）。编号列表同样必须搭配<li>标记使用。

<ol>标记

<ol>标记的语法如下：

```
<ol type="i" start="4"></ol>
```

<ol>标记的属性如表 2-4 所示。

表 2-4　<ol>标记的属性

属性	设置值	说明
type	设置值有 5 种	设置数目样式，默认值：type=1
start	1、2、3 等整数值	设置编号起始值，默认值：start=1
reversed	reversed	反向排序，数字改为由大到小（IE 9 不支持）

编号列表的样式共有下面 5 种，如表 2-5 所示。

表 2-5　编号列表的样式

type 设置值	项目编号样式	说明
1	1, 2, 3, ...	阿拉伯数字
A	A, B, C, ...	大写英文字母
a	a, b, c, ...	小写英文字母
I	I, II, III, ...	大写罗马数字
i	i, ii, iii, ...	小写罗马数字

请参考如下的范例。

范例：ch02_08.htm

```
<h2>蝴蝶的种类</h2>
<ul>
<li>凤蝶科</li>
<ol type="A">
    <li>大红纹凤蝶</li>
    <li>乌鸦凤蝶</li>
    <li>白纹凤蝶</li>
    <li>大凤蝶</li>
</ol>
<li>粉蝶科</li>
```

```
<ol>
    <li>荷氏黄碟</li>
    <li>台湾黄碟</li>
    <li>端红粉碟</li>
    <li>黄纹粉蝶</li>
</ol>
<li>小灰蝶科</li>
<ol reversed="reversed">
    <li>红边黄小灰蝶</li>
    <li>朝仓小灰蝶</li>
    <li>紫小灰蝶</li>
    <li>凹翅紫小灰蝶</li>
</ol>
</ul>
```

执行结果如图 2-9 所示。

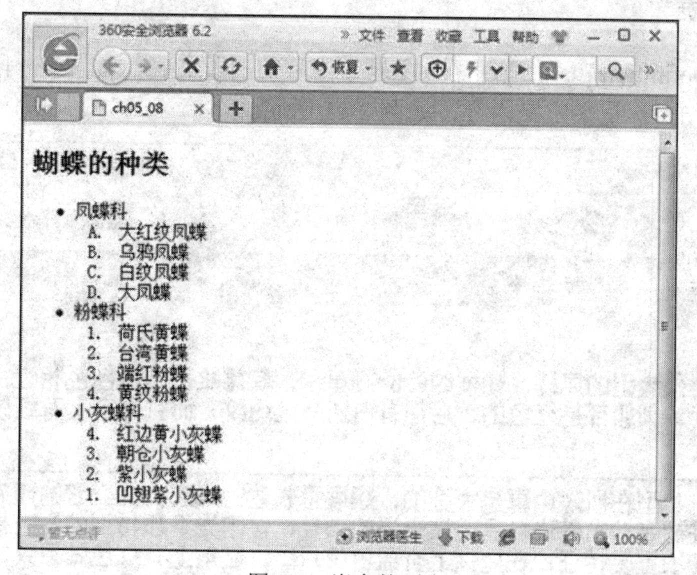

图 2-9 嵌套的列表

目前 IE 9 不支持<ol>标记的 reversed 属性，使用 360 安全浏览器就可以看到 reversed 属性的反向排序效果。

上面范例创建的是两层嵌套列表，第一层是加入项目符号，所以我们在前后加上<ul></ul>标记，需要符号的数据前面加上<li>标记；第二层是加入编号，所有的<li>都放在<ol>和</ol>标记之间，如图 2-10 所示。

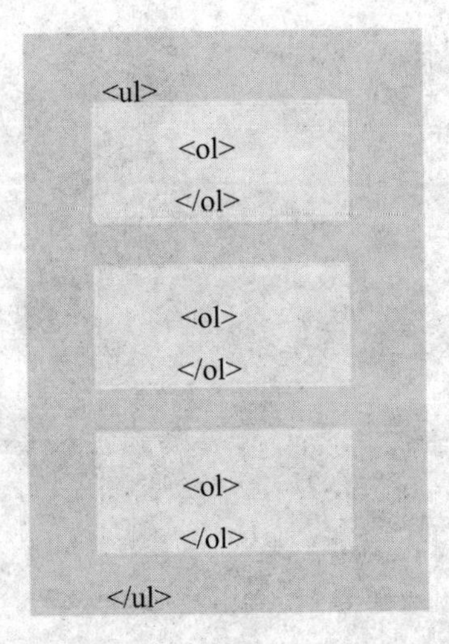

图 2-10　创建两层嵌套列表的标记

2.3.3　定义列表

定义列表（Definition List）适用于有主题与内容的两段文字，通常第一段以<dt>标记定义主题，第二段以<dd>标记来定义内容，如图 2-11 所示。

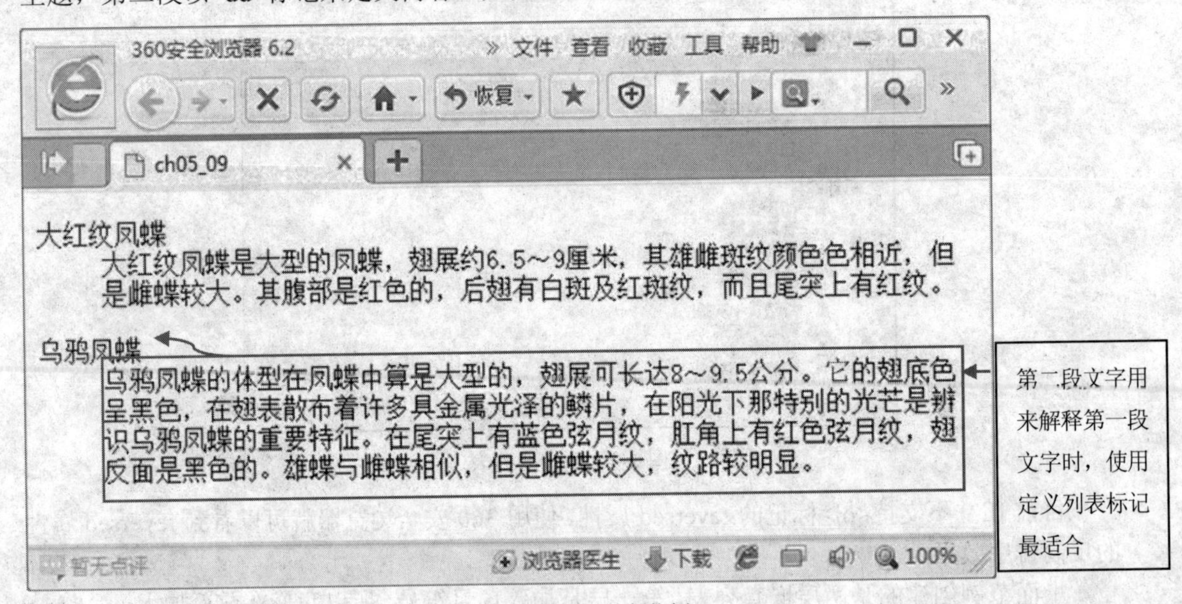

图 2-11　定义列表范例

范例：ch02_09.htm

```
<dl>
<dt>
大红纹凤蝶
<dd>大红纹凤蝶是大型的凤蝶，翅展约 6.5～9 厘米，其雄雌斑纹颜色色相近，但是雌蝶较大。其腹部
```

```
是红色的，后翅有白斑及红斑纹，而且尾突上有红纹。
    </dl>
    <dl>
    <dt>
    乌鸦凤蝶
    <dd>
    乌鸦凤蝶的体型在凤蝶中算是大型的，翅展可长达 8～9.5 厘米。它的翅底色呈黑色，在翅表散布着许多具金属光泽的鳞片，在阳光下那特别的光芒是辨识乌鸦凤蝶的重要特征。在尾突上有蓝色弦月纹，肛角上有红色弦月纹，翅反面是黑色的。雄蝶与雌蝶相似，但是雌蝶较大，纹路较明显。
    </dl>
```

执行结果如图 2-12 所示。

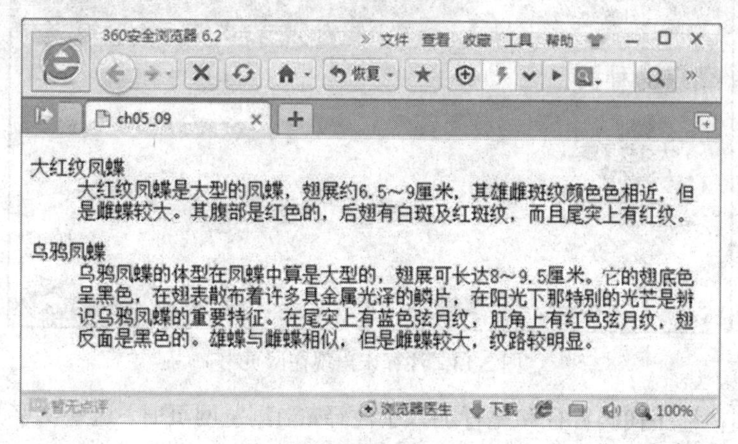

图 2-12　定义列表

2.4　注释与特殊符号

当我们在编写 HTML 文件时，如果希望在程序代码中添加注释说明性文字，以免日后遗忘，或者希望在网页上显示特殊符号，应该怎么做呢？本节将介绍这些内容。

2.4.1　添加注释

通常网页中的程序代码都是一长串，为了方便日后维护，我们可以使用注释标记来标注一些文字，以说明该段程序代码的作用。只要是使用注释标记标注的文字都会被浏览器忽略而不会显示在网页上，格式如下：

```
<!-- 注释文字 -->
```

范例：ch02_10.htm

```
<!--正文开始-->
<h2>蝴蝶的种类</h2>
<ul>
```

```
    <li>凤蝶科</li>
    <li>大红纹凤蝶</li>
    <li>乌鸦凤蝶</li>
    <li>白纹凤蝶</li>
    <li>大凤蝶</li>
</ul>
<!--正文结束-->
```

执行结果如图 2-13 所示。

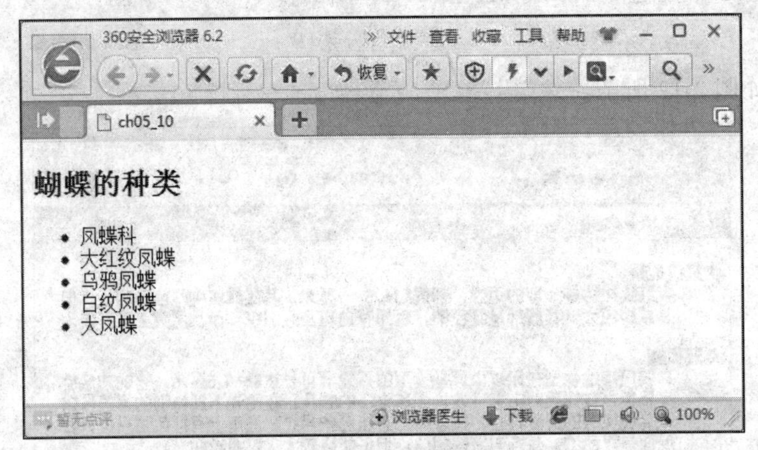

图 2-13 注释未出现在网页中

上例中分别在程序代码首行和尾行加入了注释，当浏览网页时，这些文字并不会在网页显示出来。

另外，使用 HTML 注释加入条件，就可以让 IE 浏览器根据注释内容进行条件判断，而其他浏览器（例如，Firefox、Opera、Safari 和 Google Chrome），只会把 IE 注释当作普通的 HTML 注释进行处理。IE 条件的注释建议放在<head>与</head>标记内。语法如下：

```
<!--[if IE]>只有 IE 会执行这里的语句<![endif]-->
```

上述代码是让注释标记的语句只有 IE 才能执行。IE 注释内还可以加入一些命令来限制 IE 的版本，例如 lt（lower than）表示更旧的版本，语法如下：

```
<!--[if lt IE 9]>IE 9 以下的版本会执行此语句<![endif]-->
```

上述代码会让注释标记的语句只有 IE 6~IE 8 的版本才会执行。

由于 IE 9 以上的版本才能够支持 HTML5，因此一些网页开发人员利用 JavaScript 弥补了 IE 9 以下浏览器欠缺的标记。只要在</head>标记之前加入下面这段代码，就能够让 IE 6~IE 8 的用户浏览 HTML5 网页。

```
<!--[if lt IE 9]>
<script src="http://html5shiv.googlecode.com/svn/trunk/html5.js"></script>
<![endif]-->
```

2.4.2　使用特殊符号

HTML 中的标记常用到“<”（小于）、“>”（大于）、“""”（双引号）和“&”等符号，它们会被认为是标记而无法正常显示，如果想在文件中显示这些符号，就可以输入该符号对应的表示法。这样，就能够在浏览器中显示这些符号了。表 2-6 为特殊符号代码表。

表 2-6　特殊符号代码表

特殊符号	HTML 表示法
©	©
<	⁢
>	>
"	"
&	&
半角空格	

请看下面的例子：

```
<u>Beautiful World</u>
```

当我们要将上面的文字显示于浏览器上时，就可以这样表示：

```
&lt;u&gt;Beautiful World&lt;/u&gt;
```

另外，笔者要特别说明网页中“空格”的用法。你一定觉得奇怪，“空格”有什么值得介绍的，按下键盘上的空格键不就可以了吗？其实不然，不管我们在 HTML 文件中按了几次键盘的空格键，在网页上浏览时，都只会显示一个空格的距离。

如果希望能在网页上显示多个空格，就必须使用“ ”符号。

范例：ch02_11.htm

```
<i>Beautiful World</i><br />
&lt;u&gt;Beautiful World&lt;/u&gt;<br />
<i>Beautiful   World</i>
```

执行结果如图 2-14 所示。

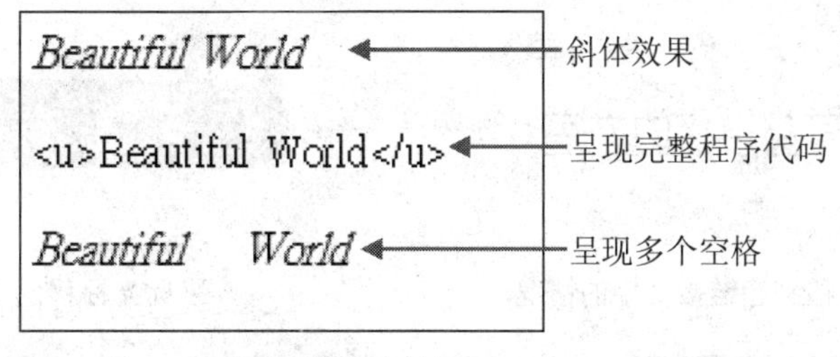

图 2-14　添加空格的效果

想要在网页上显示多个空格，除了在 HTML 文件中使用“ ”之外，还可以使用全角的空格（先切换到全角再按空格键），不过为了日后程序维护方便，还是使用“ ”为佳。

2.5　创建超链接

超链接是网页设计中相当重要的一环，通过它可以创建网页与网页之间的关系，也可以链接到其他网站，达到网网相连的目的。

2.5.1　什么是超链接

“超链接（hyperlink）”是指在 HTML 文件的图片或文字中添加链接标记，当浏览者单击该图片或文字时，会立即被引导到另一个位置。这个位置可以是网页、BBS、FTP，甚至可以是链接到的文件，供浏览者打开或下载，也可以直接链接到 E-Mail 邮箱，当单击链接时，自动打开创建邮件的画面。超链接的示意图如图 2-15 所示。

图 2-15　超链接的示意图

通常设置超链接的文字或图片会以一些特殊的方式显示，例如不同的文字颜色、大小或样式，默认以添加下划线的蓝色字体显示，而且鼠标光标移动到超链接的位置时，光标会变成小手的形状，如下所示。

鼠标光标移到超链接文字的情况　　　　鼠标光标移到超链接图片的情况

2.5.2　超链接的用法

首先认识链接标记。链接标记是<a href=""></a>，不管是文字、图片都可以加上超链接。

下面是超链接的语法。

```
<a href="index.htm" target="_top">
```

具体属性如下。

1. href="index.htm"

href 属性设置的是该链接所要链接的网址或文件路径，例如：

```
<a href="http://www.yahoo.com.hk">
<a href="download/file.zip">
```

如果文件路径与 html 文件不是位于同一目录，必须加上适当的路径，相对路径或绝对路径都可以，关于相对路径与绝对路径的区别请参考第 4.2.2 小节“路径表示法”。

2. target="_top"

target 属性设置链接的网页打开方式有下列几种。

- target="_blank"：链接的目标网页会在新的窗口中打开。
- target="_parent"：链接的目标会在当前的窗口中打开，如果在框架网页中，则会在上一层框架打开目标网页。
- target="_self"：链接的目标会在当前运行的窗口中打开，这是默认值。
- target="_top"：链接的目标会在浏览器窗口打开，如果有框架的话，网页中的所有框架也将被删除。
- target="窗口名称"：链接的目标会在有指定名称的窗口或框架中打开。

超链接可以分为文字超链接与图片超链接。要让文字产生超链接，只需在文字前后加上<a href=""></a>标记就可以了，例如：

```
<a href=" index.htm ">回首页</a>
```

显示结果如图 2-16 所示。

图 2-16 文字链接

超链接文字的颜色会随着超链接的状态有所不同，在默认状态下，文字外观会有如下变化。

（1）尚未浏览的超链接（unvisited）：文字会显示蓝色（blue）、有下划线。
（2）浏览过的超链接（visited）：文字会显示紫色（purple）、有下划线。
（3）单击超链接时（active）：文字会显示红色（red）、有下划线。

要在图片上产生超链接，同样在图片前后加上<a href=""></a>标记就可以了，例如：

```
<a href="index.htm"><img src="images/home.jpg" border="0"></a>
```

显示结果如图 2-17 所示。

图 2-17　图片链接

2.5.3　站外网页链接

如果要从自己的网页连接到其他人的网站，可以在网页上加入站外网页链接，其语法如下：

```
<a href="网址">…</a>
```

例如：

```
<a href="www.nju.edu.cn/">南京大学</a>
```

就这么简单，只要在链接的位置填入网址就行了，下面看一个实例说明。

范例：ch02_12.htm

```
<h2>好用的搜寻网站：</h2>
<table border="1">
<tr>
    <td>网站名称</td>
    <td>网址</td>
</tr>
<tr>
    <td><a href="http://www.baidu.com" target="_top">百度</a></td>
    <td> www.baidu.com </td>
</tr>
<tr>
    <td><a href="http://www.google.com" target="_blank">google</a></td>
    <td>www.google.com</td>
</tr>
<tr>
    <td><a href="http://www.sogou.com/">搜狗</a></td>
    <td> www.sogou.com </td>
</tr>
</table>
```

网页会在新窗口中打开

执行结果如图 2-18 所示。

网站名称	网址
百度	www.baidu.com
google	www.google.com
搜狗	www.sogou.com

好用的搜索网站：

图 2-18 创建超链接

范例中前两个链接添加了 target 属性，设置值为“_top”与“_blank”，“_top”是将链接目标在最上方窗口中打开。由于本身已经是最上层，因此与没有加入 target 属性的效果一样，即会将网页在当前使用的窗口中打开。

2.5.4 站内网页链接

站内网页链接就是自己网站中网页的链接，语法与站外网页链接相同，唯一区别在于站内链接必须以“相对路径”来指定链接目标，其语法如下：

```
<a href="链接目标相对路径">…</a>
```

例如：

```
<a href="index.htm">回首页</a>
```

如果网页与链接目标位于同一个目录中，那么只要填入文件名就行了；如果位于不同目录，必须将“相对路径”标识清楚，下面来看一个实例说明。

范例：ch02_13.htm

```
<h3>南唐【李煜】</h3>
<table>
<tr>
    <td>
    南唐后主，姓李名煜，乃南唐中主第六子，因中主让位，弄到宫帷内乱，各兄弟为争皇位，互相残
    杀而亡，李煜被迫登基。李煜生平雅而好学，诗词书画，无一不精，尤善于填词而成为一代词宗。
    本是风流才子，后期成为亡国之君，以血泪写家国之痛，被誉为“词中之帝”。
    </td>
</tr>
</table>
<p>
<table>
<tr>
    <td><a href="poetry/poetry1.htm">浪淘沙</a></td>
    <td width="50"> </td>
    <td><a href="poetry/poetry2.htm">虞美人</a></td>
</tr>
```

```
</table>
```

执行结果如图 2-19 所示。

南唐【李煜】

南唐后主，姓李名煜，乃南唐中主第六子，因中主让位，弄到宫帷内哄，各兄弟为争皇位，互相残杀而亡，李煜都被迫登基。李煜生平雅好学问，诗词书画，无一不精，尤善于填词而成为一代词宗。本是风流才子，后期成为亡国之君，以血泪写家国之痛，被誉为“词中之帝”。

浪淘沙　　虞美人

图 2-19　创建超链接

上例中我们希望在 ch02_13.htm 网页的“浪淘沙”文字中加入超链接，单击链接之后可以打开 poetry 目录中的 poetry1.htm 网页。然而这两个网页位于不同的目录（如图 2-20 所示），因此必须填入正确的相对路径，如<a href=”**poetry/poetry1.htm**”>浪淘沙</a>。

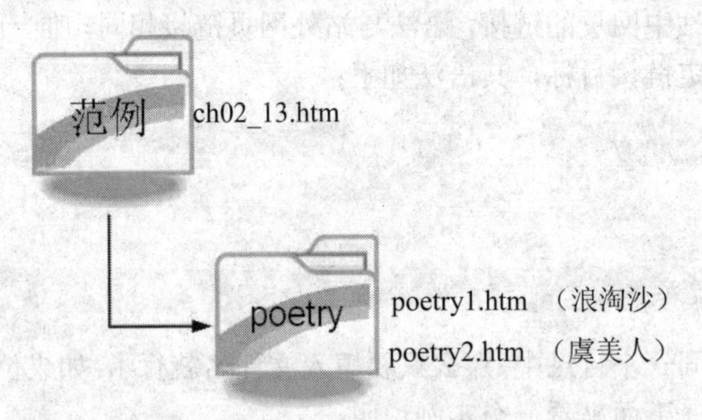

图 2-20　示意图

那么，如果想从 poetry1.htm 网页再回到 ch02_13.htm 网页，超链接又应该怎么写呢？可参看下面的范例。

范例：poertry1.htm

```
<h3>浪 淘 沙</h3>
<table border="0">
<tr>
    <td>罗衾不耐五更寒。梦里不知身是客，一晌贪欢。<br />
   独自莫凭栏，无限江山，别时容易见时难。<br />
   流水落花春去也，天上人间。
    </td>
    <td><img border="0" src="../images/pic1.jpg" width="150"></td>
</tr>
</table>
<a href="../ch02_13.htm">回上页</a>
```

执行结果如图 2-21 所示。

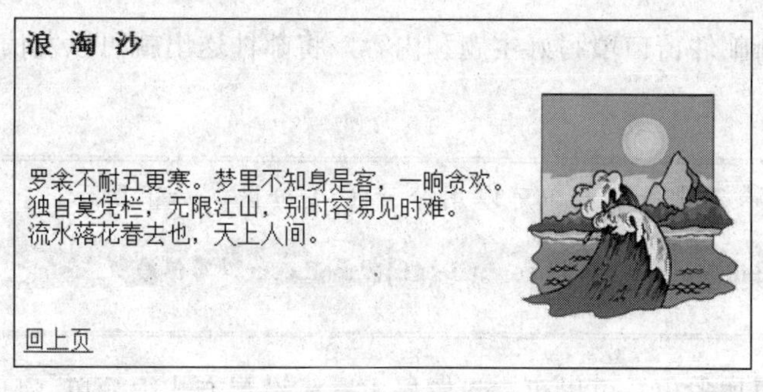

图 2-21　创建超链接

由于 ch02_13.htm 网页位于 poetry 目录的上一层目录中，相对目录写法以“../”表示回到上一层目录，因此超链接只要填入“../ch02_13.htm”就可以了。

相对路径的优点是，不论网页位于任何服务器或任何目录，只要网页与网页之间的目录不变，路径都不需要更改，因此超链接大多会采用“相对路径”。

2.5.5　链接到 E-Mail 邮箱

要与网页的浏览者互动，最简单的方式就是在网页中添加 E-Mail 超链接，这样浏览者就可以给你写信了。

链接到 E-Mail 邮箱的语法如下：

```
<a href="mailto:E-Mail 账号">…</a>
```

例如：

```
<a href="mailto:eileen@mail.com">写信给版主</a>
```

当单击 E-Mail 超链接时，就会自动出现内置的邮件软件，如图 2-22 所示。

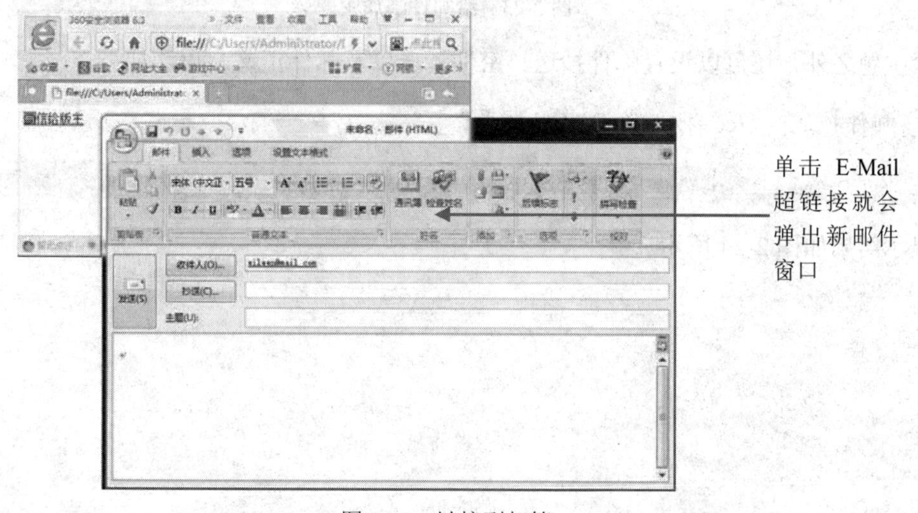

图 2-22　链接到邮箱

浏览者只要在新邮件窗口填写好主题和内容，将邮件送出就可以发信给超链接 mailto 处设置的邮箱了。

如果收件人不止一个人，可以用分号（;）分区，如下所示：

```
<a href="mailto:eileen@mail.com;eileen01@mail.com">写信给版主</a>
```

为了让浏览者更加省事，可以事先设置好主题，设置方式很简单，只要在 E-Mail 邮箱后加上“? Subject=主题文字”就可以了，语法如下：

```
<a href="mailto:eileen@mail.com?subject=我的意见">写信给版主</a>
```

单击超链接之后，新邮件窗口就自动显示主题了，如图 2-23 所示。

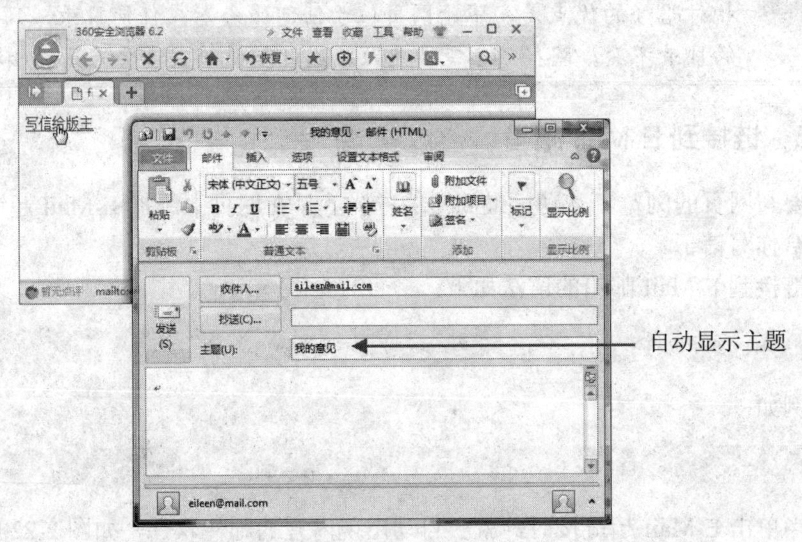

图 2-23　给邮件添加主题

除主题之外，还可以设置邮件抄送、密件抄送以及邮件正文。语法如下：

- 邮件抄送：“?cc=抄送的 E-Mail 账号”

```
<a href="mailto:eileen@mail.com?cc=abc@mail.com">写信给版主</a>
```

显示结果如图 2-24 所示。

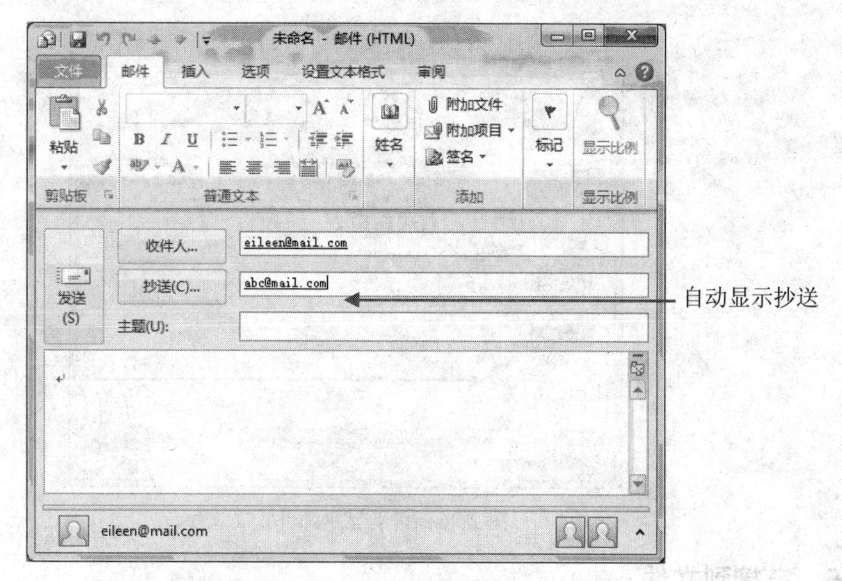

图 2-24　自动添加抄送邮件账号

● 密件抄送:“?bcc=密件抄送的 E-Mail 账号”

```
<a href="mailto:eileen@mail.com?bcc=abc@mail.com">写信给版主</a>
```

显示结果如图 2-25 所示。

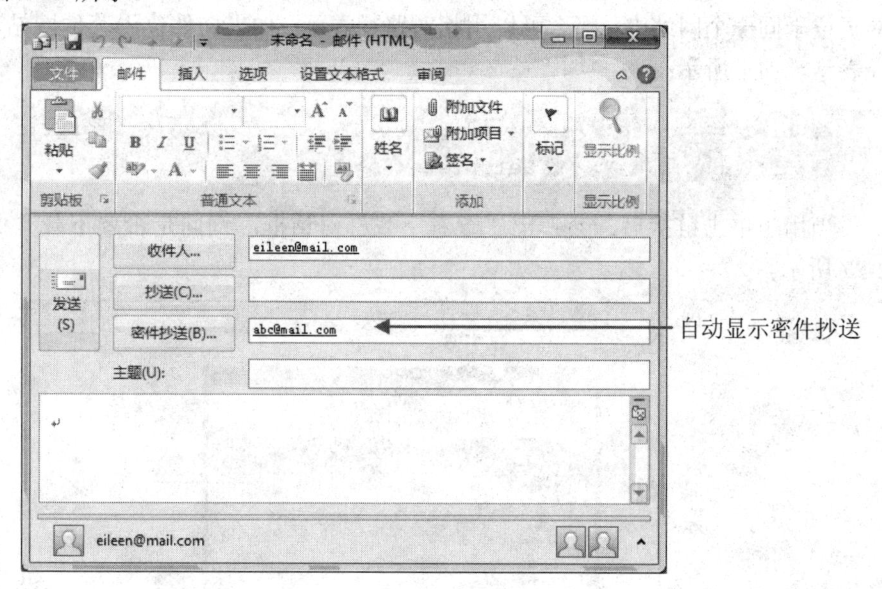

图 2-25　自动添加密件抄送邮件账号

● 邮件正文文字:“?body=文字内容”

```
<a href="mailto:eileen@mail.com?body=我要参加">写信给版主</a>
```

显示结果如图 2-26 所示。

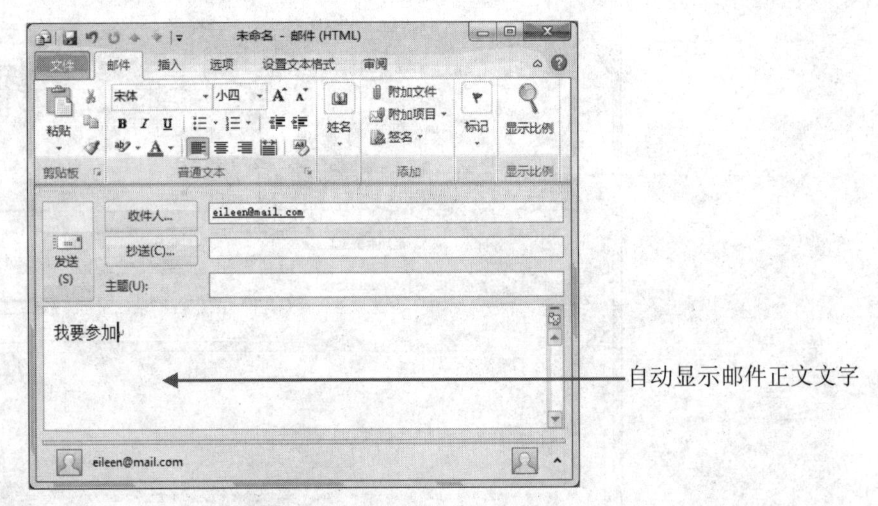

图 2-26　自动显示邮件正文文字

2.5.6　链接到文件

如果我们希望提供用户下载文件，就可以配置文件超链接。其语法如下：

```
<a href="abc.zip">下载</a>
```

这是下载或打开文件的写法，只要在链接位置写清楚文件路径和文件名即可。如果文件与网页位于同一个网站中，那么可以用相对路径表示；如果文件位于其他网站，则必须以绝对路径表示，如下所示：

```
<a href = " http://driverdl.lenovo.com.cn/lenovo/DriverFilesUploadFloder/34655/Setup.exe ">下载 Setup.exe</a>
```

当用户单击链接后，会弹出“查看下载”对话框，询问是否要下载并保存该文件，如图 2-27 所示。

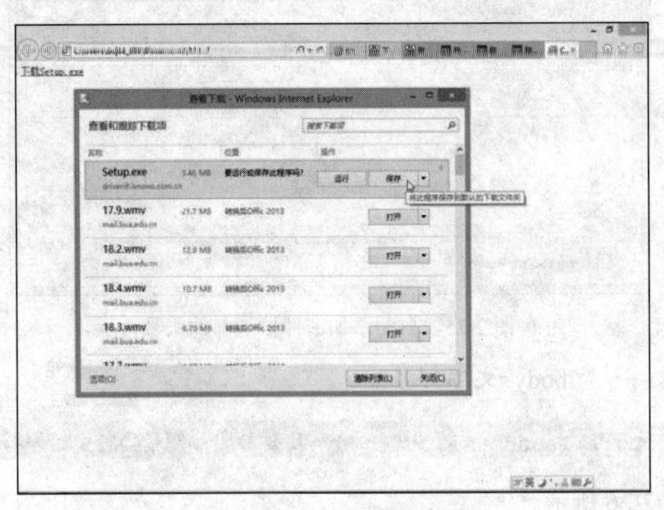

图 2-27　下载文件链接

学习小教室

为什么下载文件时有时会出现"查看下载"对话框，但是有些文件却会直接在浏览器中打开呢？

这是因为打开文件时，浏览器会检查文件的扩展名并查找计算机中已有的应用程序来读取该文件，像是 Word 文档、Excel 文档以及 PDF 文档都会直接以对应的应用程序在浏览器中打开，而.exe 可执行文件、.zip 压缩文件这类容易被植入木马程序的文件，风险性比较高，浏览器就会出现"查看下载"对话框，让用户决定是要打开还是存储文件。

如果想要强制出现"查看下载"对话框，则必须使用服务器端的语言（如 ASP、PHP 等）来编写语法了。

第 3 章　HTML5 表格与表单

只要用户曾经上过网，一定有过填写表单的经历，例如，申请加入某个网站会员、填写网络问卷、参加抽奖活动等，凡是必须在网页中输入数据的界面，基本都是使用表单制作而成的。表格可以帮助网页设计者系统地呈现数据，使网页更具吸引力，还可以让浏览者立即了解网页的重点。本章将介绍如何制作表格和表单。

3.1　制作基本表格

网页表格的应用相当广泛，但是标记却很简单，只要熟记<table>、<tr>、<td>这 3 个最重要的标记及其属性，就可以应用自如。由于 HTML 文件中都是一长串密密麻麻的语法，因此在编写表格标记时应力求整齐易读，否则杂乱无章的写法会让以后编辑 HTML 文件时格外辛苦。

3.1.1　表格的基本架构

一个基本的表格包含“表格（table）”“单元格（cell）”“列（column）”和“行（row）”，完整的表格如图 3-1 所示。

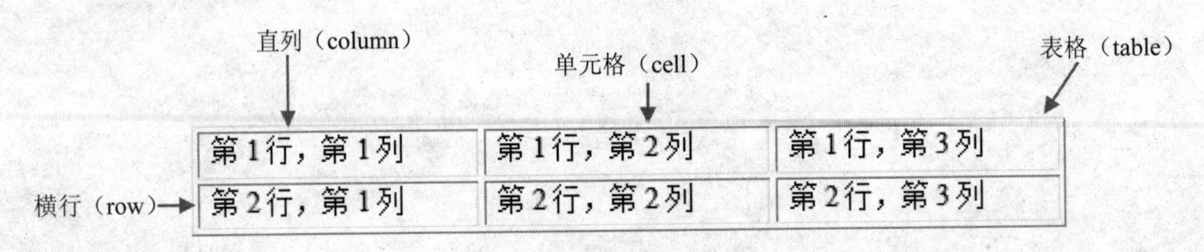

图 3-1　表格的基本架构

通常我们以“行”代表“横行”，“列”代表“直列”。

在 HTML 文件中加入表格，有以下 3 个步骤，

设置表格 → 设置横行的数目 → 设置直列的数目

使用的标记如下（这 3 组标记是制作表格最重要的标记，请熟记语法和使用顺序）：

01 设置表格

标记语法：

```
<table border="1"> … </table>
```

<table></table>标记的功能是声明表格的起始与结束。Border 属性用来设置是否显示表格边框线。

02 设置横行的数目

标记语法：

```
<tr> … </tr>
```

<tr></tr>标记的功能是产生一个横行，此组标记必须置于<table></table>标记内。

03 设置直列的数目

```
<td> … </td>
```

<td>标记的功能是在一横行中产生一个直列，文字就写在<td></td>标记中，此组标记必须置于<tr></tr>标记内。

举例来说，如果要生成一个一行两列的表格，那么可以表示如下：

```
<table border="1">              ← 表格的起始与结束
<tr>                            ← 行
    <td>第 1 行、第 1 列</td>    ← 文字就是写在这里；2 列
    <td>第 1 行、第 2 列</td>
</tr>
</table>
```

为了让读者有更直观的理解，接下来制作本节一开始看到的表格，如图 3-2 所示。

第 1 行、第 1 列	第 1 行、第 2 列	第 1 行、第 3 列
第 2 行、第 1 列	第 2 行、第 2 列	第 2 行、第 3 列

图 3-2 示例表格

请用户自行练习，再对照范例程序代码，相信不用死记硬背也能很快熟悉这 3 组标记。

范例：CH03_01.htm

```
<table border="1">
<tr>
    <td>第 1 行、第 1 列</td>
    <td>第 1 行、第 2 列</td>
    <td>第 1 行、第 3 列</td>
</tr>
```

```
<tr>
    <td>第 2 行、第 1 列</td>
    <td>第 2 行、第 2 列</td>
    <td>第 2 行、第 3 列</td>
</tr>
</table>
```

执行结果如图 3-3 所示。

第1行、第1列	第1行、第2列	第1行、第3列
第2行、第1列	第2行、第2列	第2行、第3列

图 3-3　创建的表格

学习小教室

编写易读易懂的 HTML 源代码

编写 HTML 源代码时，除了要求语法的正确性以外，源代码易读易懂也是相当重要的。不但要善用"注释"，而且最好能分出层次。例如，表格中的标记是先写行后写列，我们可以在<td>标记前添加空白。这样，当源代码是很长一串时，也不需要浪费时间查找表格的起始与结尾，整个表格的层次都能一目了然。

```
<table border="1">
<tr>
    <td>第 1 行、第 1 列</td>
    <td>第 1 列、第 2 列</td>
</tr>
</table>
```

标记前方可按 Tab 键加上空格，区分出层次

养成良好的编写习惯，才能让以后修改源代码的时候变得更轻松。

3.1.2　设置表格标题

表格中除了上一小节介绍的 3 组主要的标记之外，还有另外两组标记可以用来设置表格标题和列标题，分别是<caption></caption>标记与<th></th>标记。

1. 设置表格标题

标记语法：

```
<caption> … </caption>
```

<caption></caption>标记的功能是为表格加入标题，放在<table>标记之后。

2. 设置列标题

标记语法：

```
<th> … </th>
```

<th>标记与<td>标记功能是相同的，唯一不同的是<th>标记所标识的单元格文字会以粗体显示，通常当作表格第一行的标题。用法很简单，只要把表格第一行的<td>更换为<th>即可。

范例：CH03_02.htm

```
<table border="1">
<caption>季销售量统计表</caption>
<tr>
    <th>季别</th>
    <th>产品名称</th>
    <th>价格</th>
    <th>销售量</th>
</tr>
<tr>
    <td>第一季</td>
    <td>电视</td>
    <td>18000</td>
    <td>10 台</td>
</tr>
<tr>
    <td>第二季</td>
    <td>电冰箱</td>
    <td>36000</td>
    <td>10 台</td>
</tr>
</table>
```

执行结果如图 3-4 所示。

季销售量统计表

季别	产品名称	价格	销售量
第一季	电视	18000	10台
第二季	电冰箱	36000	10台

图 3-4　创建的表格

学习小教室

让单元格文字不换行——nowrap

通常当单元格内的文字太长时，会自动被换到下一行，而 nowrap 属性的功能就是强制单元格内的文字不换行。使用方法如下：

```
<td nowrap>…</td>
```

请比较一下<td>标记有无设置 nowrap 属性的差别。

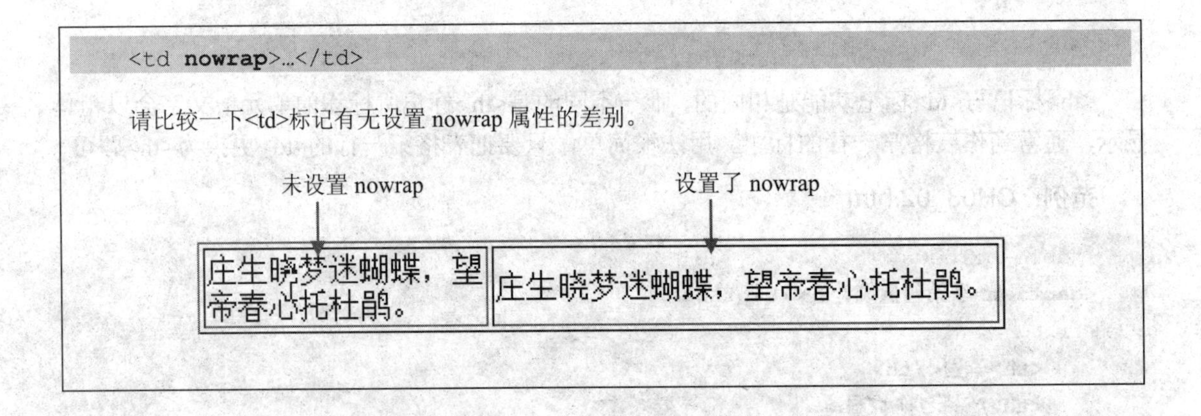
未设置 nowrap
设置了 nowrap
庄生晓梦迷蝴蝶，望帝春心托杜鹃。
庄生晓梦迷蝴蝶，望帝春心托杜鹃。

3.2 表格的编辑技巧

如果你曾经用过 HTML 表格，可能遇到过表格分布不均，或者加入文字内容之后，单元格变得难以控制等问题。本节将针对制作表格时经常遇到的问题进行更详尽的说明，例如，合并单元格、改变表格对齐方式等实用技巧。

3.2.1 合并单元格

当我们希望将表格修改成像下表一样，第一行由两个单元格并成一格时，合并单元格的功能就派上用场了。

我的成绩单	
语文	100
数学	96

←这是两个单元格合并成一格

合并单元格功能分为“合并左右列”和“合并上下行”两种。上表就是使用了合并左右列的功能，现在先来看看如何合并。

1. 合并左右列

合并左右列的属性是 colspan，设置值为准备合并的列数，其用法如下：

```
<td colspan="2" >
```

这表示合并两列的意思，colspan 属性是从左往右合并单元格，因此，只保留本身的<td></td>标记，另一组<td></td>标记就不需要了，如下所示。

```
<table border="1" width="200">
<tr>
    <td colspan="2">合并左右单元格</td>
</tr>
<tr>
```

这里只保留一组<td></td>

```
    <td>左列</td>
    <td>右列</td>
</tr>
</table>
```

请看下面的示意图。左边单元格横跨到右边，原本上行要写两组<td></td>标记，现在只要写一组就可以了。

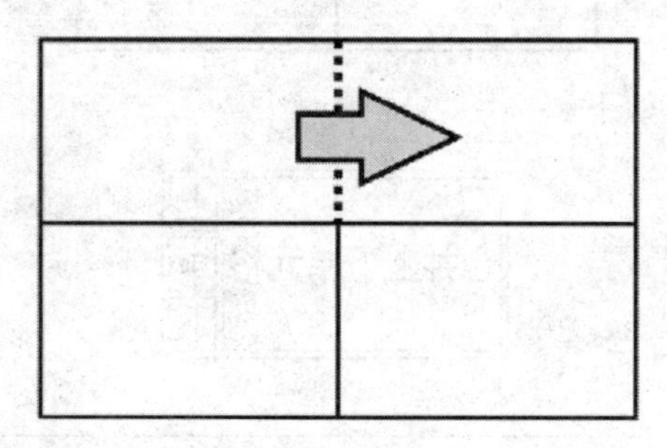

网页上看到的执行结果如下。

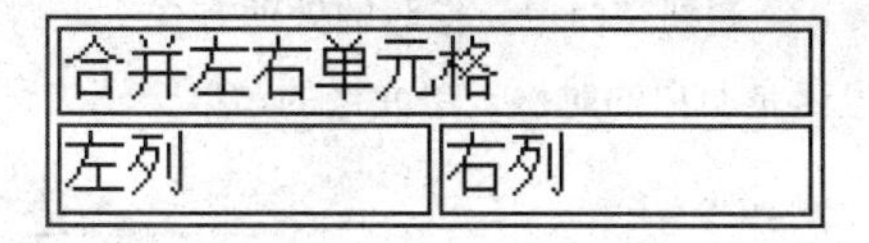

2. 合并上下行

合并上下行的属性是 rowspan，设置值是准备合并的行数，其用法如下：

```
<td rowspan="3" >
```

这是表示合并 3 行的意思，rowspan 属性是从上往下合并单元格，因此，只保留本身的<td></td>标记就可以，下方的另外两个<td></td>标记必须去除，如下所示。

```
<table border="1">
<tr>
    <td rowspan="3">合并上下单元格</td>    ← 这里会往下横跨 3 行
    <td>上</td>
</tr>
<tr>
    <td>中</td>    ← 各省略了一组<td></td>标记
</tr>
<tr>
    <td>下</td>
</tr>
</table>
```

请看下面的示意图。最上方的单元格往下横跨 3 个单元格，原本左列有 3 组<td></td>标记，只保留第一组就可以了。

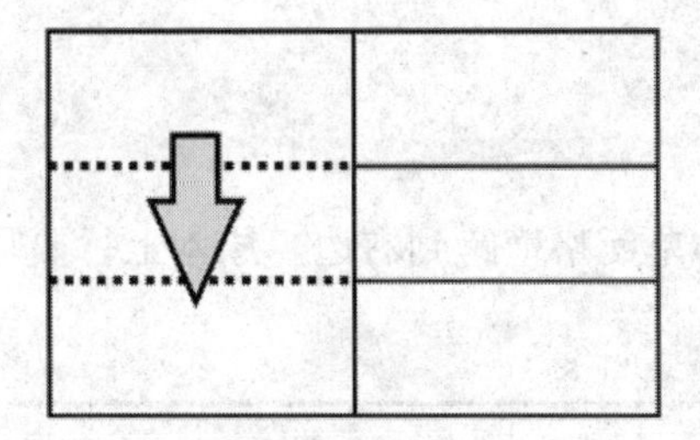

网页上看到的执行结果如下。

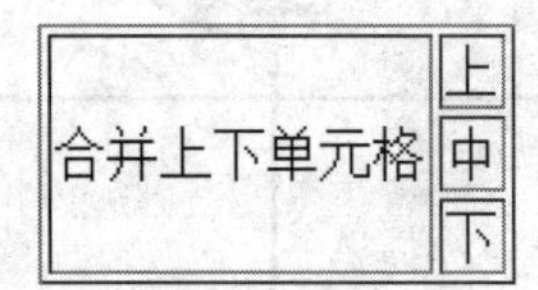

学习小教室

遇到空白单元格时的处理方式

当单元格内没有任何内容也就是空白的时候，单元格的边框会消失，如下表所示。

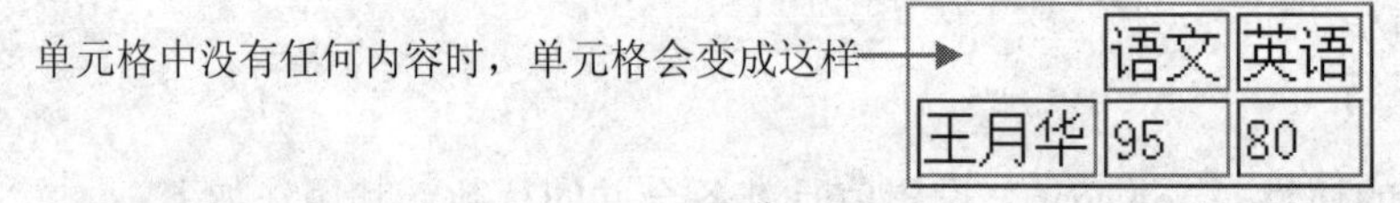

只要在空白单元格中输入一个全角空格或“ ”就能解决这个问题了。

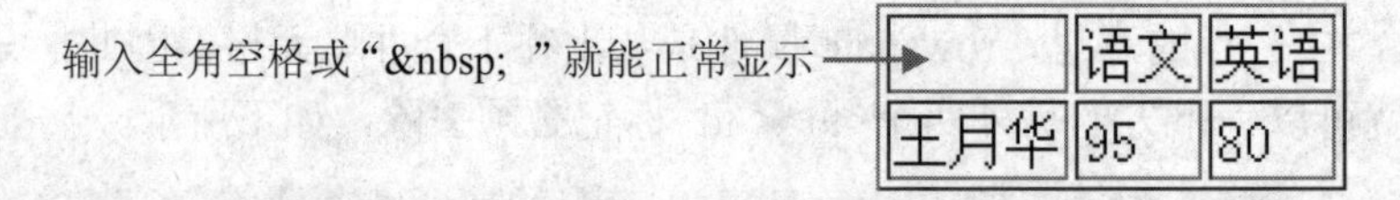

输入全角空格或“ ”就能正常显示
语文
英语
王月华
95
80

3.2.2 利用表格组合图片

下载资源的范例/CH03/CH03_03 文件夹中有 4 张已经切割好的小图，请跟着范例来练习。

范例：CH03_03.htm

```
<!DOCTYPE html>
<html>
<head>
<meta charset="gb2312">
<title>CH03_03</title>
<style type="text/css">            /*CSS 语法*/
table{border-collapse:collapse;}
td{padding:0;}
```

```
img{display:block;}
</style>
</head>
<BODY>
<TABLE>
    <TR>
        <TD><IMG SRC="CH03_03/1.jpg"></TD>
        <TD><IMG SRC="CH03_03/2.jpg"></TD>
    </TR>
    <TR>
        <TD><IMG SRC="CH03_03/3.jpg"></TD>
        <TD><IMG SRC="CH03_03/4.jpg"></TD>
    </TR>
</TABLE>
</BODY>
</HTML>
```

执行结果如图 3-5 所示。

图 3-5 利用表格拼图

本范例是通过 HTML 表格语法加上 CSS 语法共同完成的，程序代码中<style type="text/css"></style>标记声明使用 CSS 语法。

HTML4 的表格提供 cellpadding（文字与表格边框线的距离）和 cellspacing（边框线粗细）属性，只要将两者设为 0，就可以达到与本范例同样的效果。不过，HTML5 已经确定不再支持这两个属性。

如果本范例不使用表格，而全部利用 CSS 语法进行定位也是相当容易的。用户可以参考下面的程序代码，有关 CSS 语法的部分，请读者参考第 4 篇的说明。

范例：CH03_03_CSS.htm

```
<!DOCTYPE html>
<html>
<head>
<meta charset="gb2312">
<title>CH03_03_CSS</title>
<style type="text/css">   /*CSS 语法*/
div{position:absolute; left:50px; top:50px;}
img{position:absolute;}
#img2{left:171px;}
#img3{top:200px;}
#img4{left:171px; top:200px;}
</style>
</head>
<body>
<div>
<IMG SRC="CH03_03/1.jpg" id="img1">
<IMG SRC="CH03_03/2.jpg" id="img2">
<IMG SRC="CH03_03/3.jpg" id="img3">
<IMG SRC="CH03_03/4.jpg" id="img4">
</div>
</body>
</html>
```

学习至此，你可以发现 HTML5 停用了大部分的样式美化和定位的属性，不管是文字、图片，甚至表格都是如此。因此，想要以 HTML5 来制作网页，学习 CSS 语法就相当重要。

当网页文件使用了过多 table 语法创建的表格时，浏览器需要花费更多时间加载，会让网页下载速度变慢，而且搜索引擎对于表格建构的网页也需要花较多时间解析，因此网页文件最好少用表格（table）。

3.3 什么是表单

表单由许多表单组件组成，主要是让用户填写数据发送到服务器端，进行必要的处理，例如，在线购物、讨论区和留言板等功能。不过，HTML 语法只能控制前端用户界面，也就是只能将表单组件安排到网页上，必须搭配 ASP 或 PHP 之类的服务器程序才能进行服务器端的处理和数据库访问。如果是制作个人网页或小型网站，不一定要动用服务器程序，借助 E-Mail 来发送表单数据，同样也可以达到数据收集的目的。下面认识一下表单。

表单能做什么

表单的主要功能是让用户输入数据，想想看，你平常上网时是不是经常要输入数据呢？不管是搜索网页、加入会员还是在线购物，每一项功能都少不了表单。下面介绍表单的一些应用。

1. 网页搜索

在门户网站或搜索网站输入文字的界面，就是一个最简单、最常见的表单应用，如图 3-6 所示。

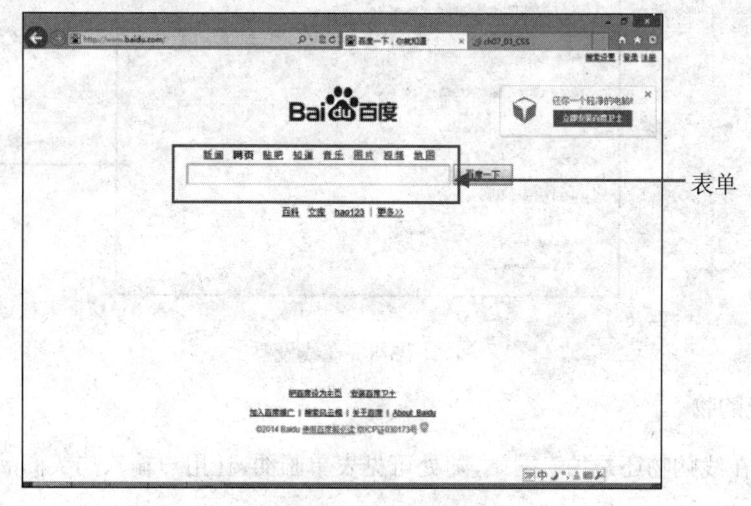

图 3-6　在文本框中输入搜索条件

2. 各种申请表单

有些网站必须先输入个人资料报名成为会员之后，才能使用网站中的资源，输入个人资料的界面就是一个表单，如图 3-7 所示。

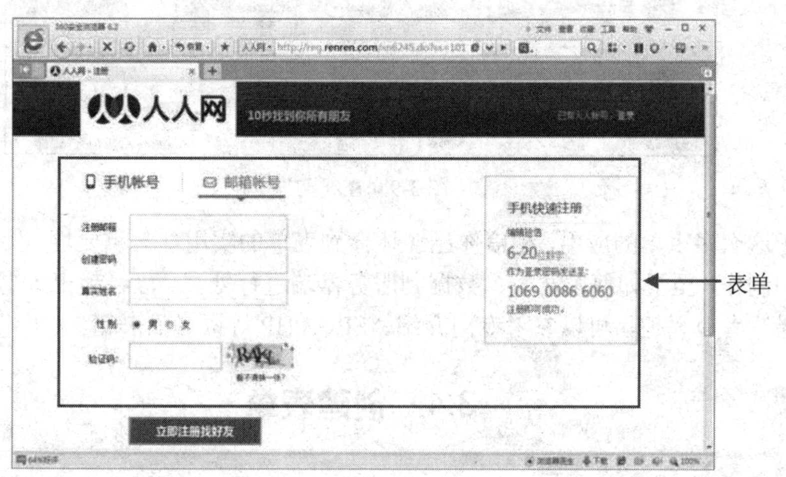

图 3-7　填写个人资料

3. 在线投票

你有过在线投票的经历吗？举个例子，调查方经常举办与生活或时事相关的投票活动，投票的界面就是表单的一种应用，如图 3-8 所示。

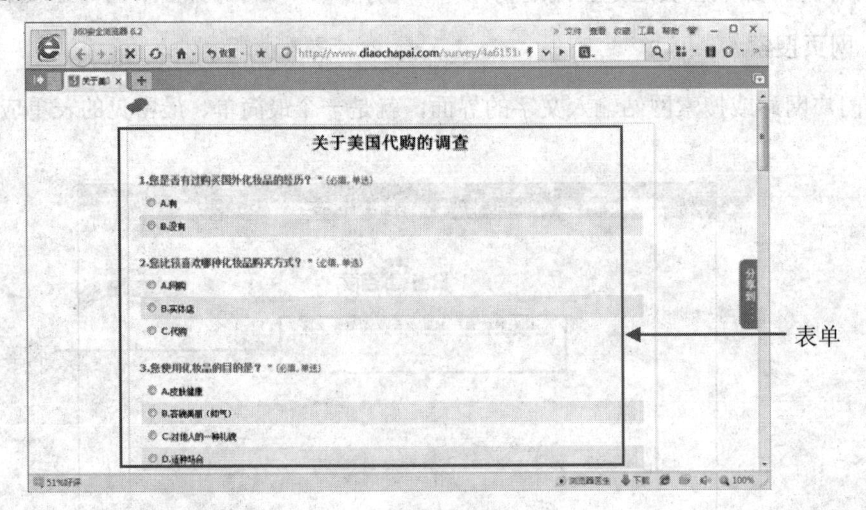

图 3-8　在线投票

4. 在线购物

不管是在线购物还是拍卖网站，随处可见表单画面，让用户输入购买商品种类及商品数量，如图 3-9 所示。

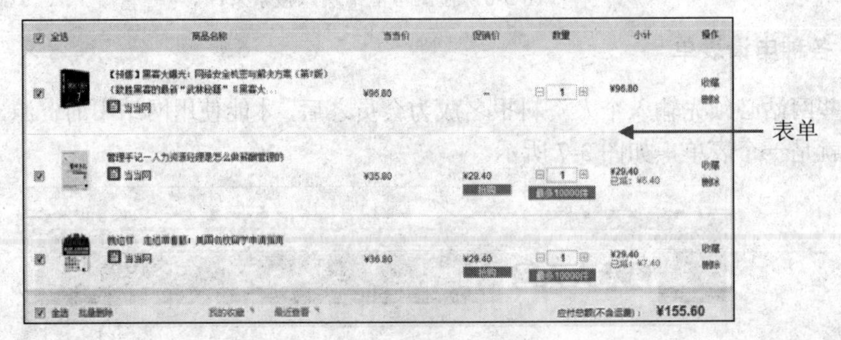

图 3-9　在线购物

介绍了这么多表单的应用，相信你已经体会到表单的实用性与重要性。接下来将介绍各种表单组件的制作，至于如何发送表单数据到服务器端进行处理，已经超出本书范围，在此不作介绍。如果读者有兴趣，可以参考专门介绍 ASP、PHP 等语言的书籍。

3.4　创建表单

表单一直是网页设计的重头戏，尤其是交互式网页绝对少不了它，为了制作出各种各样的表单，表单组件被分为了 4 大类：文字组件、列表组件、选择组件和按钮组件。下面介绍一些基本的表单制作方法。

3.4.1　表单的基本架构

当用户填写了表单数据之后，单击“提交”按钮，填写的数据就会根据你设置好的处理程序来处理表单中的数据。我们先借助一个简单的登录界面来了解表单的基本架构，下面是其 HTML 源代码：

```
<form method="post" action="">                         <!--表单开始-->
账号：<input type="text" name="user_name" />           <!--文字域-->
<br/>
密码：<input type="text" name="password" />            <!--文字域-->
<br/>
<input type="submit" value="提交" />                   <!--提交按钮-->
<input type="reset" value="取消" />                    <!--取消按钮-->
</form>                                                <!--表单结束-->
```

执行结果如图 3-10 所示。

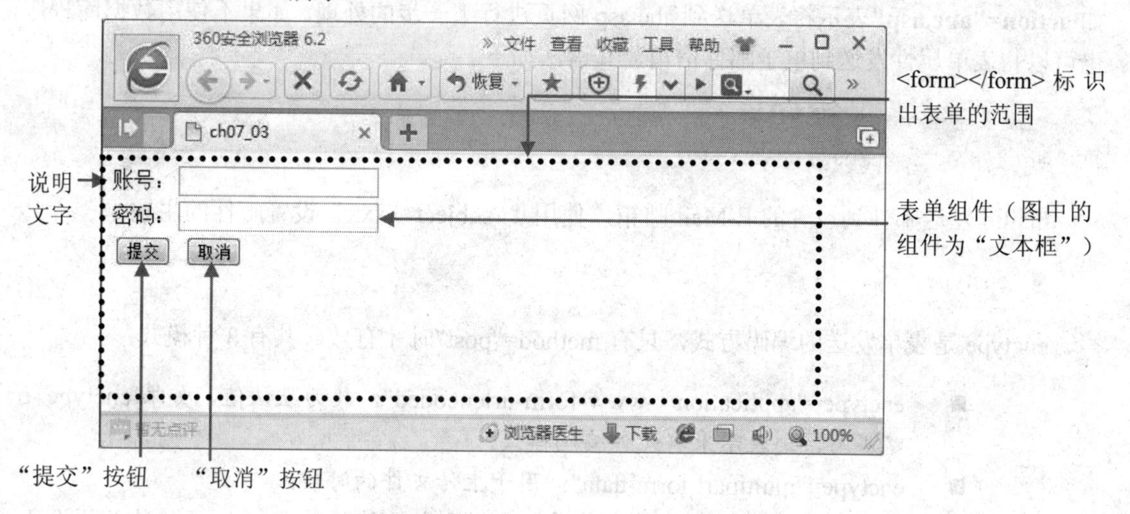

图 3-10　表单的基本架构

<form>是表单的开始标记，而</form>是表单的结束标记，各种表单组件必须放在<form></form>标记围起的范围内，才能有效运行。通常表单中包括表单标记（<form>）、说明文字、表单组件、“提交”按钮和“取消”按钮等。

图 3-10 中虚线部分是为了让读者了解<form>标记的作用而添加的，实际在网页浏览时并不会出现此虚线。

下面先来认识<form>标记。

<form></form>标记

<form></form>标记就像一个容器，其中会放置各种的表单组件。其语法如下：

```
<form method="post" action="abc.asp">
```

- method

method 属性用于设置发送数据的方式，设置值有 post 和 get 两种。利用 get 方式发送数据时，数据会直接加在 URL 之后，安全性比较差，并且有 255 个字符的字数限制，适用于数据量少的表单，例如：

get method 发送的数据

```
http://www.abc.com/index.asp?username=eileen
```

post 方式是将数据封装之后再发送，字符串长度没有限制，数据安全性比较高。对于需要保密的信息，例如用户账号、密码、身份证号、地址以及电话等，通常会采用 post 方式进行发送。

- action

表单通常会与 asp 或 php 等数据库程序配合使用，属性 action 用来指出发送的目的地，例如 **action="abc.asp"**表示将表单送到 abc.asp 网页进行下一步的处理。如果不使用数据库程序，也可以将表单属性发送到电子邮件信箱，其语法如下。

```
<form method="post" action="mailto:abc@mail.com?subject=xxxx"
enctype="text/plain" >
```

mailto 发送邮件到设置的 E-Mail 邮箱，使用“?subject=xxxx”设置邮件的主题。

- enctype

enctype 是表单发送的编码方式，只有 method="post"时才有效，共有 3 种模式：

  - enctype="application/x-www-form-urlencoded"：此为默认值，如果 enctype 省略不写，则表示采取此种编码模式。
  - enctype="multipart/form-data"：用于上传文件的时候。
  - enctype="text/plain"：将表单属性发送到电子信箱时，enctype 的值必须设为"text/plain"，否则将会出现乱码。

- target

指定提交到哪一个窗口，属性值共有 5 个，如表 3-1 所示。

表 3-1　target 属性值

属性值	说明
_blank	打开新窗口
_self	当前的窗口
_parent	上一层窗口（父窗口）
_top	最上层窗口
框架名称	直接指定窗口或框架名称

- autocomplete

autocomplete 用来设置 input 组件是否使用自动完成功能，HTML5 新增的属性值有 on（使用）和 off（不使用）两种。

- novalidate

novalidate 用来设置是否要在发送表单时验证表单，如果需要验证填入 novalidate 即可。novalidate 也是 HTML5 新增的属性，目前 IE 并不支持 novalidate 属性。

表单主要组件名称以及范例如表 3-2 所示。

表 3-2 表单主要组件名称及范例

表单组件分类	组件名称	范例
输入组件	text	<input type="text" name="t1" size="20" />
	textarea	<textarea rows="2" name="s1" cols="20"></textarea>
	password	<input type="password" name="pw" size="5" />
	date	<input type="date" name="bday" max="2012-12-31" />
	number	<input type="number" name="quantity" min="1" max="5" />
	search	<input type="search" name="searchword" />
	color	<input type="color" name="colorpicker" />
	range	<input type="setrange" name="range" />
	output	<output name="x" for="a b"></output>
	keygen	<keygen name="security" />
列表组件	select	<select size="1" name="d1"></select>
	datalist	<datalist id="search_list"> </datalist>
选择组件	radio	<input type="radio" value="v1" checked name="R1" />
	checkbox	<input type="checkbox" name="c1" value="ON" />
按钮组件	submit	<input type="submit" value="提交" name="sbtn" />
	reset	<input type="reset" value="重置" name="rbtn" />
	button	<input type="button" value="按钮" name="b1" />

其中 date、number、color、range、datalist、output 以及 keygen 是 HTML 新增的组件，目前 IE 都不支持，建议使用 Google Chrome 浏览效果。

下面继续介绍组件的语法、属性以及使用方式。

3.4.2 输入组件

输入组件是表单组件中最常用的，主要是让用户输入数据。一般网页中常用的输入组件有文本框（text）、多行文本框（textarea）、密码域（password）3 种，date、number、color、range 等是 HTML5 新增的 input 组件，必须结合 JavaScript 才能发挥作用。

1. 文本框 text

语法如下：

```
<input type="text" name="username" value="guest" size="10" maxlength="10" />
```

外观如图 3-11 所示。

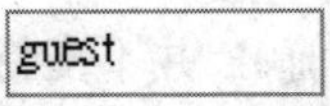

guest

图 3-11　文本框外观

常用属性如下。

- **type:** 输入方式为 text，能产生一个单行的文本框，这是必要的域，上限为 255 个字符。
- **name="username":** 文本框的名称，方便表单处理程序辨认表单组件，可以自行设置，英文、数字以及下划线都可以，但是区分大小写。
- **value="guest":** 文本框的默认值，如果省略此属性，则文本框是空白的，例如 value="guest"表示 guest 字样会出现在文本框中，用户可以修改。
- **size="10":** 文本框的长度。数字越大，文本框越长。如果省略不写，则会以默认 size=20 为长度。
- **maxlength="10":** 限制文本框字数。为了避免用户输入错误，可以加入此属性来限制输入的字数，例如手机号码是 11 位，则 maxlength="11"，当用户输入 11 个字符之后就无法继续输入了。
- **autofocus:** 自动获得焦点，也就是加载网页之后，自动将光标（插入点）移到此文本框内。

2. 多行文本框 textarea

语法如下：

```
<textarea name="memo" cols="15" rows="2" wrap="virtual">这是多行文本框这是多行文本框这是多行文本框这是多行文本框</textarea>
```

外观如图 3-12 所示。

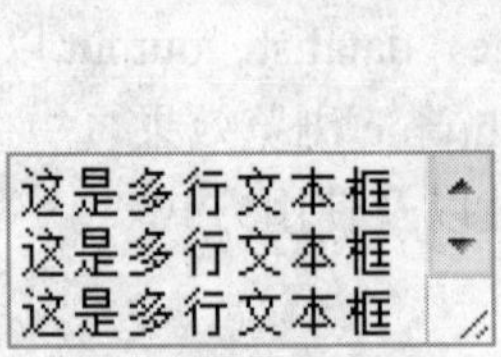

这是多行文本框
这是多行文本框
这是多行文本框

图 3-12　多行文本框

常用属性如下。

- **name="memo":** 文本框的名称，可以自行设置，英文、数字和下划线都可以，区分大小写。

- **cols="20"**：文本框的宽度。
- **rows="4"**：文本框的行数。
- **wrap="virtual"**：设置文本框内的文字提交表单后是否换行。设置值有 hard 和 soft。hard 会在输入的字超过 cols 宽度时自动换行，soft 是不换行（如果文本框没有设置 wrap 属性，默认是不换行的）。

学习小教室

readonly 属性：如果你不想让用户在文本框内输入数据，可以在<input>或<textarea>标记中加上 readonly 属性，用法如下：

```
<input type="text" name="username" value="guest" readonly />
```

这样，用户可以看到这个文本框，但是无法输入数据。

举例来说，有些网站的添加会员功能，账号是由系统产生的，因此用户不需要输入；或者购物网站中的商品价格是固定的，金额会利用文本框显示给用户看，但是不希望用户去修改金额。

3. 密码域 password

密码域是特殊的输入组件，当用户在密码域输入数据时，会以星号（*）或圆点（●）来取代输入的文字，保护输入的数据不会被看见。语法如下：

```
<input type="password" name="T1" size="20" />
```

外观如图 3-13 所示。

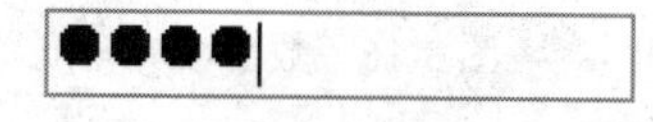

图 3-13　密码域

密码域的属性与文本框 text 类似，外观看起来也跟文本框一样，唯一区别在于密码域的 type 属性设置值是 password，输入的文字会以星号（*）或圆点（●）来代替。

4. 日期域 date（HTML 5 新功能，目前 IE 不支持）

当用户单击日期域时，会弹出日期菜单，让用户选择日期，此为 HTML 5 的新功能，目前 IE 不支持。

语法如下。

```
<input type="date" name="selectdate" />
```

外观如图 3-14 所示。

年/月/日 ▼

图 3-14　日期域

当用户单击日期域时，会出现如图 3-15 所示的日期菜单。

图 3-15　日期菜单

5. 数字域 number（HTML5 新功能，目前 IE 不会显示上下键）

数字域让用户能以上下键来选择数字，此为 HTML5 新功能，目前 IE 不会显示上下键，但可限制输入数字。语法如下：

```
<input type="number" name="setnumber" value="5" min="3" max="20" />
```

number 组件提供 min 和 max 属性来限制用户输入的数字范围，min 限制最小值，max 限制最大值，例如上式表示限制用户只能选择 3~20 范围内的数字。外观如图 3-16 所示。

图 3-16　数字域

6. 颜色域 color（HTML5 新功能）

颜色域在用户选择颜色时使用，当单击颜色域时，会产生颜色菜单，让用户选择颜色，如图 3-17 所示。其语法如下：

```
<input type="color" name="selectcolor" value="#ff00ff" />
```

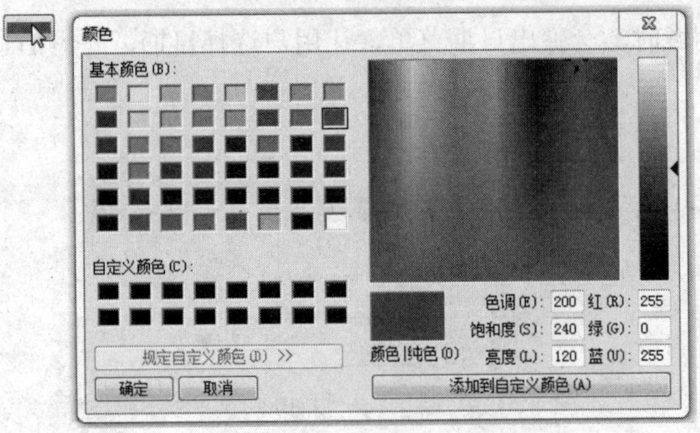

图 3-17　颜色域

属性 value 用来设置默认的颜色。

7. 范围域 range（HTML5 新功能）

range 域与 number 域一样都是让用户选择数字，只是 range 的界面是水平的滚动条，语法如下：

```
<input type="range" name="selectrange" value="5" min="3" max="20" />
```

外观如图 3-18 所示。

图 3-18　范围域

范例：CH03_04.htm

```
<form method="post" action="">
            请输入账号密码<br />
            账号：<input type="text" name="username" size="20" /><br />
            密码：<input type="password" name="password" size="20" /><br />
            <input type="submit" value="登录" name="B1" />
</form>
```

执行结果如图 3-19 所示。

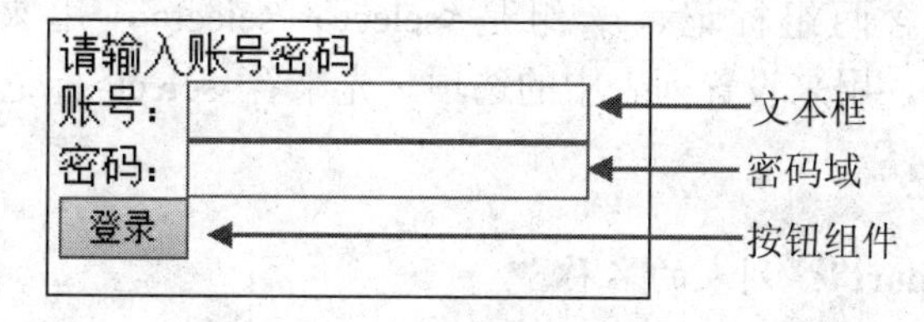

图 3-19　表单范例

范例中使用了文本框、密码域以及按钮组件，按钮组件的功能是让用户单击按钮之后将表单进行下一步处理。按钮组件的语法稍后将会介绍。

8. 搜索域 search（HTML5 新功能）

搜索域的外观与一般文本框（text）相同，但是当用户输入文字之后，搜索域右边就会显示“✕”，单击“✕”就可以删除搜索域中的文字，如图 3-20 所示。其语法如下：

```
<input type="search" name="searchword" />
```

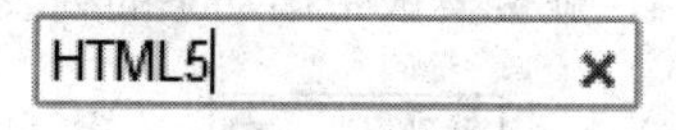

图 3-20　搜索域

3.4.3 列表组件

列表组件包括 select 组件与 datalist 组件。

1. select 组件

select 组件由<select></select>标记与<option>标记组成，语法如下：

```
<select size="1" name="sport">
    <option>游泳</option>
    <option>跑步</option>
    <option>骑自行车</option>
    <option>打篮球</option>
</select>
```

外观如图 3-21 所示。

图 3-21　列表

列表组件包含两组标记，一组是<select></select>，用来产生空的列表；另一组是<option></option>，用来设置列表中的选项。先来看<select>标记的常用属性。

2. select 标记

- **name="sport"**：列表的名称。
- **size="1"**：列表的行数，当 size="1"时，表示只有一行，这时看到的列表是常见的下拉式列表。如果选项有 4 个，即当 size="4"时，下拉式列表就会变成选择列表，如图 3 22 所示。

图 3-22　无法滚动的列表

这时如果 size 大于 1 且小于 4，就会变成带滚动条的列表，如图 3-23 所示。

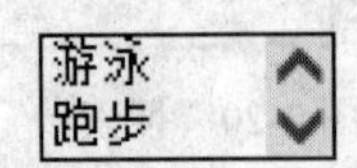

图 3-23　带滚动条的列表

- **multiple:** 添加了此属性，表示此域中的选项可以多选，只要在选择时按下 Ctrl 或 Shift 键就可以一次选择好几个选项，如图 3-24 所示。

图 3-24　多选列表

当列表中添加了 muitiple 属性，并且 size=1 时，下拉式列表就会变成滚动条列表，如下图所示。

3. datalist（HTML5 新功能，目前 IE 不支持）

datalist 组件由<datalist></datalist>标记与<option>标记组成，必须与<input>组件的 list 属性一起使用。datalist 组件的功能有点类似于自造词列表，主要是让用户只输入第一个字，就可以从列表中找出符合的词语。语法举例说明如下：

```
<input list="browsers" />        <!--input 组件-->
 <datalist id="browsers">        <!--必须指定 id 名称-->
   <option value="Internet Explorer"></option>
   <option value="Firefox"></option>
   <option value="Chrome"></option>
   <option value="Opera"></option>
   <option value="Safari"></option>
 </datalist>
```

以上语法呈现效果如图 3-25 所示。

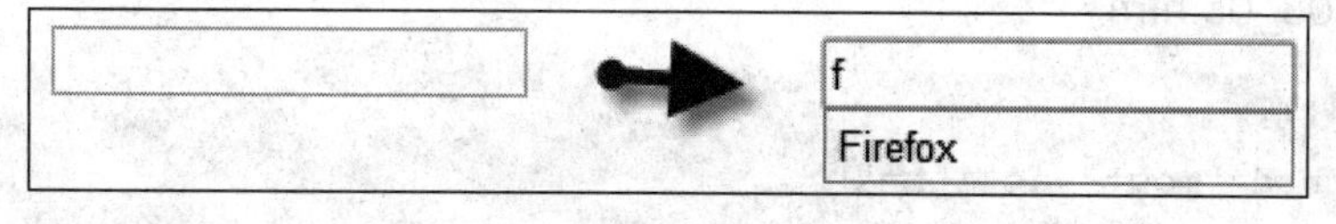

图 3-25　自造词列表

datalist 组件包含两组标记，一个是<datalist></datalist>，用来产生空的列表；另一个是<option>，用来设置列表中的选项。datalist 组件必须先使用 id 属性并指定 id 名称。这样，input 组件的 list 属性值只要设置得与 datalist 组件的 id 属性相同，就可以取得 datalist 组件中的列表。

例如，上述语法中 datalist 组件共设置了 5 个列表值，Internet Explorer、Firefox、Chrome、Opera、Safari，当用户输入“f”，就会找到列表中的 Firefox。

3.4.4 选择组件

选择组件有两种，一种是单选按钮（radio），另一种是复选框（checkbox）。

1. 单选按钮 radio

顾名思义，单选按钮用于单选的场合，例如，性别、职业的选择等。其语法如下：

```
<input type="radio" name="gender" value="女" checked />
```

常用属性如下。

- **type="radio"**：type 属性设置为 radio，表示产生单一选择的按钮，让用户单击选择。
- **name="gender"**：radio组件的名称，name属性值相同的radio组件会被视为同一组radio组件，而同一组内只能有一个 radio 组件被选择。
- **value="女"**：radio 组件的值，当表单被提交时，已选择的 radio 组件的 value 值，就会被发送从而进行下一步处理。radio 组件的 value 属性设置的值无法从外观上看出，所以必须在radio组件旁边添加文字，此处的文字只是让用户了解此组件的意思，并不会随表单提交，如图 3-26 所示。

radio 组件旁边必须加上文字，才知道此 radio 组件代表的意思

◉男生 ○女生

图 3-26　单选按钮

- **checked**：设置 radio 组件为已选择。同一组 radio 组件的 name 属性值必须相同，如果要默认其中一个 radio 为已选择状态，只要使用 checked 就可以了，如图 3-27 所示。

已被选择的 radio 组件，外观看起来是有黑点的圆钮

◉男生 ○女生

未被选择的 radio 组件，外观看起来是空心的圆钮

图 3-27　男生为已选择状态

范例：CH03_05.htm

```
请选择你的性别:
<form method="post" action="">
    <input type="radio" name="gender" value="男" checked />男生
    <input type="radio" name="gender" value="女" />女生
</form>
```

执行结果如图 3-28 所示。

请选择你的性别:
◉男生 ○女生

图 3-28　单选按钮

2. 复选框 checkbox

复选框用于可以多重选择的场合，例如兴趣、喜好等选项。其语法如下：

```
<input type="checkbox" name=" interest" value="看电影" checked />
```

常用属性如下。

- **type="checkbox"**：type 属性值为 checkbox，表示产生一个复选框供用户选择。
- **name=" interest "**：checkbox 组件的名称。name 属性值相同的 checkbox 组件会被视为同一组 checkbox 组件，而同一组内可以有多个 checkbox 组件被选择。
- **value="看电影"**：checkbox 组件的值。当表单被提交时，已选择的 checkbox 组件的 value 值，就会被提交从而进行下一步处理。checkbox 组件的 value 属性设置的值无法从外观上看出，所以必须在组件旁边加上文字，用户才知道该 checkbox 组件代表的意思。
- **checked**：设置 checkbox 组件为已选择。

范例：CH03_06.htm

```
请选择你的兴趣：(可复选)
<form method="post" action="">
    <input type="checkbox" name="interest" value="运动" checked />运动<br>
    <input type="checkbox" name="interest" value="看电影" />看电影<br>
    <input type="checkbox" name="interest" value="上网" checked />上网<br>
    <input type="checkbox" name="interest" value="唱歌" />唱歌<br>
    <input type="checkbox" name="interest" value="健行" />健行
</form>
```

执行结果如图 3-29 所示。

请选择您的兴趣：(可复选)
☑运动
☐看电影
☑上网
☐唱歌
☐健行

图 3-29　复选框

3.4.5　按钮组件

按钮组件有 3 种：一种是“提交”按钮（submit），表单填写完成之后，单击该按钮将表单发送；另一种是提供用户清除表单属性的“重置”按钮（reset）；第 3 种是普通按钮（button），这种按钮本身并无任何作用，通常会搭配 Script 语法来完成想要的效果。

下面分别介绍这 3 种按钮的语法及其常用属性。

1. submit 按钮

```
<input type="submit" name="s1" value="提交" />
```

常用属性如下。

- **type="submit"**：type 属性值为 submit，表示是“提交”按钮。当用户单击此按钮时，表单就会按照<form>标记的 action 属性设置的方式来发送表单。
- **name="s1"**：按钮组件的名称，如果只是普通的发送，name 属性可以省略。
- **value="确定"**：显示在按钮上的文字。

2. reset 按钮

```
<input type="reset" name="r1" value="重置" />
```

常用属性如下。

- **type="reset"**：type 属性值为 reset，表示是“重置”按钮。当用户单击此按钮时，会将表单中所有组件的值恢复为默认值。
- **name="s1"**：按钮组件的名称，功能不大，通常会省略此属性。
- **value="重置"**：显示在按钮上的文字。

3. button 按钮

```
<input type="button" name="back" value="回上页" />
```

常用属性如下。

- **type="button"**：type 属性值为 button，表示是普通按钮，本身并无作用，必须搭配 Script 语法来达到想要的效果。
- **name="back"**：按钮组件的名称，功能不大，通常会省略此属性。
- **value="回上页"**：按钮上显示的文字。

范例：CH03_07.htm

```
<form method="post" action="">
请输入账号密码<br / >
账号：<input type="text" name="username" size="20" /><br />
密码：<input type="password" name="password" size="20" /><br />

<input type="submit" value="提交" />
<input type="reset" value="重填" />
<input type="button" value="回上页" onclick="javascript:history.back();" />
</form>
```

button 组件单击按钮时执行的动作，通常会搭配 JavaScript 使用

执行结果如图 3-30 所示。

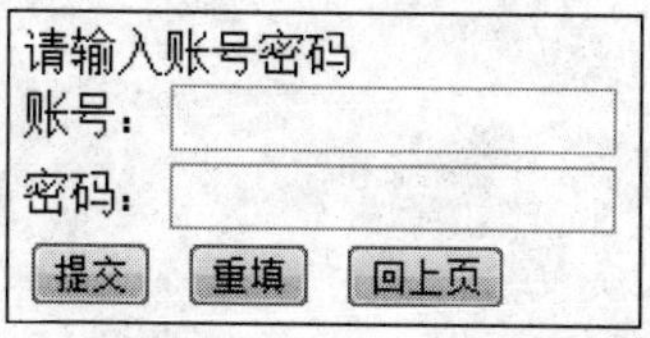

请输入账号密码
账号：
密码：
提交 重填 回上页

图 3-30 普通按钮

button 组件本身没有作用，必须搭配 Script 语法才有用，范例中笔者在 button 按钮上添加了 JavaScript 语法，如下所示：

```
onclick="javascript:history.back();"
```

当按钮组件被单击时会触发 onclick 事件，我们只要在 onclick 事件中添加 Script 语法就可以了。范例中加入的“history.back();”是 JavaScript 语法，意思是回上一页。

3.4.6 表单分组

当表单属性太长太多时，可以将表单中的问题分门别类，以免用户输入数据时眼花缭乱。用来将表单分组的标记是< fieldset>，必须以</ fieldset>结尾，<legend></legend>标记可以设置分组标题。语法如下：

```
<fieldset>
<legend>分组标题</legend>
分组内容
</fieldset>
```

上述语法会在网页中呈现如图 3-31 所示的效果。

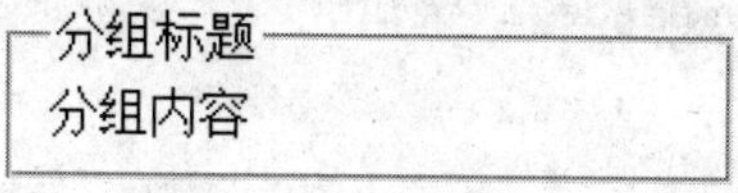

分组标题
分组内容

图 3-31 表单分组

3.5 操作范例——教学意见调查表

认识了所有的表单组件之后，实际操作一遍，能够更加熟悉表单的应用。请读者自己先练习完成如下的教学意见调查表，再来对照下面的程序代码。

题目：请制作教学意见调查表

（1）加载网页时，将插入点光标放在“科目名称”文本框内。

（2）系所列表包括：英文系、法律系、信息管理系、电子工程系和信息工程系，如图 3-32 所示。

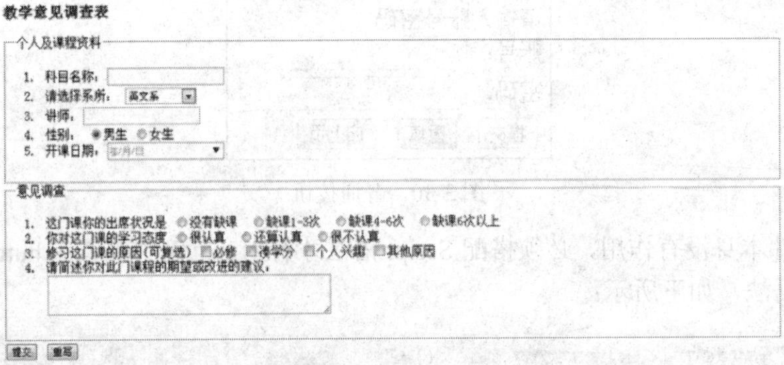

图 3-32　教学意见调查表

程序代码如下。

范例：CH03_08.htm

```
<h3>教学意见调查表</h3>
<form method="post" action="" enctype="text/plain">
<fieldset>
<legend>个人及课程资料</legend>
<ol>
    <li>
    科目名称：<input type="text" name="subject" autofocus />
    </li>
    <li>
    请选择系所：
    <select size="1" name="department">
    <option>英文系</option>
    <option>法律系</option>
    <option>信息管理系</option>
    <option>电子工程系</option>
    <option>信息工程系</option>
    </select>
    </li>
    <li>
    讲师：<input type="text" name="teacher" />
    </li>
    <li>
    性别：
    <input type="radio" name="sex" value="男生" checked />男生
    <input type="radio" name="sex" value="女生" />女生
    </li>
    <li>
    开课日期：<input type="date" name="startdate" />
```

```
        </li>
    </ol>
    </fieldset>
    <fieldset>
    <legend>意见调查</legend>
    <ol>
        <li>
        这门课你的出席状况是
        <input type="radio" name="assist" value="没有缺课" />没有缺课 
        <input type="radio" name="assist" value="缺课 1-3 次" />缺课 1-3 次 
        <input type="radio" name="assist" value="缺课 4-6 次" />缺课 4-6 次 
        <input type="radio" name="assist" value="缺课 6 次以上" />缺课 6 次以上
        </li>
        <li>
        你对这门课的学习态度
        <input type="radio" name="attitude" value="很认真" />很认真 
        <input type="radio" name="attitude" value="还算认真" />还算认真 
        <input type="radio" name="attitude" value="很不认真" />很不认真
        </li>
        <li>
        修习这门课的原因(可复选)
        <input type="checkbox" name="reason" value="必修" />必修
        <input type="checkbox" name="reason" value="凑学分" />凑学分
        <input type="checkbox" name="reason" value="个人兴趣" />个人兴趣
        <input type="checkbox" name="reason" value="其他" />其他原因
        </li>
        <li>
        请简述你对此门课程的期望或改进的建议：<br />
        <textarea rows="3" name="hope" cols="50"></textarea>
        </li>
    </ol>
    </fieldset>
    <input type="submit" value="提交" />
    <input type="reset" value="重写" />
    </form>
```

IE 不支持日期域（date），如果想看到完整的执行结果，请使用 Google Chrome 浏览器进行浏览。

第 4 章　HTML5 多媒体素材的应用

进入本章之后，网页将不再只有文字，图片的应用会使网页更加生动有趣。相信许多初学者都会遇到图片处理方面的问题，例如如何缩放图片、如何让图片背景透明等。本章将介绍如何插入网页图片和影音特效等。

4.1　网页图片使用须知

图片是网页中相当重要的元素。吸引人的网页总少不了精美的图片，千言万语也比不上一张图片令人印象深刻。

网页常用的图片格式有 PNG、JPEG 以及 GIF 格式 3 种。静态的图片通常用 PNG、JPEG 格式，动态的图片使用 GIF 格式。

4.1.1　图片的尺寸与分辨率

由于带宽的限制，太多或太大的图片会让网页显示的速度变慢，给浏览者带来困扰。对网站整体的视觉效果也会带来负担。因此，放入图片前应该先做好规划并筛选出适合的图片。网页图片的选择应该考虑图片格式、图片分辨率以及图片大小 3 个方面。

1. 建议的图片格式

选择网页上的图片只有一个原则，即在图片清晰的前提下，文件越小越好。建议大家采用 JPEG 或 GIF 格式的图片，尽量不要使用 BMP 格式，因为 BMP 格式的图片文件比较大。

2. 建议的图片分辨率

分辨率是指在单位长度内的像素点数，单位为 dpi（dot per inch），是以每英寸包含几个像素来计算的。像素越多，分辨率就越高，而图片的质量也就越细腻；反之，分辨率越低，质量就越粗糙。基本上，网页上的图片的分辨率只要 72dpi 就够了（计算机屏幕的分辨率为每英寸 72 点）。

3. 建议的图片大小

网页上使用的图片文件当然是越小越好，不过必须考虑到图片文件的清晰度，一张图片文件很小但是很模糊，放在网页上也是没有意义的。一般来说，网页上的图片最好不要超过 30KB。如果遇到特殊情况，必须使用大张图片的话，建议先将图片分割成数张小图，再“拼”到网页上，这样可以提高图片的显示速度，浏览者就不需等待一张大图下载的时间了（有关图片分割方法，下面章节中有详细的说明），如图 4-1 所示。

图形文件先分割成 4 张小图，再到网页上拼成一张完整的图片

图 4-1　将大图分割成小图

掌握以上 3 项重点就可以给网页添加漂亮的图片，也不用再担心影响浏览网页的速度了。

4.1.2　图片的来源

巧妇难为无米之炊，想要使用图片，必须有图片才行。下面是图片的来源：

- 利用绘图软件自行制作图片；
- 从扫描仪或数字相机获得；
- 网络上免费的图片素材。

网络上可以找到很多热心网友提供的免费图片下载，如 Maggy 的图片素材、阿芳图库等。

如果读者要使用他人的照片或者图片，可以通过该网站提供的联系方式与著作权人联系，向著作权人询问是否可以授权使用，相信热心的网友都会乐于提供授权。最好能够在网页适当位置标识图片的来源，这样才是尊重著作权人的做法。

4.2　图片的使用

接下来介绍图片的使用。图片除了可以放在网页上之外，还可以作为网页底图使用，下面分别介绍这两种方式。

在设置图片时，先要确定图片的文件名和路径，你可以从每个章节的范例文件中找到 images 文件夹，本书使用的范例图片都存放在这个文件夹中。

4.2.1　嵌入图片

嵌入图片的标记是<img>，<img>标记是单一标记，其语法如下：

```
<img src="images/photo.jpg" alt="这是图片" />
```

<img>标记的属性如表 4-1 所示。

表 4-1　<img>标记的属性

属性	设置值	说明
src	图片位置	指定图片的路径及文件名
alt	说明文字	鼠标移到图片时显示的文字
height	图片高度	以像素（pixel）为单位
width	图片宽度	以像素（pixel）为单位

范例：ch04_01.htm

```
<h1>背包客旅行札记</h1>
<h4>旅行是一种休息，而休息是为了走更长远的路</h4>
<img src="images/photo.jpg" alt="户外泳池" width="300" />
```

执行结果如图 4-2 所示。

图 4-2　在网页中插入图片

制作一个网站可能需要使用大量的图片，有经验的网页设计师通常会将图片存放在图片文件夹中，以便于网页的制作。当图片与网页文件存放在不同文件夹时，就必须指定图片的路径。接下来，我们学习如何在 HTML 语法中指定图片路径。

4.2.2　路径表示法

网页文件中的路径有两种，一种是相对路径（Relative Path），另一种是绝对路径（Absolute Path）。想要链接到网络上的某一张图片时，可以直接指定 URL，这里用到的就是绝对路径，表示方式如下：

```
<img src="http://网址/图片文件.jpg" />
```

相对路径以**网页文件**存放文件夹与**图片文件**存放文件夹之间的路径关系来表示，下面就以图 4-3 为例来说明相对路径的表示法。

如图 4-3 所示，一个网站的根目录是 Myweb 文件夹，Myweb 文件夹中有 travel 和 flower 文件夹，而 flower 文件夹中有 animal 文件夹。

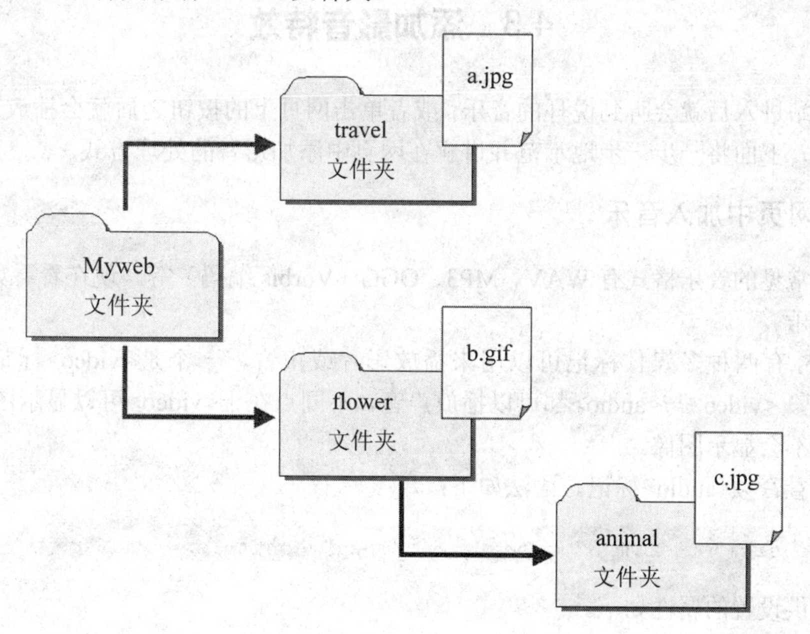

图 4-3　网页的文件夹结构

1. 网页与文件位于同一个文件夹

当网页与文件位于同一个文件夹时，直接以文件名表示就可以了。

例如，网页位于 flower 文件夹，想要在网页内嵌入 flower 文件夹中的 a.jpg 文件，可以表示如下：

```
<img src="a.jpg" />
```

2. 位于上层文件夹

路径的表示法以“../”代表上一层文件夹，“../../”表示上上层文件夹，以此类推。当文件位于网页的上层文件夹时，只要在文件名前加上“../”就可以了。

例如，网页位于 animal 文件夹，想要在网页中加入 flower 文件夹中的 b.gif 文件，可以表示如下：

```
< img src="../flower/b.gif" />
```

3. 位于下层文件夹

当文件夹位于网页的下层文件夹时，只要在文件名前加上文件夹路径就可以了。

例如，网页位于 flower 文件夹，想要在网页内加入 animal 文件夹中的 c.jpg 文件，可以表示如下：

```
<img src="animal/c.jpg" />
```

4.3 添加影音特效

有些网站进入后就会听到悦耳的音乐，或者单击网页上的按钮之后就会播放影片，这是怎么做到的呢？下面将一步一步地示范并讲解在网页中添加影音的处理方式。

4.3.1 在网页中加入音乐

网页中常见的音乐格式有 WAV、MP3、OGG（Vorbis 编码）等。现在看看如何为网页添加美妙的音乐。

HTML5 有两种多媒体标记可以用来播放影片或声音，一个是<video>标记；另一个是<audio>标记。<video>与<audio>都可以播放声音，不同点在于<video>可以显示图像；<audio>只有声音，不会显示图像。

首先来看音频<audio>标记。语法如下：

```
< audio src="music.mp3" type="audio/mpeg" controls></ audio>
```

可以提供设置的属性如下。

- **src="music.mp3":** 设置音乐文件名以及路径，<audio>标记支持 MP3、WAV 及 OGG 3 种音乐格式。
- **autoplay:** 是否自动播放音乐。加入 autoplay 属性表示自动播放。
- **controls:** 是否显示播放面板。加入 controls 属性表示显示播放面板。
- **loop:** 是否循环播放。加入 loop 属性表示循环播放。
- **preload:** 是否预先加载，减少用户等待时间。属性值有 auto、metadata 及 none 3 种。当设置 autoplay 属性时，preload 属性会被忽略。
  - auto: 网页打开时就加载影音。
  - metadata: 只加载 meta 信息。
  - none: 网页打开时不加载影音。
- **width / height:** 设置播放面板的宽度和高度，单位为像素。
- **type="audio/mpeg":** 指定播放类型，不需要让浏览器去检测文件格式，type 必须指定适当的 MIME（Multipurpose Internet Mail Extension）类型，例如，MP3 对应到 audio/mpeg，也可以在 type 中增加 codecs 属性参数，更加明确地指定文件编码，例如：type="audio/ogg"; codec="vorbis"。

各种浏览器对<audio>标记能够支持的音乐格式并不相同，请参考表 4-2。

表 4-2　浏览器对音乐格式的支持

浏览器	MP3	WAV	OGG
Internet Explorer	✓		
Google Chrome	✓	✓	✓
Apple Safari	✓	✓	
Firefox		✓	✓
Opera		✓	✓

如果要让大部分浏览器都能支持，最好准备 MP3、OGG 两种格式，WAV 格式文件比较大，不建议用于网页上。HTML5 提供了<source>标记，可以同时指定多种音乐格式，浏览器会依序找到可以播放的格式。语法如下：

```
<audio controls="controls">
  <source src="music.ogg" type="audio/ogg" />
  <source src="music.mp3" type="audio/mpeg" />
</audio>
```

这样，当浏览器不支持第一个 source 指定的 OGG 格式或者找不到音频文件时，就会播放第二个 source 指定的 MP3 音乐。

范例：ch04_02.htm

```
<h3>加入音乐</h3>
<audio controls="controls">
  <source src="multimedia/music.ogg" type="audio/ogg" />
  <source src="multimedia/music.mp3" type="audio/mpeg" />
  你的浏览器不支持 audio 播放模式！
</audio>
```

执行结果如图 4-4 所示。

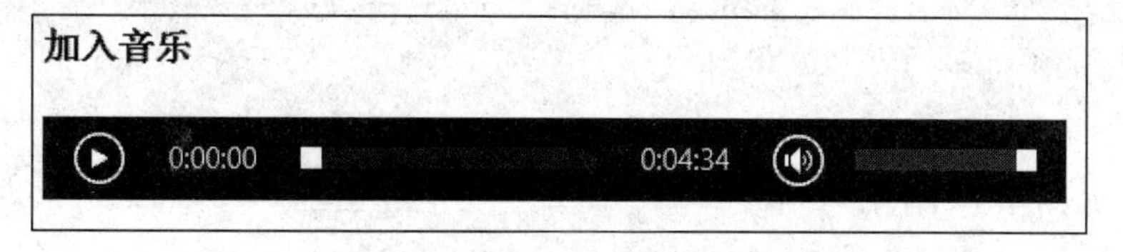

图 4-4　在 IE 浏览器中播放音乐

在 Google Chrome 浏览器中显示的音乐播放面板如图 4-5 所示。

图 4-5　在 Google Chrome 浏览器中显示的音乐播放面板

当浏览器不支持<audio>标记时，会将写在<audio></audio>标记中的文字显示在屏幕上。

如果要将音乐设置为背景音乐，只要在<audio>标记中添加 autoplay 就可以了：

```
<audio src="music.ogg" autoplay></audio>
```

4.3.2 添加影音动画

要在网页中添加影音文件可以使用 HTML5 新增的<video>标记，其属性与<audio>标记大致相同。语法如下：

```
<video src="multimedia/butterfly.mp4" controls="controls"></video>
```

<video>标记支持 3 种影音格式：OGG（Theora 编码）、MP4 和 WEBM（VP8 编码）。各种浏览器对<video>标记能够支持的影音格式并不相同，请参考表 4-3。

表 4-3 各浏览器对<video>标记的支持

浏览器	MP4	OGG	WEBM
Internet Explorer	✓		
Google Chrome	✓	✓	✓
Apple Safari	✓		
Firefox			✓
Opera		✓	✓

如果要让大多数浏览器都能浏览影片，至少要准备 MP4 + OGG 或 MP4 + WebM 才行。

范例：ch04_03.htm

```
<h3>加入影片</h3>
<video controls="controls">
   <source src="multimedia/butterfly.mp4" type="video/mp4" />
   <source src="multimedia/butterfly.ogg" type="video/ogg" />
   你的浏览器不支持此影音播放模式!
</video>
```

执行结果如图 4-6 所示。

图 4-6 播放视频

由于<video>标记中加入了 controls 属性，因此影片上会出现播放面板，面板上从左到右依次是播放/暂停按钮、音量调整按钮和全屏按钮。

学习小教室

关于电影编码

我们经常用扩展名来判断文件的类型，但是对于影音文件未必适用，影音文件的文件格式（container）和编码（codec）之间并非绝对相关。决定影音文件播放的关键在于浏览器是否有适合的影音编解码技术。

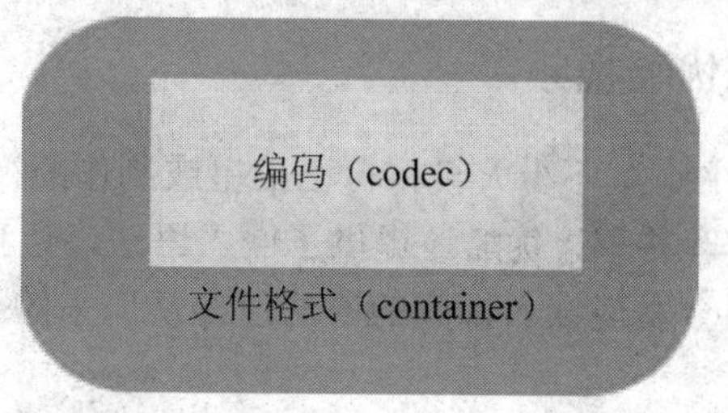

常见的视频编码与译码技术有 H.264、Ogg Theora、WebM/VP8 3 种。处理音频的是 Ogg Vorbis; H.264 编码适用于多种影片格式，例如 QuickTime 的 MOV 文件、优酷等各大网络影音网站中常见的 FLV 文件; WebM 是 Google 发布的影音编码格式。

时至今日，浏览器厂商对于采用哪一种音频以及视频编码仍未获得共识，也就是说，想通过 HTML5 将影音嵌入网站，必须考虑各种不同的影音格式，才能让各种浏览器都能读取。

4.3.3 添加 Flash 动画

Flash 动画是矢量格式，文件小且并不失真，不仅可以加入音效，还可以制作交互效果，因此相当受欢迎。Flash 动画应用的范围相当广泛，包括首页、动画短片、超链接按钮、表单，甚至还能做出各种各样的游戏以及动画。

Flash 动画可以在网页中播放的格式是.swf 文件，在网页中加入 Flash 动画可利用<embed>标记，语法如下：

```
<embed src="movie.swf" width="100" height="100" >
```

4.3.4 传统影音播放器

HTML5 加入影音文件的语法相当简洁方便，但是当前有些常用的浏览器（例如 IE8）仍然不支持 HTML5，因此最好能够提供传统的 object 与 embed 语法，让不支持<video>标记的浏览器能够使用 Flash Player 进行播放。

语法如下：

```
<video controls="controls">
   <source src="multimedia/butterfly.mp4" />
   <source src="multimedia/butterfly.ogg" />
    <object classid="clsid:d27cdb6e-ae6d-11cf-96b8-444553540000" codebase=
"http://download.macromedia.com/pub/shockwave/cabs/flash/swflash.cab#version=6
,0,40,0">
          <param name="movie" value=" butterfly.swf" />
          <param name="allowFullScreen" value="true" />
          <param name="allowscriptaccess" value="always" />
          <embed movie="butterfly.swf" type="application/x-shockwave-flash"
allowscriptaccess="always" allowfullscreen="true"></embed>
     </object>
</video>
```

4.3.5 使用 iframe 嵌入优酷视频

优酷是知名的视频共享网站，不少人会将自己拍摄或制作的视频上传到优酷上。如果同时想把视频在自己的网页或博客共享，优酷还提供了嵌入语法，让我们可以将视频嵌入网页中。

共享过优酷视频的用户会发现嵌入视频的语法已经从原来的<object>改为使用<iframe>来嵌入视频，如图 4-7 所示。

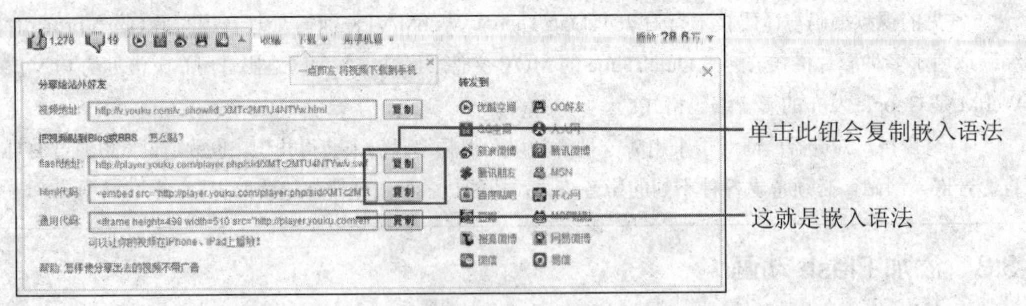

图 4-7　在优酷中嵌入视频

新的嵌入视频语法以<iframe>标记来播放视频，通过新的视频嵌入语法，优酷会自动按照浏览者的设置，使用 AS3 Flash 或 HTML5 来播放视频。

首先我们看一下<iframe>标记的用法。

<iframe>标记属于框架语法，它能够将要链接的网页与组件直接内嵌在当前的网页中，其

语法如下：

```
<iframe name="f1" src="new_page.htm" width="300" height="400">你的浏览器不支持
iframe 框架。</iframe>
```

<iframe></iframe>标记成对出现，<iframe>标记内的文字只有在浏览器不支持<iframe>标记时才会显示，可供设置的属性如下。

- **src="new_page.htm"**：想要显示在窗格中的文件路径以及文件名。
- **name="f1"**：框架窗格名称。
- **width="300"/ height="400"**：窗格的宽度和高度，以像素为单位。
- **seamless**：隐藏边框及滚动条，让网页看不出来嵌入了 iframe 框架。

可参看下面的范例。

范例：ch04_04.htm

```
<h3>加入 iframe 框架</h3>
<p>
<a href="ch04_04_a.htm" target="main">浪淘沙</a>
<a href="ch04_04_b.htm" target="main">虞美人</a>
<p />

<iframe name="main" src="ch04_04_a.htm" width="350" height="380" seamless>
          你的浏览器不支持 iframe 框架!
</iframe>
```

链接到名称为 main 的框架

默认的链接文档名

执行结果如图 4-8 所示。

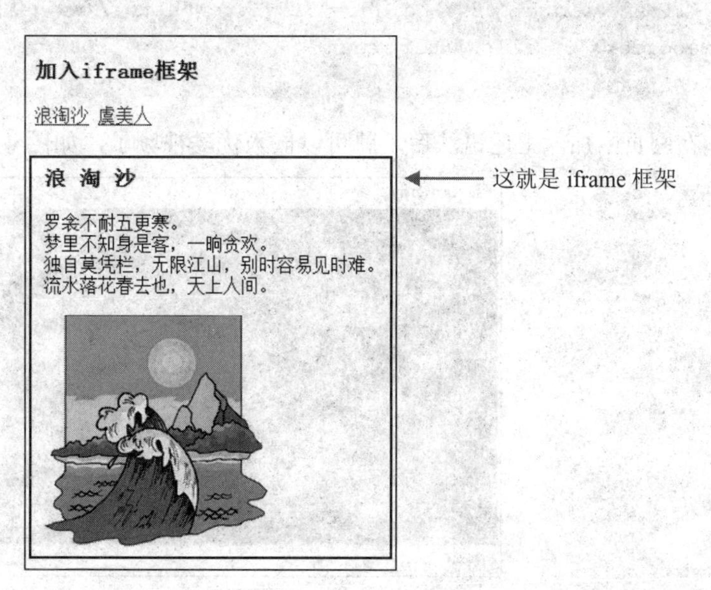

图 4-8　使用框架

范例中笔者为“浪淘沙”及“虞美人”加入超链接，当单击“浪淘沙”时会链接到 ch04_04_a.htm；单击“虞美人”时会链接到 ch04_04_b.htm，而链接的网页会显示在 iframe 窗格内。

因为笔者在<iframe>标记中的 name 属性内指定了窗格名称，所以设置超链接时，只要使用 target 属性指定窗格名称，就可以将网页显示在指定的窗格了。

从上面的范例可以了解到 iframe 框架可以放置在网页的任何位置，添加 seamless 属性会将边框隐藏起来，让网页看不出有内置框架，可惜 IE9 还不支持 seamless 属性，用 Google Chrome 浏览器浏览范例，就会呈现如图 4-9 所示的效果。

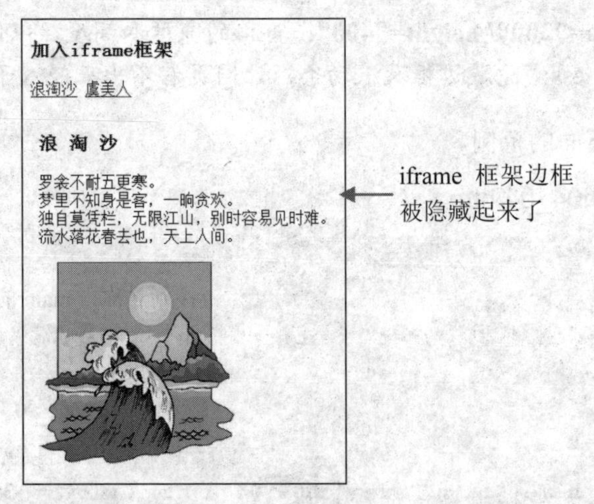

图 4-9　隐藏了框架边框

同样，想要用 iframe 嵌入视频，只要将 src 改成视频网址即可。

```
    <iframe width="420" height="315" src="http://www.优酷.com/embed/uq2RBrjP3KQ"
frameborder="0" allowfullscreen>
    </iframe>
```

在网页中加入上述语法后，就可以嵌入优酷视频了，如图 4-10 所示。

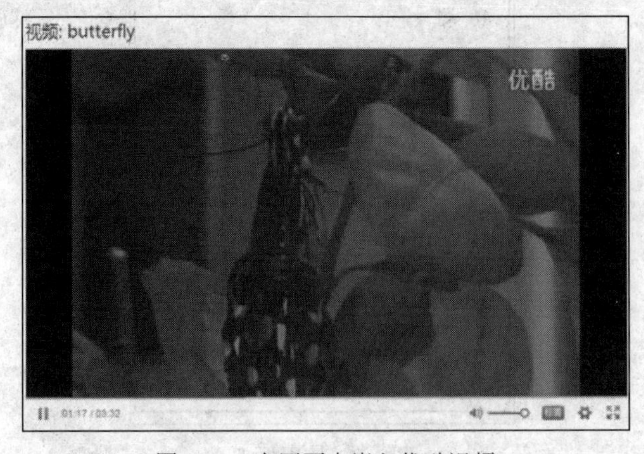

图 4-10　在网页中嵌入优酷视频

如果想让优酷影音自动播放视频，只要在影片地址最后加上“?autoplay=1”，就会在网页打开时自动播放视频：

```
<iframe src = "http://www.youku.com/embed/uq2RBrjP3KQ?autoplay = 1">
</iframe>
```

将视频嵌入网页中，必须注意版权问题，包括音乐、MV、翻录的电视或电影等视频文件，不要随意将视频文件嵌入网页中共享给他人浏览，以免误触法网而背上侵权的罪名。

第 5 章　网页存储 Web Storage

当我们在制作网页时会希望记录一些信息，例如用户登录状态、计数器或者小游戏等，但是又不希望用到数据库，就可以利用 Web Storage 技术将数据存储在用户浏览器中。

5.1　认识 Web Storage

Web Storage 是一种将少量数据存储在客户端（Client）磁盘的技术。只要支持 Web Storage API 规格的浏览器，网页设计者都可以使用 JavaScript 来操作它，我们先了解一下 Web Storage。

5.1.1　Web Storage 的概念

在网页没有 Web Storage 之前，其实已有在客户端存储少量数据的功能，称为 Cookie，两者既有不同之处，也有相同之处。

- 存储大小不同：Cookie 只允许每个网站在客户端存储 4KB 的数据，而在 HTML5 的规范中，Web Storage 的容量由客户端程序（浏览器）决定，一般而言，通常是 1MB~5MB。
- 安全性不同：Cookie 每次处理网页的请求都会连带发送 Cookie 值给服务器端（Server），使得安全性降低；而 Web Storage 纯粹运行于客户端，不会出现这样的问题。
- 都以一组 key-value 对应保存数据：Cookies 是以一组 key-value 对应的组合保存数据，Web Storage 也是同样的方式。

Web Storage 提供两种方式将数据保存在客户端：一种是 localStorage，另一种是 sessionStorage，两者的主要差异在于生命周期和有效范围，请参考表 5-1。

表 5-1　Web Storage 类型的差异

Web Storage 类型	生命周期	有效范围
localStorage	执行删除命令才会消失	同一网站的网页可以跨窗口和分页
sessionStorage	浏览器窗口或分页（tab）关闭就会消失	仅对当前浏览器窗口或分页有效

接下来检测浏览器是否支持 Web Storage。

5.1.2　检测浏览器是否支持 Web Storage

为了避免浏览器不支持 Web Storage 功能，在操作之前，最好先检测一下浏览器是否支持这项功能。其语法如下：

```
if(typeof(Storage)=="undefined")
{
    alert("您的浏览器不支持 Web Storage")
}else{
    //localStorage 和 sessionStorage 程序代码
}
```

当浏览器不支持 Web Storage 时，就会弹出警告窗口，如果支持就执行 localStorage 和 sessionStorage 程序代码。

目前 Internet Explorer 8+、Firefox、Opera、Chrome 和 Safari 都支持 Web Storage。需要注意的是，IE 和 Firefox 测试时需要把文件上传到服务器或 localhost 才能运行。建议测试时使用 Google Chrome 浏览器。

5.2 localStorage 和 sessionStorage

localStorage 的生命周期及其有效范围与 Cookie 类似，它的生命周期由网页程序设计者自行指定，不会随着浏览器的关闭而消失，适合于在数据需要分页或跨窗口的场合。关闭浏览器之后除非主动清除数据，否则 localStorage 数据会一直存在；sessionStorage 在关闭浏览器窗口或分页（tab）后数据就会消失，数据也仅对当前窗口或分页有效，适合于暂时保存数据的场合。接下来，我们看看如何使用 localStorage。

5.2.1 访问 localStorage

JavaScript 基于“同源策略”（Same Origin Policy），有来自相同网站的网页才能相互调用的限制。localStorage API 通过 JavaScript 操作，同样只有相同来源的网页才能取得同一个 localStorage。

什么叫相同网站的网页呢？所谓相同网站是指协议、主机（domain 与 ip）、传输端口（port）都必须相同。举例来说，下面 3 种情况都视为不同来源：

- http://www.abc.com 与 https://www.abc.com（协议不同）
- http://www.abc.com 与 https://www.abcd.com（domain 不同）
- http://www.abc.com:801/与 https://www.abc.com:8080/（port 不同）

在 HTML5 标准中，Web Storage 只允许存储字符串数据，有下列 3 种访问方法可供选择：

- Storage 对象的 setItem 和 getItem 方法
- 数组索引
- 属性

下面逐一介绍这 3 种访问 **localStorage** 的方法。

1. Storage 对象的 setItem 和 getItem 方法

存储使用 setItem 方法，其格式如下：

```
window.localStorage.setItem(key, value);
```

例如，我们想指定一个 localStorage 变量 userdata，并指定它的值为“Hello!HTML5”，程序代码可以这样写：

```
window.localStorage.setItem("userdata", " Hello!HTML5");
```

当我们想读取 userdata 数据时，则使用 getItem 方法，格式如下：

```
window.localStorage.getItem(key);
```

例如：

```
var value1 = window.localStorage.getItem("userdata");
```

2. 数组索引

存储语法如下：

```
window.localStorage["userdata"] = "Hello!HTML5";
```

读取语法如下：

```
var value = window.localStorage["userdata"];
```

3. 属性

存储语法如下：

```
window.localStorage.userdata= "Hello!HTML5";
```

读取语法如下：

```
var value1 = window.localStorage.userdata;
```

前面的 window 可以省略不写。

下面我们借助范例进行实际操作。本章范例的效果建议采用 Chrome 浏览器进行浏览。

范例：ch05_01.htm

```
<!DOCTYPE html>
<html>
<head>
```

```
<title>ch05_01</title>
<link rel=stylesheet type="text/css" href="color.css">
<script type="text/javascript">
function onLoad() {
        if(typeof(Storage)=="undefined")
        {
           alert("Sorry!!你的浏览器不支持 Web Storage");
        }else{
            btn_save.addEventListener("click", saveToLocalStorage);
            btn_load.addEventListener("click", loadFromLocalStorage);
        }
}

function saveToLocalStorage(){
      localStorage.username = inputname.value;
}

function loadFromLocalStorage(){
        show_LocalStorage.innerHTML= localStorage.username+" 你好~欢迎来到我的
网站~";
}
</script>
</head>
<body>
<body onload="onLoad()">
<img src="images/welcome.jpg" /><br />
   请输入你的姓名：<input type="text" id="inputname" value=""><br />
  <div id="show_LocalStorage"></div><br />
   <button id="btn_save">存储到 localStorage</button>
   <button id="btn_load">从 localStorage 读取数据</button>
</body>
</body>
</html>
```

执行结果如图 5-1 所示。

图 5-1　要求输入姓名

当用户输入姓名，并单击“存储到 localStorage”按钮时，数据就会被存储起来；当单击“从 localStorage 读取数据”按钮时，就会将姓名显示出来，如图 5-2 所示。

图 5-2　显示读出的数据

请用户将浏览器窗口关闭，重新打开这份 HTML 文件，再单击“从 local Storage 读取数据”按钮，会发现存储的 localStorage 数据一直都在，不会因为关闭浏览器而消失。

5.2.2　删除 localStorage

要删除某一条 localStorage 数据，可以调用 removeItem 方法或者 delete 属性进行删除，例如：

```
window.localStorage.removeItem("userdata");
delete window.localStorage.userdata;
delete window.localStorage["userdata"]
```

要想删除 localStorage 全部数据，可以使用 clear()方法。

```
localStorage.clear();
```

下面延续 ch05_01.htm 的范例，增加一个“清除 localStorage 数据”按钮。

范例：ch05_02.htm

```
<!DOCTYPE html>
<html>
<head>
<title>ch05_02</title>
<link rel=stylesheet type="text/css" href="color.css">
<script type="text/javascript">
function onLoad() {
        if(typeof(Storage)=="undefined")
        {
           alert("Sorry!!你的浏览器不支持 Web Storage");
        }else{
           btn_save.addEventListener("click", saveToLocalStorage);
           btn_load.addEventListener("click", loadFromLocalStorage);
           btn_clear.addEventListener("click", clearLocalStorage);
        }
}

function saveToLocalStorage(){
      localStorage.username = inputname.value;
}

function loadFromLocalStorage(){
        show_LocalStorage.innerHTML= localStorage.username+" 你好~欢迎来到我的
网站~";
}

function clearLocalStorage(){
        localStorage.clear();
        show_LocalStorage.innerHTML=  localStorage.username;
}

</script>
</head>
<body>
<body onload="onLoad()">
<img src="images/welcome.jpg" /><br />
   请输入你的姓名：<input type="text" id="inputname" value=""><br />
  <div id="show_LocalStorage"></div><br />
   <button id="btn_save">存储到 localStorage</button>
   <button id="btn_load">从 localStorage 读取数据</button>
```

```
    <button id="btn_clear">清除 localStorage 数据</button>
</body>
</body>
</html>
```

执行结果如图 5-3 所示。

图 5-3　删除 localStorage 数据

5.2.3　访问 sessionStorage

sessionStorage 只能保存在单一的浏览器窗口或分页（tab），关闭浏览器后存储的数据就消失了。其最大的用途在于保存一些临时的数据，防止用户重新整理网页时不小心丢失这些数据。sessionStorage 的操作方法与 localStorage 相同，下面列出了 sessionStorage 访问语法供读者参考，不再重复说明。

1. 存储

```
window.sessionStorage.setItem("userdata", " Hello!HTML5");
window.sessionStorage ["userdata"] = "Hello!HTML5";
window.sessionStorage.userdata= "Hello!HTML5";
```

2. 读取

```
var value1 = window.sessionStorage.getItem("userdata");
var value1 = window.sessionStorage["userdata"];
var value1 = window.sessionStorage.userdata;
```

3. 清除

```
window.sessionStorage.removeItem("userdata");
delete window.sessionStorage.userdata;
delete window.sessionStorage ["userdata"]
//全部清除
sessionStorage.clear();
```

5.3 Web Storage 实例练习

至此，相信你对 Web Storage 的操作已经相当了解了，下面我们就使用 localStorage 和 sessionStorage 制作两个网页中常见并且实用的功能，一个是“登录/注销”和“计数器”，另一个是“购物车”。

5.3.1 登录/注销和计数器

利用 localStorage 保存数据的特性，我们可以做一个登录/注销的界面并统计用户的进站次数（计数器）。页面如图 5-4 所示。

图 5-4 准备的页面

此范例有下列几个操作步骤：

01 当用户单击“登录”按钮时，出现“请输入你的姓名”的文本框让用户输入姓名。

02 单击“提交”按钮后，将姓名存储到 localStorage。

03 重载页面，将进入网站的次数存储于 localStorage，并将用户姓名以及进站次数显示在<div>标记中。

04 单击“注销”按钮后，<div>标记显示已注销，并清空 localStorage。

范例：ch05_03.htm

```
<!DOCTYPE html>
<html>
<head>
<title>ch05_03</title>
<link rel=stylesheet type="text/css" href="color.css">
<script type="text/javascript">
function onLoad() {
        inputSpan.style.display='none';     /*隐藏输入框和“提交”按钮*/
        if(typeof(Storage)=="undefined")
        {
            alert("Sorry!!你的浏览器不支持 Web Storage");
        }else{
```

```
                /*判断姓名是否已存入 localStorage，已存入时才执行{}内的命令*/
                if (localStorage.username) {
                    /*localStorage.counter 数据不存在时返回 undefined*/
                    if (!localStorage.counter) {
                        localStorage.counter = 1;           /*初始值设为 1*/
                    } else {
                        localStorage.counter++;       /*递增*/
                    }
                    btn_login.style.display='none';    /*隐藏“登录”按钮*/
                    show_LocalStorage.innerHTML= localStorage.username+" 你好,这
是你第"+localStorage.counter+"次来到网站~";
                }
                btn_login.addEventListener("click", login);
                btn_send.addEventListener("click", sendok);
                btn_logout.addEventListener("click", clearLocalStorage);
            }
    }

    function sendok(){
            localStorage.username=inputname.value;
            location.reload();          /*重载网页*/


    }
    function login(){
        inputSpan.style.display='';    /*显示姓名输入框和“提交”按钮*/
    }
    function clearLocalStorage(){
            localStorage.clear();           /*清空 localStorage*/
            show_LocalStorage.innerHTML="已成功注销!!";
            btn_login.style.display='';  /*显示“登录”按钮*/
            inputSpan.style.display='';   /*显示姓名输入框和“提交”按钮*/
    }
    </script>
    </head>
    <body onload="onLoad()">
    <button id="btn_login">登录</button>
    <button id="btn_logout">注销</button> <br />
    <img src="images/welcome.jpg" /><br />
    <span id="inputSpan">请输入你的姓名：<input type="text" id="inputname"
value=""><button id="btn_send">提交</button></span><br />
    <div id="show_LocalStorage"></div><br />
```

```
</body>
</body>
</html>
```

执行结果如图 5-5 和图 5-6 所示。

图 5-5　输入姓名

图 5-6　显示姓名和进站次数

我们来看看范例中主要的程序代码。

1. 隐藏<div>和<span>组件

姓名的输入框和“提交”按钮是放在<span>组件中的，当用户尚未单击“登录”按钮之前，这个组件可以先隐藏。这里使用 style 属性的 display 来显示或隐藏组件，语法如下：

```
inputSpan.style.display='none';
```

display 设置为 none 时组件就会隐藏，组件原本占据的空间就消失了；display 设为空字符串 (''), 则会重新显示出来。

同样，当用户登录之后，“登录”按钮就可以先隐藏起来，直到用户单击“注销”按钮再重新显示。其语法如下：

```
btn_login.style.display='none';
```

2. 登录

当用户单击“提交”按钮后，会调用 sendok 函数将姓名存入 localStorage 的 username 变量中，并重载网页，语法如下所示：

```
function sendok(){
        localStorage.username=inputname.value;
        location.reload(true);      //重载网页
}
```

3. 每次重载网页时计数器加 1

计数器加 1 的时间点是在重载网页的时候，因此程序可以写在 onLoad 函数中，计数器累加的语法如下所示：

```
if (!localStorage.counter) {         /*localStorage.counter 数据不存在*/
    localStorage.counter = 1;        /*初始值设为 1*/
} else {
    localStorage.counter++;          /*递增*/
}
```

计数器累加语法用到了 JavaScript 的递增运算符，JavaScript 常用的算术运算符可以参考表 5-2。

表 5-2　JavaScript 常用的算术运算符

运算符	说明	范例
+	加法	1 + 1 = 2
-	减法	3-2=1
*	乘法	3*3=9
/	除法	8/3=2.66666
%	余数	7 % 2 = 1
++	递增 a++：先返回值，再+1 ++a：先+1，再返回值	a++
--	a--：先返回值，再减 1 --a：先减 1，再返回值	a--

表 5-3 列出了 JavaScript 常用的逻辑运算符。

表 5-3　JavaScript 常用的逻辑运算符

运算符	说明
&&	and：当左右两边语句都为真时返回 True，否则返回 False
||	Or：任意一边语句为真就返回 True
!	not：写在语句之前，当语句为真返回 false；语句为假则返回 true

我们要检查浏览器是否支持这个 Web Storage API，可以检查 localStorage 数据是否存在，如下所示：

```
if (localStorage.counter) {  }
```

如果使用 getItem 的方式取出值，当数据不存在时则返回 null；用属性和数组索引方式访问，会返回 undefined。

最后是注销的操作，只要清除 localStorage 中的数据，并将“登录”按钮、姓名输入框以及“提交”按钮显示出来就完成任务了，语法如下。

```
function clearLocalStorage(){
        localStorage.clear();          /*清空 localStorage*/
        show_LocalStorage.innerHTML="已成功注销!!";
        btn_login.style.display='';  /*显示“登录”按钮*/
        inputSpan.style.display='';   /*显示姓名输入框以及“提交”按钮*/
}
```

学习小教室

Web Storage 的数字相加

JavaScript 中的运算符“+”号除了可以进行数字的相加，还可以进行字符串相加，例如"abc"+456 会被认为是字符串相加，因此会得到"abc456"。如果数字是字符串类型，同样也会进行字符串相加，例如"123"+456，会得到"123456"。

在 HTML5 的标准中，Web Storage 只能存入字符串，就算 localStorage 和 sessionStorage 存入数字，仍然是字符串类型。因此，当我们想要进行数字运算时，必须先把 Storage 里的数据转换成数字才能进行运算，例如范例中的表达式：

```
localStorage.counter++;
```

可以试着把它改成：

```
localStorage.counter=localStorage.counter+1;
```

你会发现得到的结果不是累加，而会是 1111……

将 JavaScript 字符串转换为数字可以使用 Number()方法，它会自动判断数字是整数或浮点数（有小数点的数）来给出正确的转换，用法如下：

```
localStorage.counter=Number(localStorage.counter)+1;
```

至于递增运算符“++”与递减运算符“--”原本就是进行数字的运算，因此不需要转换，JavaScript 会强制转换为数字类型。

5.3.2 购物车

Web Storage 存储空间足够大，访问都在客户端（Client）完成，有些客户端需要先处理或检查数据，就可以使用 Web Storage 进行存储，不仅可以提高访问速度，还可降低服务器的负担。例如，购物网站中常见的购物车，就很适合使用 Web Storage 操作。本节以购物车为例进行练习。

通常顾客到购物网站购物，会以会员身份登录（或者结账时再登录），浏览商品，选择商品后放入购物车，最后进行结账，其流程如图 5-7 所示。

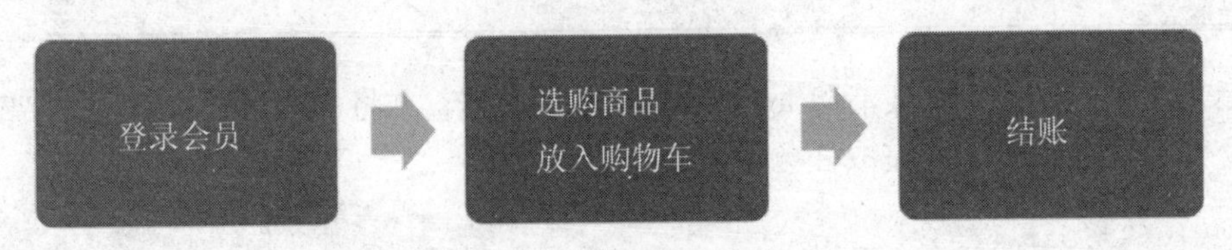

图 5-7　购物流程

本章的范例将模仿用户登录购物网站，选购商品并放入购物车。

1. 什么是购物车

用户将选择的商品放到暂存区，选好之后再进行结账，这个暂存区就称为“购物车”，就好像我们到商店买东西会先将商品放到手推车，选好之后再到柜台结账是一样的。

2. Web Storage 暂存

使用 Web Storage 暂存用户选购的商品，必须考虑使用 localStorage 还是 sessionStorage。

- 用户关闭网页，购物车要继续保留，使用 localStorage。
- 用户关闭网页，购物车不要保留，使用 sessionStorage。

这个范例希望用户关闭网页时能够继续保留购物车数据，因此我们使用 localStorage 制作购物车。

3. 会员登录

购物网站通常会要求用户先创建会员数据，并将会员数据存入数据库，以后当用户登录时再对比用户输入的账号和密码是否与数据库会员系统吻合，再继续结账流程。

这个范例默认用户必须先登录网站再进行商品选购（在此假设用户账号为 guest、密码为 1234），进入购物页面之前会先进行账号和密码的检查。如果账号和密码正确，就先把账号密码暂存在 Web Storage 中，这样一来，用户进入网站中的任何一个网页，账号密码都会存在。

特别需要注意的是，账号可以存储于 localStorage，当用户下次进入网页时自动显示账号，当然密码是重要信息，为了保障用户的安全，密码最好随着窗口的关闭而删除。因此，sessionStorage 是比较好的选择。

4. 购物车操作

下面我们先来看看会员登录的部分。

范例：ch05_04.htm

```
<!DOCTYPE html>
<html>
<head>
<title>ch05_04</title>
<link rel=stylesheet type="text/css" href="color.css">
<script type="text/javascript">
function sendok(){
    if(userid.value!="" && userpwd.value!=""){
        localStorage.userid=userid.value;
        sessionStorage.userpwd=userpwd.value;
        return true;
    }else{
        alert("请输入账号");
        return false;
    }
}

function isload(){
if(localStorage.userid)
    userid.value=localStorage.userid;
}
</script>
</head>
<body onload="isload()">
<img src="images/logo.png" />
<form method="post" action="ch05_05.htm" onsubmit="return sendok();">
    请输入你的账号：<br />
    <input type="text" id="userid" value="" autofocus><br />
    请输入你的密码：<br />
    <input type="password" id="userpwd" value=""><br /><font style="font-
size:12px">
    (测试账号：guest 密码:1234)</font><br />
    <input id="btn_send" type="submit" value="登录"><br />
</form>
```

```
</body>
</body>
</html>
```

执行结果如图 5-8 所示。

图 5-8 购物网会员登录界面

范例中使用了如下的表单（form），并在 action 属性中指定 ch05_05.htm 网页，这样一来，当用户单击“登录”按钮时，数据就会被发送到 ch05_05.htm 网页进行处理。

```
<form method="post" action="ch05_05.htm" onsubmit="return sendok();">
......
<input id="btn_send" type="submit" value="登录">
</form>
```

可以看到“登录”按钮使用 submit 按钮，当单击该按钮时，会触发 form 的 onsubmit 事件，执行 sendok()函数。sendok()函数所做的事情就是检查用户是否输入账号密码，如果已输入则将账号保存到 localStorage 的 userid，密码保存到 sessionStorage 的 userpwd，并返回 true（真）；没有输入则返回 false（假）。当 onsubmit 事件接收到返回结果为 true 时，才会将 form 数据提交。sendok()函数执行的语句如下：

```
function sendok(){
    if(userid.value!="" && userpwd.value!=""){
       localStorage.userid=userid.value;
        sessionStorage.userpwd=userpwd.value;
        return true;
    }else{
        alert("请输入账号");
        return false;
    }
}
```

当 form 成功提交之后，就会发送数据到 ch05_05.htm，也就是购物车的网页。

范例：Ch05_05.htm

```
<!DOCTYPE html>
<html>
  <head>
    <meta content="text/html;charset=UTF-8" http-equiv="Content-Type">
    <title>水果购物网</title>
    <link rel=stylesheet type="text/css" href="cart_color.css">
     <script type="text/javascript">
      //检测账号、密码
        if(localStorage.userid!="guest" || sessionStorage.userpwd!="1234"){
            alert("账号密码错误，请回首页登录!!");
            sessionStorage.removeItem('userpwd');
            document.location="ch05_04.htm";
        }
     function isLoad(){
        //显示用户账号
        document.getElementById("showuserid").innerHTML=localStorage.
        userid;
        var div_list="";
        //将商品信息存储在数组中
        var sale_item=new Array("水果蛋糕","葡萄","奇异果","柠檬","苹果派","菠
萝","水果组合","苹果","水果茶");
        //显示商品
        for (i in sale_item)
        {
           div_list=div_list+"<div class='fruit'>"
            div_list=div_list+"<img class='img_fruit' src='images/fruit"+i+
".png'><br/>"
            div_list=div_list+"<font style='color:#ff0000'>" + sale_item[i]
+"</font><br />"
            div_list=div_list+"<input type='checkbox' name='chkitem' value=
'" + sale_item[i] + "'>"
            div_list=div_list+"我要选购</div>"
        }
        document.getElementById("div_sale").insertAdjacentHTML("beforeend",
div_list);


        //检查Cartlist是否仍有数据，有则加载
        if(localStorage.Cartlist)
            shopping_list.value="你的购买列表："+localStorage.Cartlist;
```

```
        else
            shopping_list.value="你的购买列表：";


        //创建按钮的侦听事件
        clearButton.addEventListener("click", clearCart);
        cartButton.addEventListener("click", addtoCart);

    }
    /***********清除购物车************/
    function clearCart(){
            shopping_list.value="你的购买列表：";
            localStorage.removeItem("Cartlist");         /*清空 localStorage*/
    }
    /***********加入购物车************/
    function addtoCart(){
    var checkselect="";
    var checkBoxList =document.getElementsByName('chkitem');

        for (i in checkBoxList)
        {
          if(checkBoxList[i].checked)
          {
            checkselect=checkselect+"\n"+checkBoxList[i].value;
          }


        }
  /*localStorage.Cartlist 是空的，表示首次新增，就把选择商品存入 localStorage.Cartlist；
  如果 localStorage.Cartlist 有值，表示已经新增过商品，新选择商品继续存入 localStorage.
Cartlist*/
        if(!localStorage.Cartlist)
            localStorage.Cartlist=checkselect;
        else
            localStorage.Cartlist=localStorage.Cartlist+checkselect;

        shopping_list.value="你的购买列表："+localStorage.Cartlist;
    }
  //注销
    function logout(){
    localStorage.removeItem('userid');
    sessionStorage.clear();
    document.location='ch05_04.htm';
```

```
    }
    </script>
    </head>
    <body onload="isLoad()">
        <div id="main">
          <header> 欢 迎 光 临 水 果 购 物 网  <input  type="button"  value=" 注 销 "
onclick="logout();"></header>
          <span id="showuserid">aaa</span> 你好<br />请选择要购买的商品!<br />
           <button id="clearButton">清除购物车</button><br>
           <button id="cartButton">放入购物车</button>
           <textarea id="shopping_list" rows="15" cols="30"></textarea>
             <div id="div_sale"></div>
        </div>
        <footer>
        门市营业时间：周一～周五 8:30～20:30<br />
        服务信箱：fruitshop@happy.net<br />
        电话：123-45678
        </footer>
    </body>
</html>
```

执行结果如图 5-9 所示。

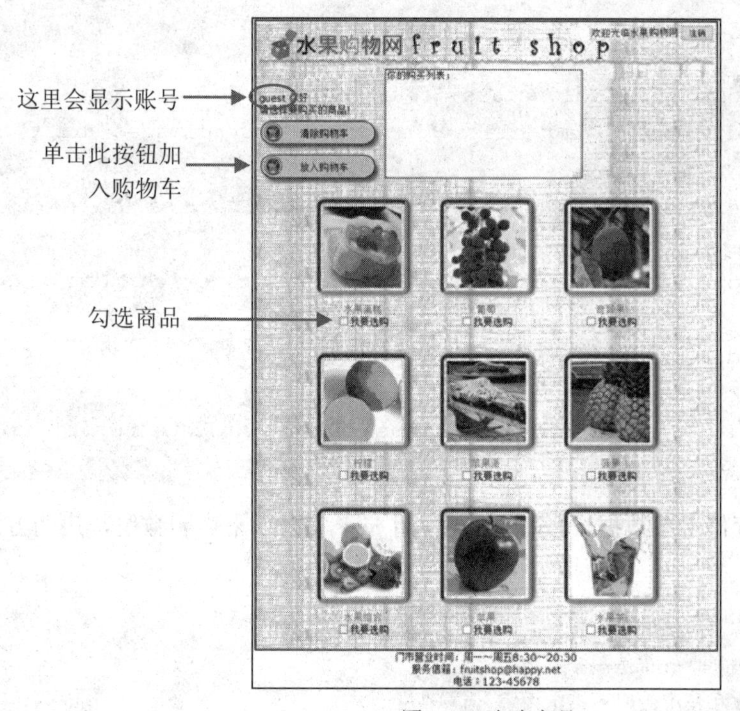

图 5-9　选购商品

网页会在左上角先显示用户账号，勾选好商品之后，单击“放入购物车”按钮，选购的商品就会显示在“你的购买列表：”区域中。本范例包含下列几个操作：

01 商品列表;
02 勾选商品;
03 放入购物车并显示在购买列表中;
04 清空购物车;
05 注销。

1. 商品列表

一个购物网站的商品相当多，如果逐一将商品图片和商品说明放在网页上，是耗时又费力的。为了方便商品的上架与管理，通常会将商品数据保存在数据库中，并提供商品增修页面让商家新增和编辑商品信息。由于本书不介绍数据库的内容，所以笔者用数组存放商品数据来模拟商品数据库。

加载网页时先把商品信息加载进来，并将图片和商品名称显示在网页上。

```
    var div_list="";
    //将商品信息保存在数组中
    var sale_item=new Array("水果蛋糕","葡萄","奇异果","柠檬","苹果派","菠萝","水果组
合","苹果","水果茶");
    //显示商品
    for (i in sale_item)
    {
        div_list=div_list+"<div class='fruit'>"
        div_list=div_list+"<img class='img_fruit' src='images/fruit"+i+".png'>
<br/>"
        div_list=div_list+"<font style='color:#ff0000'>" + sale_item[i] +"</font>
<br />"
        div_list=div_list+"<input type='checkbox' name='chkitem' value='" +
sale_item[i] + "'>"
        div_list=div_list+"我要选购</div>"
    }
    document.getElementById("div_sale").insertAdjacentHTML("beforeend",
div_list);
```

一个数组可以存储多条数据，JavaScript 使用 new array()来声明数组，声明方法有下列 3 种：

```
    //声明数组的名称，但不指定内容
    var array_name = new Array();
    //声明数组的名称和长度，但不指定内容
    var array_name = new Array(length);
```

```
//声明数组名、长度和内容
var array_name = new Array(data1 , data2 , data3 , ... , dataN);
```

数组的内容就称为该数组的元素(elements)，数组的数据数就称为该数组的长度(length)。当我们要取出数组的数据时，直接以数组的索引来取值，如下所示：

```
array_name[index];
```

index（索引）是指数组数据的位置，index 值从 0 开始，例如想取出第一条数据，就写 array_name[0]。数组中的数据总数是 length – 1，也就是说，长度为 5 的数组真正的记录数只有 4 条。

我们再回头看看这个购物车范例是如何声明数组的：

```
var sale_item=new Array("水果蛋糕","葡萄","奇异果","柠檬","苹果派","菠萝","水果组合","苹果","水果茶");
```

名为 sale_item 的数组中保存了 9 种商品，如果想要取出数组中的第 5 条“苹果派”，可以表示如下：

```
sale_item[4];
```

相信你已经了解了数组的用法，现在再来看将图片和说明显示在网页上的程序代码，就会觉得相当容易了。

```
for (i in sale_item)
{
    div_list=div_list+"<div class='fruit'>"
    div_list=div_list+"<img class='img_fruit' src='images/fruit"+i+".png'><br/>"
    div_list=div_list+"<font style='color:#ff0000'>" + sale_item[i] +"</font><br />"
    div_list=div_list+"<input type='checkbox' name='chkitem' value='" + sale_item[i] + "'>"
    div_list=div_list+"我要选购</div>"
}
document.getElementById("div_sale").insertAdjacentHTML("beforeend", div_list);
```

上面的程序是循环自动产生<div>标记，<div>中包含商品图、商品名称和“我要选购”按钮。如果我们将变量部分拿掉，HTML 语法就像下面这样：

```
<div class='fruit'>
<img class='img_fruit' src='images/fruit1.png'><br/>
<font style='color:#ff0000'>sale_item[1]</font><br />
<input type='checkbox' value='sale_item[1]'>我要选购
```

```
</div>
```

你可以看到商品图的文件名，刻意保存为 fruit0.png、fruit1.png、fruit2.png……，只要商品图与数组的索引值对应，就可以找出正确的商品图。例如，图 5-10 所示的“水果蛋糕”是数组的第一个值，也就是 sale_item[0]，与之对应的 fruit0.png 就是水果蛋糕的商品图。

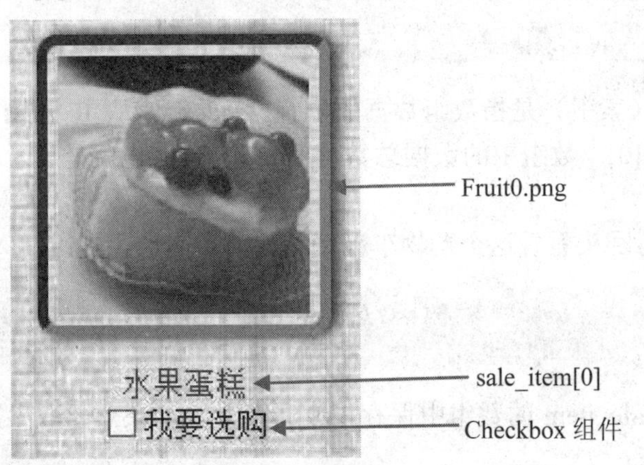

图 5-10　水果蛋糕的商品图

利用循环生成商品图有个好处：如果以后有新增的商品，只要在数组中增加新的元素，网页就会自动显示新商品，完全不需要去修改 HTML 程序代码。

学习小教室

JavaScript 动态增加组件内容——insertAdjacentHTML 方法

想要使用 JavaScript 在<div>组件中动态增加内容，可以使用之前介绍过的 innerHTML 属性或者是此范例使用的 insertAdjacentHTML()方法。其语法如下：

```
element.insertAdjacentHTML(position, html);
```

element 是指原组件，position 是插入 html 的位置，有下列 4 个参数可供选择：

参数	说明
beforeEnd	原内容之后加入新 html
beforeBegin	<div>之前加入新 html
afterBegin	原内容之前加入新 html
afterEnd	</div>之后加入新 html

只看文字说明不容易理解，对照下图就很清楚了。

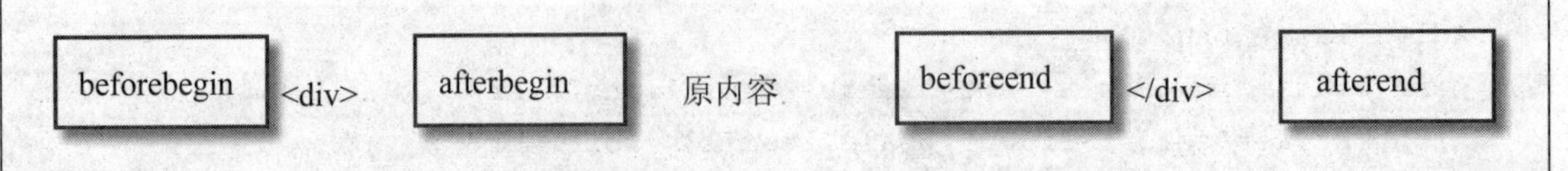

例如，本范例中的用法如下：

```
document.getElementById("div_sale").insertAdjacentHTML("beforeend",
div_list);
```

id 名称为 div_sale 的<div>组件并没有内容，所以使用 beforeend 与 afterbegin 没有差别。

InsertAdjacentHTML()方法适用于所有 HTML DOM 组件，只是范例使用<div>组件，所以这里也用<div>组件进行说明。

2. 加入购物车

当用户勾选商品后，单击“加入购物车”按钮，就会调用 addtoCart()函数，我们来看看这个函数做了哪些事情。

```
function addtoCart(){
    var checkselect="";
//取得已勾选的 checkbox 内容
        var checkBoxList = document.getElementsByTagName('input');
        for (i in checkBoxList)
        {
          if(checkBoxList[i].type=="checkbox" && checkBoxList[i].checked)
          {
            checkselect=checkselect+"\n"+checkBoxList[i].value;
          }
        }
/*localStorage.Cartlist 是空的，表示首次新增，就把勾选商品存入 localStorage.
Cartlist；如果 localStorage.Cartlist 有值，表示已经新增过商品，新勾选商品继续存入
localStorage. Cartlist*/
        if(!localStorage.Cartlist)
            localStorage.Cartlist=checkselect;
        else
            localStorage.Cartlist=localStorage.Cartlist+checkselect;

        shopping_list.value="你的购买列表："+localStorage.Cartlist;
    }
    </script>
```

下面的代码就是判断哪些 checkbox 已经被勾选。当 checkbox 被勾选时，其 checked 属性会等于 true，所以我们只要利用这一点就可以判断出哪些商品被选取了。

```
var checkBoxList =document.getElementsByName('chkitem');
// checkBoxList.length 是取得的 checkbox 组件数量
for (i in checkBoxList)
{
```

```
    if(checkBoxList[i].checked)
    {
        checkselect=checkselect+"\n"+checkBoxList[i].value;
    }
}
```

上述代码中，首先以 getElementsByName 方法取得 HTML 文件中所有名称（name）为 chkitem 的组件，再用 for 循环来对比 checkBox 的 checked 属性是否为 true，如果是，就将 checkselect 字符串加上 checkBox 的内容（value）。

现在遇到的问题是，如果只是 checkselect 字符串加上 checkBox 的内容，其值显示在 textArea 组件上，会变成如图 5-11 所示的一长串文字。

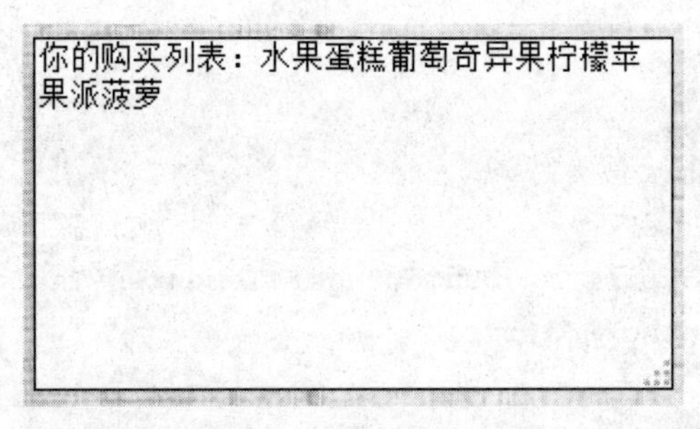

图 5-11　显示一长串文字

用户看不清楚到底选择了哪些东西，网页设计者也很难对这个字符串进行后续的处理。解决方法很简单，可以加上逗号（,）或者分号（;）之类的分隔符，也可以像范例中加上换行命令（\n）。

```
checkselect=checkselect+"\n"+checkBoxList[i].value;
```

这样，就可以让商品名称换行显示了，如图 5-12 所示。

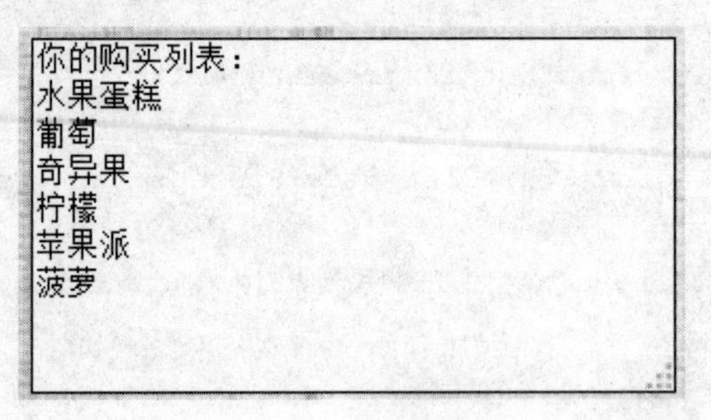

图 5-12　商品名称换行显示

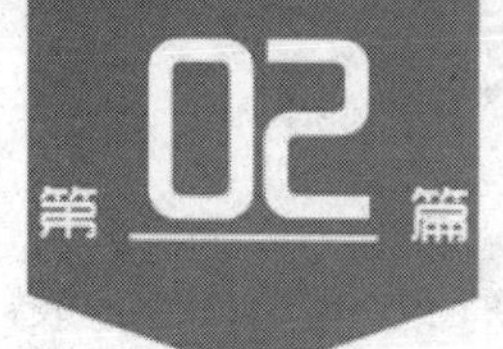
第
02
篇

CSS网页美化

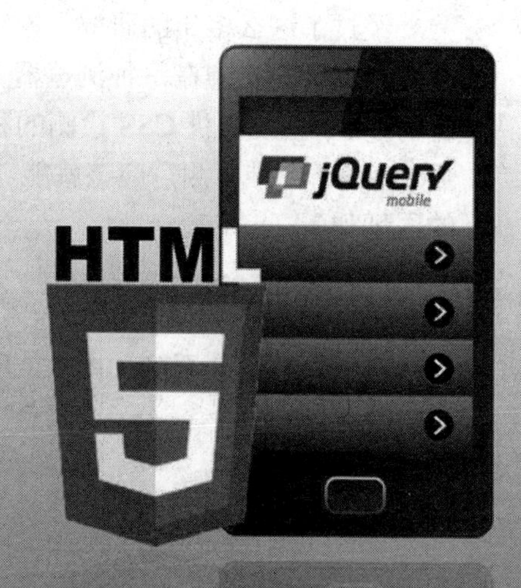
jQuery
mobile
HTML
5

第 6 章　认识 CSS 样式表

制作网页时最让人困扰的莫过于繁琐的样式设置，不管是文字样式、行距、段落间距或表格样式等都必须逐一设置，一个网站的网页通常不少于 5 页，大型网站可能达数十页，甚至更多。要让每个网页的格式统一，也是一项艰巨的工程。鉴于此，W3C 组织拟定了一套标准格式，也就是“CSS 样式表”，让我们只要在已有的 HTML 语法中加上一些简单的语法，就能够轻松控制网页外观，创建统一风格的网站。下面先介绍什么是 CSS 样式表。

6.1　什么是 CSS 样式表

CSS 全名是“层叠样式表（Cascading Style Sheet）”，简称 CSS 样式表，1996 年由 W3C 组织制定，最新的版本为 CSS3，主要用来弥补 HTML 在样式排版功能上的不足，由于 CSS 可以丰富网站的视觉效果，因此又有网页“美容师”之称。这么好用的语法，是怎么产生的呢？首先，我们了解一下 CSS 的由来。

6.1.1　CSS 的由来

万维网组织（World Wide Web Consortium，W3C），在 1996 年制定了 CSS 第一版（CSS1）的规则，让用户可以通过样式表自由设计字体的大小、字型、颜色、行距、组件排列等。到了 1998 年 CSS 第二版（CSS2），增加了绝对寻址与相对寻址的定位元素，让网页上的组件不必固定在同一个地方，而是可以由程序来控制组件的位置，例如我们经常在网页上看到随着鼠标光标移动的图片、变大变小的文字等，都可以借助 CSS 搭配 JavaScript 语法来完成。2011 年发布的 CSS 第三版（CSS3）是目前 CSS 的最新版本，新增了组件圆角功能、文字阴影及动画效果等。

经过了这么多年的研究，各家浏览器几乎都已支持 CSS 语法，但是支持的程度不尽相同。因此，如果你希望在每种浏览器上看到的网页效果都是一样的，必须在每一种浏览器上测试，目前 W3C 组织提供 CSS 检测的程序，可以测试网页中使用的 CSS 是否符合 W3C 标准。只要通过 W3C 标准检测，应该就能够兼容于大部分的浏览器了，W3C 提供的 CSS 语法检测网页的网址如下：

```
http://jigsaw.w3.org/css-validator/
```

进入网页，会看到如图 6-1 所示的页面。

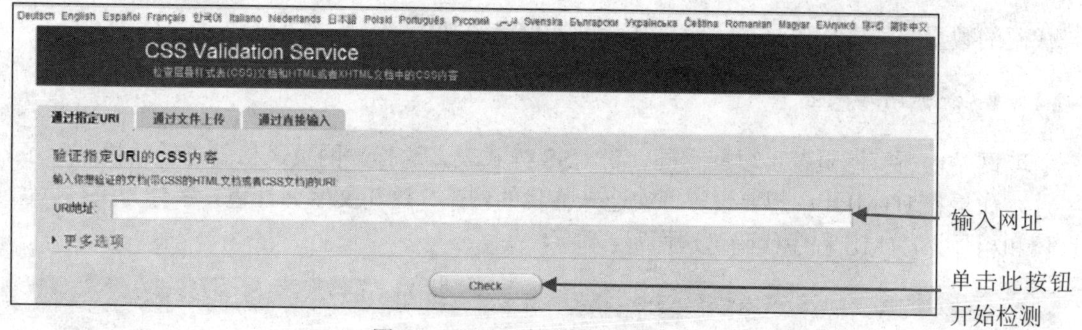

图 6-1　CSS 兼容网页验证

只要输入检测的网址，单击 Check 按钮就会显示出检测结果。如果检测无误，就会出现如图 6-2 所示的页面。

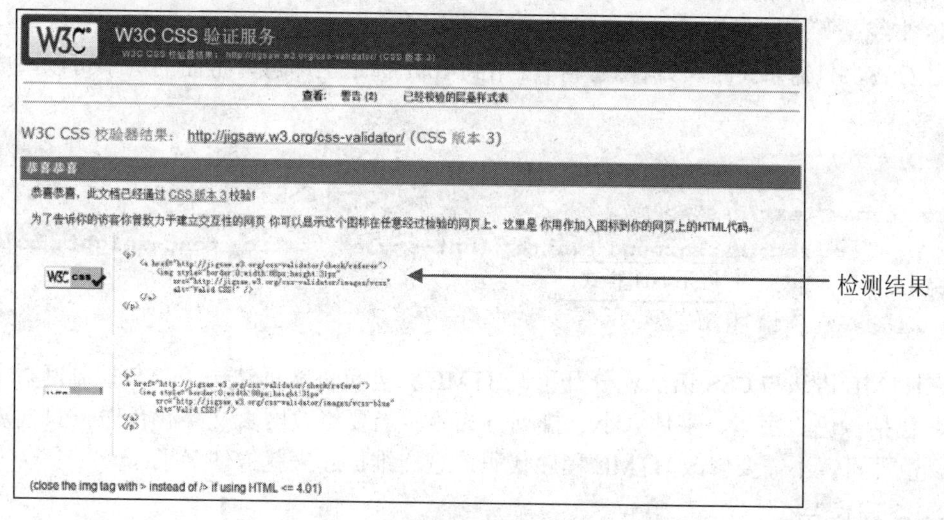

图 6-2　检测结果

6.1.2　CSS 的优势

CSS 具有下面的特色和优点。

- 语法简单、编写容易

CSS 可以精确控制版面位置、网页配色并产生文字与图片特效，功能强大语法却很简单。

- 增加网页设计弹性，让网页更容易维护

CSS 语法与 HTML 分开编写，两者可以写在同一份网页文件中，也可以将 CSS 另存之后在 HTML 文件中调用。如果要调整网页样式，只需更改 CSS 语法就好，大大减少了更新网页的麻烦。

- 加快网页加载的速度

应用 CSS 样式之后，有些控制字型、段落的 HTML 标记可以从网页中删除从而减少程序代码的数量。程序代码越少，网页加载的速度就越快。

● 统一网站风格

网站内所有网页都可以应用同一份 CSS 样式表，这样，网页风格就能够轻松统一了。

如果在 HTML4 中想要设置“欢迎光临我的网站”这句文字为红色，字体为宋体，加上斜体和粗体，HTML 程序代码可这样写：

```
<font color="red" size="3"><b><i>欢迎光临我的网站</i></b></font>
```

这些 HTML 标记使得本来简单的文字看起来复杂多了，如果笔者希望将此行文字改成绿色、取消斜体，由于只有一行文字，因此修改不需要花费很长时间。不过，如果修改的是一个大型网站，想要将所有文字改成绿色并取消斜体，逐一修改将非常耗时。遇到这样的情况，如果改用 CSS 来统一管理网页样式，修改起来就容易多了。

要使用 CSS，只需事先定义好样式，再应用到 font 标记上即可，上面的例子可以写成这样：

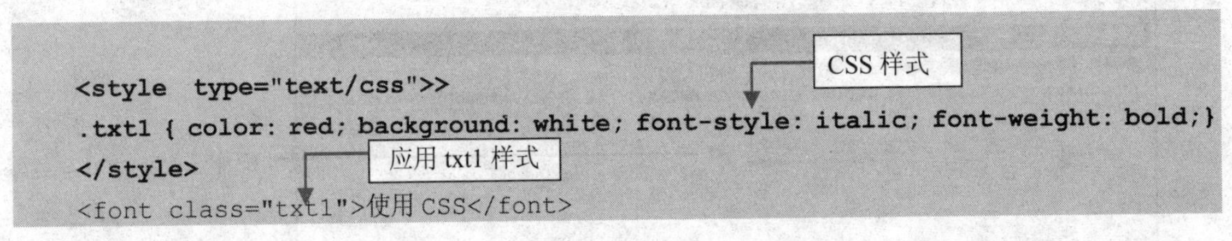

```
<style  type="text/css">>
.txt1 { color: red; background: white; font-style: italic; font-weight: bold;}
</style>
<font class="txt1">使用 CSS</font>
```


此时，HTML 语法与 CSS 语法就分开了，HTML 只需负责网页结构，CSS 控制网页上的视觉效果，包括颜色、字型、字体大小、排列方式等。当要修改网页文字颜色时，只要更改 CSS 中的颜色即可，不需要修改 HTML 程序代码，这样维护起来就方便多了。

6.1.3 CSS 的应用

在进一步学习 CSS 语法之前，笔者先带领大家体验 CSS 在网页上可以产生哪些效果。

● 量身定做 HTML 标记样式，例如，文字颜色、大小和字体等。

HTML 标记中已有的格式，可以通过 CSS 量身定做成符合自己需求的样式，举例来说，我们可以自行修改 HTML 已有的<h1>标记与<h2>标记，如图 6-3 所示。

图 6-3　修改<h1>与<h2>标记样式的效果

● 利用<div>与<span>标记搭配 CSS，可以任意移动网页上的组件，例如重叠的文字、移动的图片等效果，如图 6-4 所示。

图 6-4　利用 CSS 创建重叠的文字和可移动的图片

- 利用滤镜功能，制作各种绚丽的文字或图片特效，例如，渐变字、为图片添加阴影和转场特效等，如图 6-5 所示。

图 6-5　创建图片特效

这些好用的 CSS 语法，将在接下来的章节中陆续介绍。

6.2　创建 CSS 样式表

虽然 CSS 编辑工具可以轻松创建样式表，但是如果不熟悉各个 CSS 属性的用法，将无从下手。首先，让我们先认识 CSS 基本格式。

6.2.1　CSS 基本格式

CSS 样式表由选择器（selector）与样式规则（rule）组成，基本格式如下：

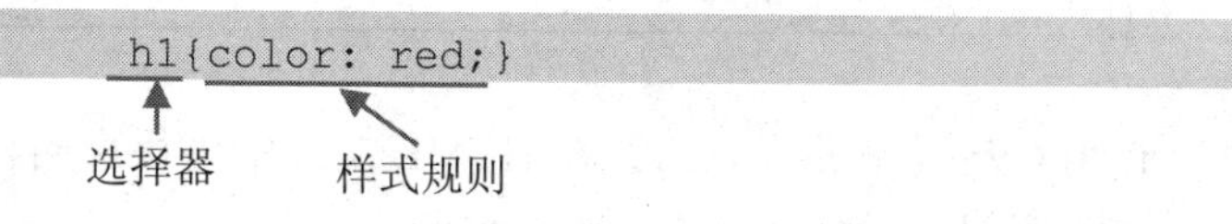

1. 选择器（selector）

CSS 样式要应用的目标，可以是 HTML 标记、class 属性或 id 属性，最常用的是 HTML 标记。例如，上面语法中的 h1 本身是 HTML 标记，而此处 h1 就是一个选择器，只要网页文件应用了这个 CSS 样式，网页内所有<h1>标记，都会应用 h1 选择器中的样式规则。

如果其他标记也使用相同的样式，那么可以将不同的选择器写在一起，中间以逗号（,）分隔，例如：

```
h1, p{ color: red;}
```

2. 样式规则（rule）

样式规则是用大括号{}括起来的部分，每个规则由属性和设置值组成，例如：

```
color: red;
```

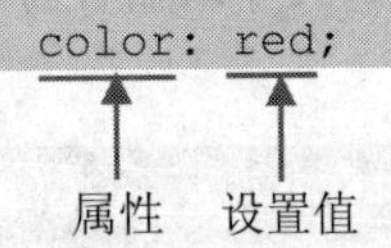

一个选择器中可以设置多种不同的规则，中间只要以分号（;）分隔就可以了，例如：

```
h1{font-size: 12px; line-height: 16px; border: 1px #336699 solid;}
```

上一行语句的意思是将文字大小设置为 12px，行高设置为 16px，并加上颜色为#336699、宽度为 1px 的实线框。

为了让程序更容易阅读，通常我们会将样式分行处理，分行除了可让样式更清楚易读之外，还可以在语句中加入注释，如下所示：

```
h1 {
font-size: 12px;                /*文字大小*/
line-height: 16px;              /*设置行高*/
border: 1px #336699 solid;      /*设置边框线*/
}
```

这样的写法看起来一目了然，以后维护程序时，就更加容易了。

学习小教室

CSS 样式表的注释写法

在 HTML 语法中，注释的写法是将注释文字写在<!--...-->之间，而 CSS 样式表同样可以加上注释，只要在注释文字前后加上/*…*/就可以了。

在使用 CSS 样式之前，必须在 HTML 文件中进行声明，告诉浏览器这份文件应用了 CSS 样式，CSS 应用方式请参考下一节的说明。

6.2.2　应用 CSS 样式表

在 HTML 文件中使用 CSS 样式，有下列 3 种方式。

- 第一种是"行内声明（Inline）"，就是直接将 CSS 样式写在 HTML 标记中。
- 第二种是"内嵌声明（Embedding）"，这是将 CSS 样式表放在 HTML 文件的标头区域，也就是<head></head>标记中。
- 第三种是"链接外部样式文件（Linking）"，先将 CSS 样式表存储为独立的文件（*.css），然后在 HTML 文件中以链接的方式声明。

下面分别介绍这 3 种声明方式。

1. 行内声明（Inline）

如果网页中只有少数几行 HTML 程序需要应用 CSS 样式，可以采用行内声明的方式。在 HTML 标记中利用 style 属性声明 CSS 语法，并写明样式规则就可以了，如下所示：

```
<h1 style="font-family:Broadway BT;border: 1px #336699 solid;">Do a thing quickly often means doing it badly.</h1>
```

范例：ch06_01.htm

```
<html>
<head>
<title>应用 CSS 样式-行内声明</title>
</head>
<body>
<h1 style="color: Red;font-family: Broadway BT;font-weight: bold;border: 1px #336699 solid;">Do a thing quickly often means doing it badly.</h1>
<h1>Do a thing quickly often means doing it badly.</h1>
</body>
</html>
```

执行结果如图 6-6 所示。

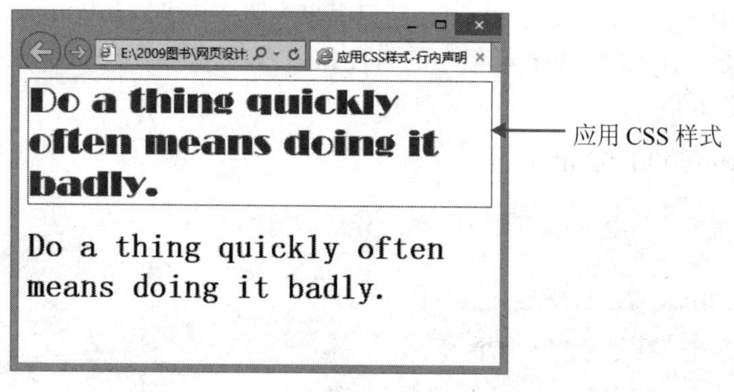

图 6-6　应用 CSS 样式的效果

可以看到，上例的 HTML 文件中有两个<h1>标记，第一个<h1>标记在行内声明 CSS 样式，第二个<h1>标记保持原形，所以网页上就有两种不同样式的显示。

大部分的 HTML 标记都有 style 属性。例如，文字、图片、表格、表单组件等都可以利用 style 属性来改变其视觉效果，不过行内声明的方式仅对该行语句有效。如果大量 HTML 标记都各自加上 CSS 样式，会让程序代码看起来杂乱，建议采用内嵌声明或链接外部样式文件的方式来应用 CSS 样式。

2. 内嵌声明

内嵌声明的方式是在 HTML 文件中以<style></style>标记进行声明，并且将此样式表放在 HTML 标头区域，也就是<head></head>标记内，如下所示：

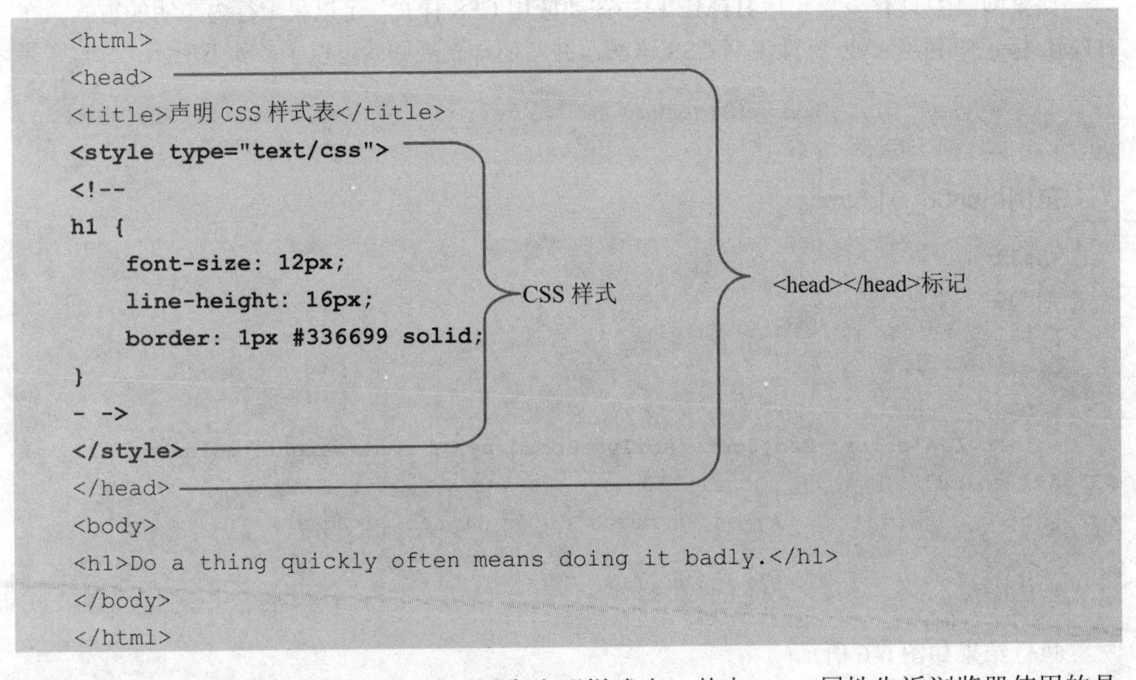


```
<html>
<head>
<title>声明 CSS 样式表</title>
<style type="text/css">
<!--
h1 {
    font-size: 12px;
    line-height: 16px;
    border: 1px #336699 solid;
}
- ->
</style>
</head>
<body>
<h1>Do a thing quickly often means doing it badly.</h1>
</body>
</html>
```

<style type="text/css"></style>标记用来声明样式表，其中 type 属性告诉浏览器使用的是 CSS 样式，<style></style>标记中的 HTML 注释符号（<!--……-->）是为了让不支持 CSS 的浏览器忽略 CSS 语法。

范例：ch06_02.htm

```
<html>
<head>
<title>应用 CSS 样式-内嵌声明</title>
<style type="text/css">
h1{
    color: Red;
```

```
    font-family: Broadway BT;
    font-weight: bold;
    border: 1px #336699 solid;
}
h2{
    color: #0000CC;
    font-family: ParkAvenue BT;
    font-weight: bold;
    border: 3px #669900 DOUBLE;
}
</style>
</head>
<body>
<h1>Do a thing quickly often means doing it badly.</h1>
<h2>Do a thing quickly often means doing it badly.</h2>
</body>
</html>
```

执行结果如图 6-7 所示。

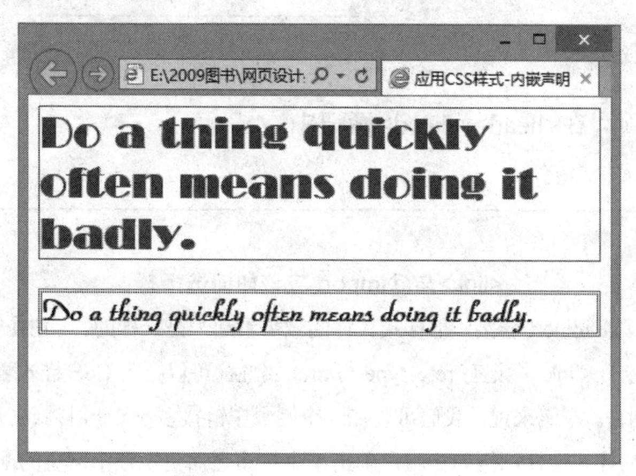

图 6-7　使用内嵌声明应用样式

内嵌声明的好处是可以将网页中的 CSS 样式统一管理，但是只能应用于本身的网页。如果网站中所有网页都要使用相同的样式，还要一页一页的设置，太麻烦了，这时就可以考虑第三种声明方式，也就是链接外部样式文件（Linking）。

3. 链接外部样式文件

外部样式文件的格式与内嵌声明相同，只要省略<style></style>标记就可以了，可以利用记事本之类的文字编辑工具来编写 CSS 样式，如下所示：

```
h1{color: Red;  font-family: Broadway BT;font-weight: bold;border: 1px #336699 solid;}
```

```
h2{
    color: #0000CC;
    font-family: ParkAvenue BT;
    font-weight: bold;
    border: 3px #669900 DOUBLE;
}
```

样式规则可以写在同一行，也可以分行编写。完成之后，将文件存储为扩展名为.css 的文件就可以了。

样式文件创建完成之后，就可以加入 HTML 文件中，应用外部样式文件的语法有两种。

- 链接外部样式文件，语法如下：

```
<link rel=stylesheet type="text/css" href="样式文件的路径/文件名">
```

- 导入外部样式文件，语法如下：

```
<style type="text/css">
<!--
@import "样式文件的路径/文件名";   ← 导入外部样式文件语法
-->
</style>
```

上述代码同样必须写在<head></head>标记中。

学习小教室

<link>与@import 应该如何选择？

事实上，使用 Link 与@import 链接外部样式文件的效果看起来是一样的，区别在于<link>是 HTML 标记，而@import 属于 CSS 语法。<link>标记有 rel、type 与 href 属性，可以指定 CSS 样式表的名称，这样就可以利用 JavaScript 语法来控制它。举例来说，我们可以在一个网页中链接多个 CSS 样式文件，再利用 JavaScript 语法控制不同情况下显示的样式文件，例如让用户单击某个按钮之后更换整个网页的配色，或者随着白天、晚上的时间来更换网页的配色等，正因为 link 方式弹性比较大，因此大部分的网页会使用 link 方式。

CSS 不管是行内声明、内嵌声明还是链接外部样式文件，这 3 种应用方式都可以串接在一起使用，看看下面范例。

范例：ch06_03.htm

```
<html>
<head>
<title>层叠样式</title>
<style type="text/css">   ← 内嵌声明
h1{
```

```
        color: Red;
        font-family: Broadway BT;
        font-weight: bold;
        border: 1px #336699 solid;
    }
    h2{
        color: #0000CC;
        font-family: ParkAvenue BT;
        font-weight: bold;
        border: 3px #669900 DOUBLE;
    }
    </style>
    <link rel=stylesheet type="text/css" href="test.css"> ← 链接外部 CSS 文件
    </head>
    <body>                          行内声明
    <h1 style="background-color: #FFFFCC;font-family: Broadway BT;">Do a thing
quickly often means doing it badly.</h1>
    <h2>Do a thing quickly often means doing it badly.</h2>
    </body>
    </html>
```

执行结果如图 6-8 所示。

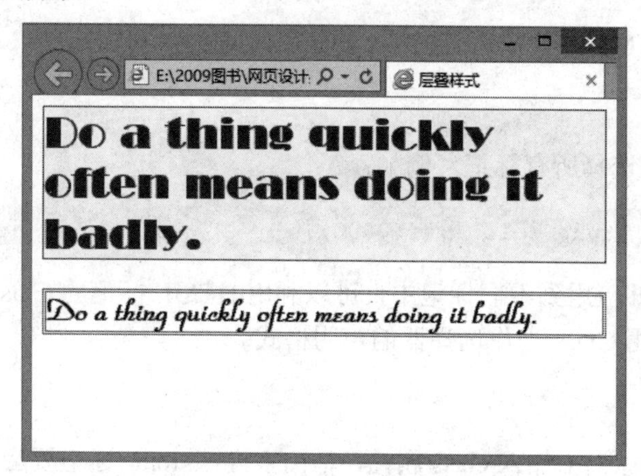

图 6-8　应用多种声明方式

上述范例所使用的 test.css 文件，内容说明如下：

```
    h1 {
        color: Red;
        font-family: "Broadway BT";
        font-weight: bold;
    }
```

上面的例子中，将 3 种声明串接在一起使用，其中 h2 样式是没有重复的，因此不会发生冲突的问题，但是 h1 样式在 3 种声明方式里都重复定义了，这时候就会产生优先级的问题。

当一个 HTML 文件同时应用了 3 种声明方式，并且有重复的样式时，优先级为行内声明>内嵌声明>链接外部样式文件。因此，上述范例中 h1 标记应用了行内声明中的设置。

6.2.3 认识 CSS 选择器

CSS 选择器大致可以分为 5 种：

- 标记名称；
- 全局选择器（*）；
- 类（class）选择器；
- Id 选择器；
- 属性选择器。

我们来看看它们的用法。

1. 标记名称

使用 HTML 标记名称当作选择器，可以将 HTML 文件中所有相同的标记都应用同一种样式，例如：

```
div { font-size: 16px; color: #FFFFFF;}
```

上述语句表示 HTML 文件中所有的 div 标记都应用{}内的样式。

2. 全局选择器（*）

使用“*”字符来选择所有标记，例如：

```
* { font-size: 16px; color: #ff0000;}
```

如果希望样式能够应用到不同标记中，可以利用 HTML 标记的 Class 属性名称与 ID 属性名称。首先，我们利用 Class 当作选择器的声明格式。

3. Class 选择器

首先要在 HTML 标记中加入 class 属性，举例来说，<font>标记要应用 CSS 样式，那么就在<font>标记中加入 class 属性，如下所示：

```
<font class="class 名称">
```

class 名称是自己取的，尽量不要使用 HTML 标记名称当作 class 名称，以免混淆。接着，只要在 CSS 样式中加入 class 选择器声明就可以了。声明格式如下：

```
.class 属性名 {样式规则;}
```

例如：

```
.txt{font-size: 16px; color: #FFFFFF; font-weight: bold;}
```

下面来看一个例子。

范例：ch06_04.htm

```
<html>
<head>
<title>层叠样式</title>
<style type="text/css">
.txt{
    font-size: 24px;
    color: Red;
    font-family: Broadway BT;
    font-weight: bold;
    border: 1px #336699 solid;
}
</style>
</head>
<body>
<font class="txt">From saving comes having. </font><p>
<table width="400" height="50">
<tr>
    <TD align="center" class="txt">富有来自节俭</TD>
</tr>
</table>
</body>
</html>
```

执行结果如图 6-9 所示。

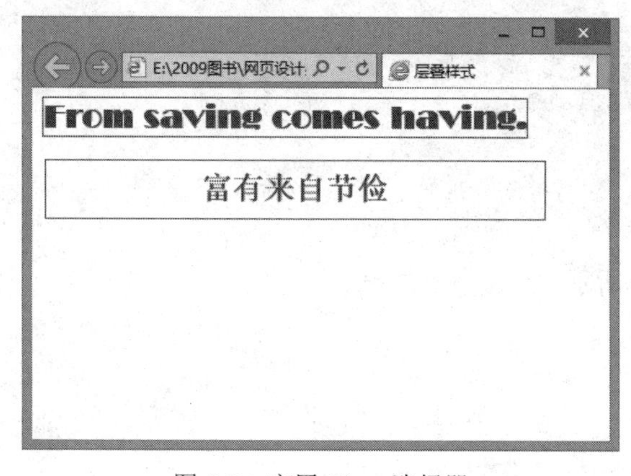

图 6-9　应用 Class 选择器

对于上面的例子，<font>标记和<td>标记中都加入了 class 属性，并命名为 txt，因此两者都会应用.txt 选择器的样式。

如果希望仅在某一种标记上应用 Class 选择器的样式，可以在 Class 选择器之前加上标记名称，格式如下：

```
标记名称.class 属性名 {样式规则;}
```

例如：

```
font.txt{font-size: 16px; color: #FFFFFF; font-weight: bold;}
```

下面的范例是将范例 ch06_04 中的 Class 选择器指明只能应用在<font>标记中。

范例：ch06_05.htm

```
<html>
<head>
<title>层叠样式</title>
<style type="text/css">
font.txt{
    font-size: 24px;
    color: Red;
    font-family: Broadway BT;
    font-weight: bold;
    border: 1px #336699 solid;
}
</style>
</head>
<body>
<font class="txt">From saving comes having. </font><p>
<TABLE width="400" height="50">
<TR>
    <TD align="center" class="txt">富有来自节俭</TD>
</TR>
</TABLE>
</body>
</html>
```

执行结果如图 6-10 所示。

图 6-10　应用 CSS 样式

上例中，虽然<font>标记与<td>标记都加入了 class 属性，并命名为 txt，因为 CSS 样式声明里已经指明 font.txt 选择器，因此只有<font>标记中的文字会受影响。

4. ID 选择器

要应用 ID 选择器样式，必须先在 HTML 标记中加入 ID 属性，举例来说，<font>标记要应用 CSS 样式，那么就在<font>标记中加入 ID 属性，如下所示：

```
<font id="id 名称">
```

id 名称是自己命名的，不要使用 HTML 标记当作 id 名称，以免混淆。

接着，只要在 CSS 样式中加入 ID 选择器声明就可以了。声明格式如下：

```
#id 属性名 {样式规则;}
```

例如：

```
#font_bold{font-size: 16px; color: #FFFFFF; font-weight: bold;}
```

我们来看一个范例。

范例：ch06_06.htm

```
<html>
<head>
<title>层叠样式</title>
<style type="text/css">
#font_bold{
    font-size: 24px;
    color: Red;
    font-family: Broadway BT;
    font-weight: bold;
    border: 1px #336699 solid;
}
</style>
```

```
</head>
<body>
<font id="font_bold">From saving comes having. </font>
</body>
</html>
```

执行结果如图 6-11 所示。

图 6-11　使用 ID 选择器

id 名称通常用来识别组件，就像组件的身份证号一样，尤其是利用像 JavaScript 之类的动态网页语法来控制 HTML 组件时，经常利用 id 名称来取用 HTML 组件属性，因此 id 名称在同一份 HTML 文件中只能是唯一的。

5. 属性选择器

属性（attribute）选择器属于高级筛选，用来筛选标记中的属性，例如想要指定超链接标记<a>的背景颜色为黄色，但是仅应用于有 target 属性的组件，这时属性选择器就派上用场了，其使用方法如下：

```
a[target] { background-color:yellow; }
```

属性（attribute）选择器还可以让我们筛选属性，筛选方式有 6 种，如表 6-1 所示。

表 6-1　筛选方式

[attribute="value"]	属性等于 value
[attribute~="value"]	属性包含完整 value
[attribute|="value"]	属性等于 value 或以 value-开头
[attribute^="value"]	属性开头有 value
[attribute$="value"]	属性最后有 value
[attribute*="value"]	属性中出现 value

举例来说，下面语句中 4 个不同的组件都包含 class 属性。

```
<div class="first_cond"> div 标记.</div>
<font class="secondtest">font 标记.</font>
<a class="test">a 标记.</a>
<p class="test word">p 标记.</p>
```

当我们使用“~=”属性选择器进行筛选时，只会用到<a>标记和<p>标记。其语法如下：

```
[class~="test"]{background:red;}
```

使用“*=”属性选择器进行筛选，则会用到<font>标记、<a>标记和<p>标记。其语法如下：

```
[class~="test"]{background:red;}
```

学习小教室

反向选择

如果整个文件中除了<p>标记，其他标记都想应用同一种样式，这时就可以采用反向选择“:not”，可以这样写：

```
:not(p){color:red;}
```

这样，整个网页的字体都会应用为红色，只有<p>标记不应用。

第 7 章　CSS 基本语法

上一章我们认识了什么是 CSS 样式表，也知道了使用 CSS 的优点，心动了吗？本章将开始进入 CSS 主题，为读者介绍实用的 CSS 语法。首先，我们就从最常见的文字样式开始介绍。

7.1　控制文字样式

文字样式不外乎文字颜色、字体、文字大小、文字特效等，虽然 HTML 本身含有控制文字外观的标记，不过样式的可选性比较少，下面看看 CSS 在文字外观上提供哪些属性。

7.1.1　字体属性

常用的字体属性如表 7-1 所示。

表 7-1　常用的字体属性

属性	属性名称	设置值
color	字体颜色	颜色名称 十六进制 RGB 码
font-family	字体样式	字型名称
font-size	字体大小	数值+百分比（%） 数值+单位（pt,px,em,ex）
font-style	文字斜体	normal（普通） italic（斜体） oblique（斜体）
font-weight	文字粗体	normal（普通） bold（粗体） bolder（超粗体） lighter（细体）

下面逐一进行说明。

1. color 字体颜色

color 使用格式如下：

```
color:颜色名称
```

例如：

```
<style type="text/css">
  h1{color:red;}
</style>
```

color 属性的设置值与 HTML 的颜色设置值差不多，可以用颜色名称、十六进制（HEX）码和 RGB 码表示。十六进制码通常为 6 位码，如果前两位、中间两位和最后两位都一样的话，也可以用 3 位码的形式呈现。例如，#FFF 和#FFFFFF 都是白色。

2. font-family 字体样式

font-family 使用格式如下：

```
font-family: 字体名称 1，字体名称 2，字体名称 3……
```

例如：

```
<style type="text/css">
  h1{ font-family: " Arial Black", "楷体";}
</style>
```

font-family 用来指定字体，可以同时列出多种字体，中间以逗号（,）分隔，浏览器会按照顺序查找系统中符合的字体，如果找不到第一种字体再找第二个，依次查找，完全找不到字体时采用系统默认字体。字体名称最好使用双引号（"）括起，例如"Arial Black""Broadway BT"。

3. font-size 字号

font-size 使用格式如下：

```
font-size: 字号+单位
```

例如：

```
<style type="text/css">
  h1{font-size: 20pt}
</style>
```

常见的单位是 cm、mm、pt、px、em 和%，默认值是 12pt，这几种单位的介绍如表 7-2 所示。

表 7-2　font-size 单位列表

单位	说明	范例
cm	以厘米为单位	font-size:1cm
mm	以毫米为单位	font-size:10mm
px	以屏幕的像素（pixel）为单位	font-size:10px
pt	以点数（point）为单位	font-size:12pt
em	以当前字号为单位 如果当前字号为 10pt，则 1em=10pt	font-size:2em
%	当前字号的百分比	font-size:80%

学习小教室

单位 pt 与 px 的差别

pt 是印刷使用的字号单位，不管屏幕分辨率是多少，打印到纸上看起来是相同的，1pt 的长度是 0.01384 英寸，相当于 1/72 英寸，我们常用的 Word 软件设置的字号就是以 pt 为单位；而 px 是屏幕使用的字号单位，px 能够精确地表示组件在屏幕中的位置与大小，不管屏幕分辨率怎么调整，网页版面不会变化太大，但是打印到纸面上时，就可能有差异。制作网页的目的是为了屏幕浏览，因此 CSS 大多会选择以 px 为单位。

4. font-style 文字斜体

font-style 使用格式如下：

```
font-style: italic
```

例如：

```
<style type="text/css">
       h1 { font style:italic; }
</style>
```

font-style 设置值有 3 种，分别是 normal（普通）、italic（斜体字）和 oblique（斜体字），italic 与 oblique 效果是相同的。

5. font-weight 文字粗体

font-weight 使用格式如下：

```
font-weight:bold
```

例如：

```
<style type="text/css">
```

```
        h1 { font-weight:bold;}
</style>
```

font-weight 设置值可以输入 100~900 之间的数值，数值越大，字体越粗，也可以输入 normal（普通）、bold（粗体）、bolder（超粗体）以及 lighter（细体）。normal 相当于数值 400，bold 相当于 700。

7.1.2 段落属性

常用的段落属性如表 7-3 所示。

表 7-3 常用的段落属性

属性	属性名称	设置值
text-align	文字水平对齐	left center right justify
text-indent	首行缩进	数值＋百分比（%） 数值＋单位
letter-spacing	字符间距	normal 数值+单位（pt , px , em）
line-height	行高	数值＋单位
word-wrap	是否换行	break-word

下面说明常见的段落属性的用法。

1. text-align 设置文字水平对齐的方式

text-align 使用格式如下：

```
text-align: 对齐方式
```

例如：

```
<style type="text/css">
        h1 { text-align:center;}
</style>
```

text-align 对齐方式有 left（靠左）、center（居中）、right（靠右）和 justify（两端对齐）4 种，两端对齐的意思是让文字在左右边界范围内平均对齐，我们来看一个 text-align 属性的实例。

范例：ch07_01.htm

```
<html>
<head>
<title>text-align</title>
</head>
<body style="font-size=12px;">
<table width="400" border=1>
<tr>
    <td>
    <div style="text-align:left;">Better be the head of an ass than the tail of a horse. better be the head of a dog than the tail of a lion.</div>
    </td>
</tr>
<tr>
    <td><div style="text-align:center;">Better be the head of an ass than the tail of a horse. better be the head of a dog than the tail of a lion. </div>
    </td>
</tr>
<tr>
    <td><div style="text-align:right;">Better be the head of an ass than the tail of a horse. better be the head of a dog than the tail of a lion. </div>
    </td>
</tr>
<tr>
    <td><div style="text-align:justify;">Better be the head of an ass than the tail of a horse. better be the head of a dog than the tail of a lion. </div>
    </td>
</tr>
</table>

</body>
</html>
```

执行结果如图 7-1 所示。

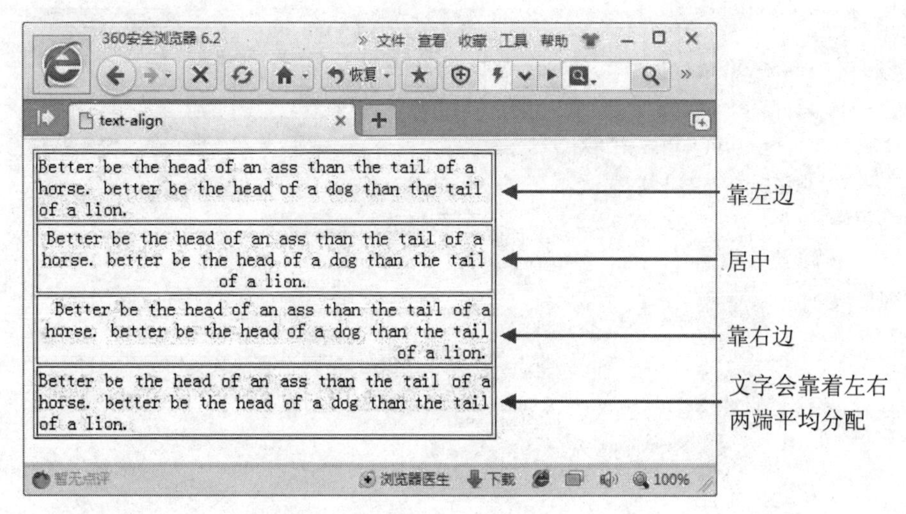

图 7-1 段落对齐

2. text-indent 设置首行缩进距离

text-indent 使用格式如下：

```
text-indent：首行缩进距离
```

例如：

```
<style type="text/css">
      h1 { text-indent:15px;}
</style>
```

text-indent 用来设置每一段的首行前方要留多少空间，设置值可以是百分比或者单位（px,pt）。

3. letter-spacing 设置字符间距

letter-spacing 使用格式如下：

```
letter-spacing：数值+单位
```

例如：

```
<style type="text/css">
       h1 { letter-spacing: 5px;}
</style>
```

letter-spacing 用来设置字符与字符的间距，输入负值，字符间距就会变得紧密。另外，属性 word-spacing 用来设置英文单词的间距，两者的比较请参考下面的范例。

范例：ch07_02.htm

```
<html>
```

```
<head>
<title>letter-spacing 与 word-spacing</title>
<style type="text/css">
   .f1{letter-spacing:10px; }
   .f2{word-spacing:10px;}
</style>

</head>
<body>
<font class="f1">Even Homer sometimes nods 圣贤也有缺失</font><br>
<font class="f2">Even Homer sometimes nods 圣贤也有缺失</font>

</body>
</html>
```

执行结果如图 7-2 所示。

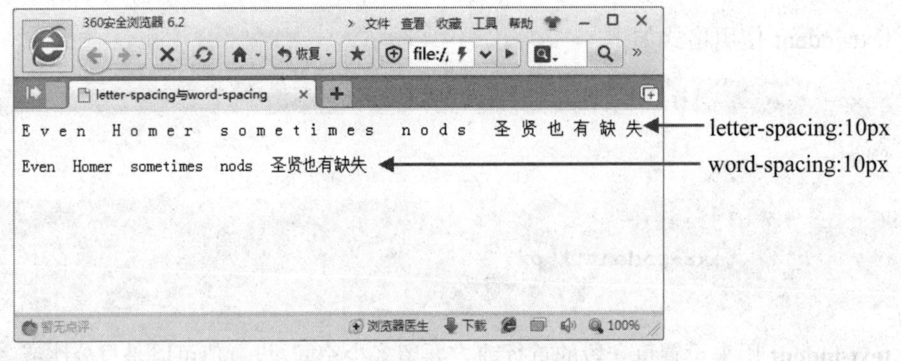

图 7-2　显示字符间距

由上例可知，letter-spacing 设置的是字母的间距，而 word-spacing 设置的是单词的间距。如果中文字要调整间距，必须使用 letter-spacing 属性。

4. line-height 设置行高

line-height 使用格式如下：

```
line-height：数值(+单位)
```

例如：

```
<style type="text/css">
       h1 { line-height:140%;}
</style>
```

line-height 用来设置行高，单位可以是 px、pt、百分比（%）或 normal（自动调整），单位可以省略，这时会使用浏览器默认单位，行高是指与前一行基线的距离，如图 7-3 所示。

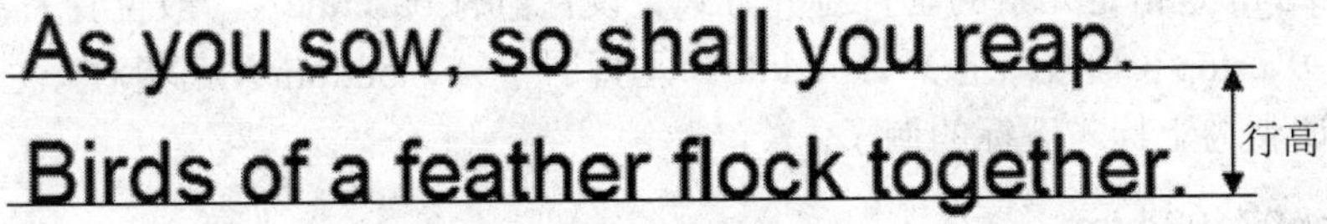

As you sow, so shall you reap.
Birds of a feather flock together. 行高

图 7-3 行高示意图

7.1.3 文字效果属性

编辑网页文件时，可能会遇到需要上标、下标或者为文字添加下划线之类的特殊效果，CSS 也提供了这样的属性，如表 7-4 所示。

表 7-4 文字效果属性

属性	属性名称	设置值
vertical-align	垂直对齐	baseline（一般位置） super（上标） sub（下标） top（顶端对齐） middle（垂直居中） bottom（底端对齐）
text-decoration	文字装饰样式	none underline（下划线） line-through（删除线） overline（上划线）
text-transform	转换字母大小写	none lowercase uppercase capitalize
text-shadow（IE 不支持）	增加阴影效果	

1. vertical-align 设置组件垂直对齐的方式

格式如下：

```
vertical-align: middle
```

例如：

```
<style type="text/css">
      h1 { vertical-align: middle;}
</style>
```

vertical-align 是指定元素的垂直对齐方式。设置值有 baseline（一般位置）、sub（下标）、super（上标）、top（顶端对齐）、middle（垂直居中）、bottom（底端对齐）等，接下来看一个将文字调整为上标与下标的例子。

范例：ch07_03.htm

```
<html>
<head>
<title>vertical-align</title>
<style type="text/css">
<!--
body{
    font-family:Arial;
    font-size:30px;
}
.txt_super{
    vertical-align:super;
    font-size:0.5em;
}
.txt_sub{
    vertical-align:sub;
    font-size:0.5em;
}
-->
</style>
</head>
<body>
 a<font  class="txt_super">2</font>  + b<font  class="txt_super">2</font>  =
c<font class="txt_super">2</font><p>
CO<font class="txt_sub">2</font>  H<font class="txt_sub">2</font>O
</body>
</html>
```

执行结果如图 7-4 所示。

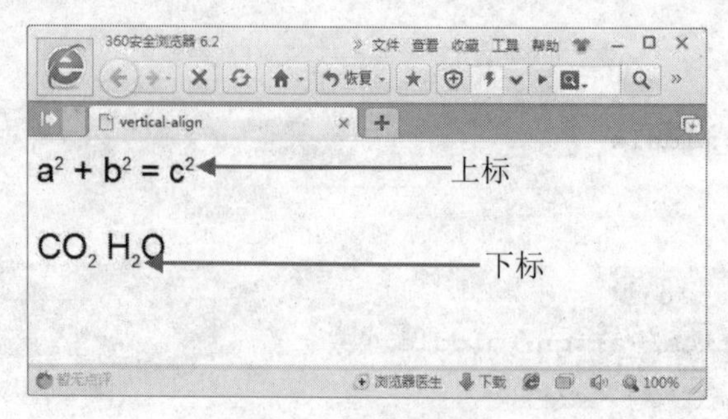

图 7-4　设置上标和下标

2. text-decoration 增加装饰样式

格式如下：

```
text-decoration：样式名称
```

例如：

```
<style type="text/css">
        h1 { text-decoration:underline;}
</style>
```

text-decoration 用来增加文字的装饰样式，设置值有 none、underline（下划线）、line-through（删除线）、overline（上划线），如图 7-5 所示。

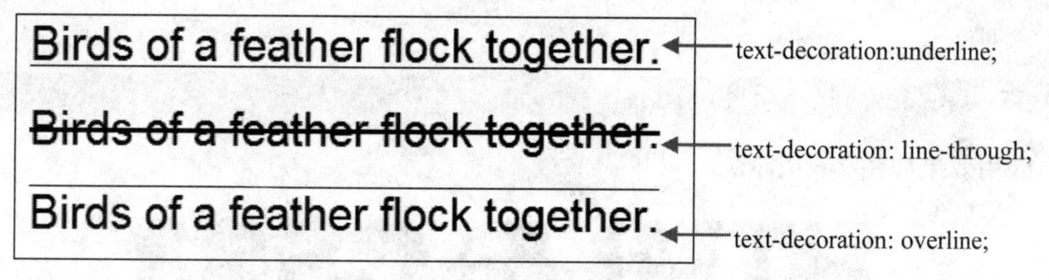

图 7-5　文字修饰样式

3. text-transform 设置大小写转换的方式

格式如下：

```
text-transform：转换方式
```

例如：

```
<style type="text/css">
        h1 { text-transform:capitalize;}
</style>
```

text-transform 用来设置英文的大小写。设置值有 capitalize（首字母大写，其余字母维持原状）、uppercase（全部大写）、lowercase（全部小写）、none（不做任何改变）4 种。

举例来说，将 text-transform 属性应用在 Even Homer Sometimes Nods 这行英文上，将得到如表 7-5 所示的结果。

表 7-5　英文大小写的转换

text-transform 属性	执行结果
<font style="text-transform:capitalize;">	Even Homer Sometimes Nods
<font style="text-transform:uppercase;">	EVEN HOMER SOMETIMES NODS
<font style="text-transform:lowercase;">	even homer sometimes nods

由于 Even Homer Sometimes Nods 首字母已经是大写，所以用 capitalize 设置时，看起来没有任何改变。

4. text-shadow 设置阴影样式

格式如下：

```
text-shadow: h-shadow v-shadow blur color;
```

- h-shadow：水平方向阴影大小（horizontal）。
- v-shadow：垂直方向阴影大小（vertical）。
- blur：模糊淡化程度（不写表示不使用模糊效果）。
- color：阴影颜色。

例如：

```
text-shadow: 10px 10px 10px #ff0000;
```

应用效果如图 7-6 所示。

HTML5+CSS3

图 7-6　设置阴影效果

7.2　控制背景

网页背景关系着网页整体是否美观，是重要的设置之一，网页可以用颜色当背景、也可以用图片当背景。下面我们来看看 CSS 样式表如何应用在背景上.

7.2.1　设置背景颜色

背景颜色的属性是 background-color，语法如下：

```
background-color:颜色值
```

例如：

```
<style type="text/css">
        td { background-color: #FFFF66;}
</style>
```

background-color 的颜色值可以用颜色名称、十六进制（HEX）码以及 RGB 码表示。background-color 并不只应用于网页背景，表格背景和单元格背景都可以利用 background-color 来设置背景色，下面查看一个范例。

范例：ch07_04.htm

```
<html>
<head>
<title>background-color</title>
<style type="text/css">
<!--
body{
    font-family:Arial;
    font-size:30px;
    background-color:#FFFFCC;                    /*网页背景颜色*/
}
td{
    background-color:rgb(255,255,0);             /*单元格背景颜色*/
}
-->
</style>
</head>
<body>
<table align="center">
<tr>
    <td><b>浪淘沙</b><p>
        罗衾不耐五更寒。梦里不知身是客，一晌贪欢。<br>
        独自莫凭栏，无限江山，别时容易见时难。<br>
        流水落花春去也，天上人间。</td>
</tr>
</table>
</body>
</html>
```

执行结果如图 7-7 所示。

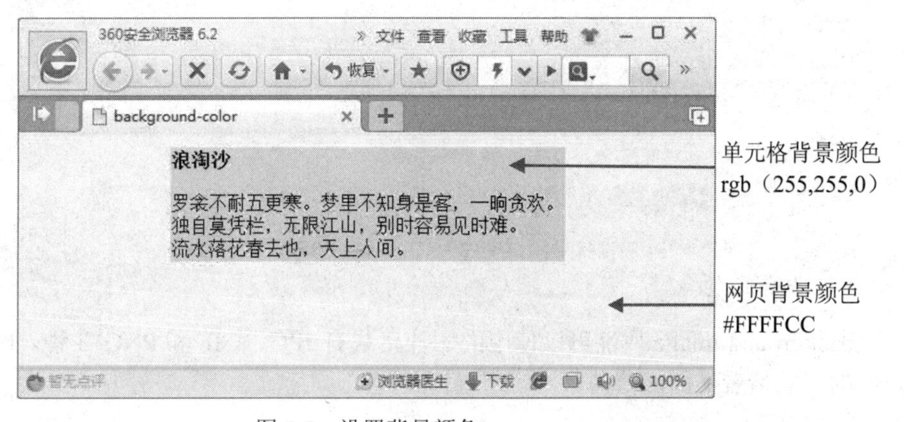

图 7-7　设置背景颜色

7.2.2 设置背景图片

CSS3 支持多重背景，也就是说，我们可以通过语法将两张图片组合成一张背景图。与背景图片相关的属性相当多，下面先来看看有哪些属性可以使用，然后逐一详细说明，如表 7-6 所示。

表 7-6 设置背景图片的属性

属性	属性名称	设置值
background-image	背景图片	url（图片文件相对路径）
background-repeat	是否重复显示背景图片	repeat repeat-x repeat-y no-repeat
background-attachment	背景图片是否随网页滚动条滚动	fixed（固定） scroll（随滚动条滚动）
background-position	背景图片位置	x% y% x y [top,center,bottom] [left,center,right]
background	综合应用	
background-size	设置背景尺寸	length（长宽） percentage（百分比） cover（缩放到最小边符合组件） contain（缩放到元素完全符合组件）
background-origin	设置背景原点	padding-box border-box content-box

1. background-image 设置背景图片

格式如下：

```
background-image：url(图片文件相对路径)
```

例如：

```
<style type="text/css">
      body { background-image: url(images/a.jpg)}
</style>
```

background-image 属性可以使用的图片格式有 JPG、GIF 和 PNG 3 种。background-image 属性的用法请看下面的范例。

范例：ch07_05.htm

```
<html>
<head>
<title>background-image</title>
<style type="text/css">
<!--
td{
    background-image:url(images/bg1.jpg);
}
-->
</style>
</head>
<body>
<table align="center">
<tr>
    <td><b>浪淘沙</b><p>
        罗衾不耐五更寒。梦里不知身是客，一晌贪欢。<br>
        独自莫凭栏，无限江山，别时容易见时难。<br>
        流水落花春去也，天上人间。</td>
</tr>
</table>
</body>
</html>
```

执行结果如图 7-8 所示。

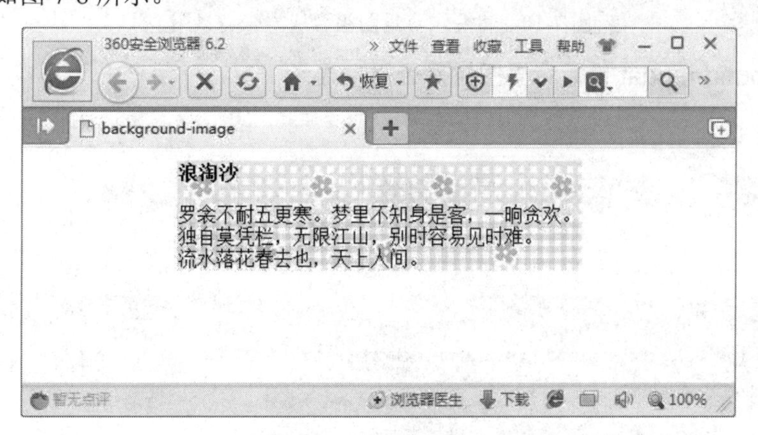

图 7-8　显示背景图片

CSS3 支持多重背景图，语法相当简单，只要加上一个 url 指定图片路径，并用逗号（,）将两组 url 分隔就可以了，如图 7-9 所示。

```
background-image:url(a.jpg),url(b.jpg);
```

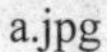
a.jpg　　　　b.jpg

图 7-9　两张图片

上面两张图片文件分别是 a.jpg 和 b.jpg，只要使用上述语法就可以让两张图片组合成一张背景图，如图 7-10 所示。

图 7-10　将两张背景图组合成一张背景图

2. background-repeat 设置背景图片是否重复显示

格式如下：

```
background-repeat: 设置值
```

例如：

```
<style type="text/css">
      body { background-repeat: no-repeat }
</style>
```

background-repeat 的设置值共有以下 4 种。

- **repeat**：重复并排显示，这是默认值。
- **repeat-x**：水平方向重复显示。
- **repeat-y**：垂直方向重复显示。
- **no-repeat**：不重复显示。

请参考如图 7-11 所示的示意图。

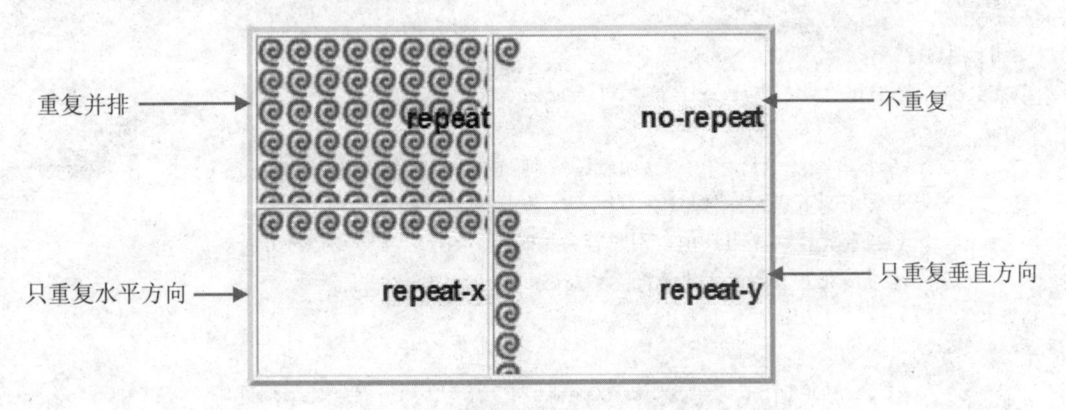

图 7-11　背景图重复的示意图

3. background-attachment 设置背景图片是否与滚动条一起滚动

格式如下：

```
background-attachment: 设置值
```

例如：

```
<style type="text/css">
       body { background-attachment: fixed }
</style>
```

background-attachment 的设置值有两种。

- **fixed**: 当网页滚动时，背景图片固定不动。
- **scroll**: 当网页滚动时，背景图片会随滚动条滚动，这是默认值。

请看下面的范例。

范例：ch07_06.htm

```
<html>
<head>
<title>background-attachment</title>
<style type="text/css">
body {
    background-image:url(images/dot.gif);   /*网页背景图*/
    background-repeat:repeat-x;             /*背景图只在水平方向重复*/
    background-attachment:fixed;            /*固定网页背景*/
}
</style>
```

```
</head>
<body>
<H1>古典诗词</H1>
<table width="100%" border="0" align="center">
    <tr>
        <td><FONT SIZE="5" COLOR="#FF0000"><b>浪 淘 沙</b></FONT><p>
        罗衾不耐五更寒。梦里不知身是客，一晌贪欢。<br>
        独自莫凭栏，无限江山，别时容易见时难。<br>
        流水落花春去也，天上人间。<p></td>
    </tr>
    <tr>
        <td><FONT SIZE="5" COLOR="#FF0000"><b>锦 瑟</b></FONT><p>
        锦瑟无端五十弦，<br>
        一弦一柱思华年。<br>
        庄生晓梦迷蝴蝶，<br>
        望帝春心托杜鹃。<br>
        沧海月明珠有泪，<br>
        蓝田日暖玉生烟。<br>
        此情可待成追忆，<br>
        只是当时已惘然。
        </td>
    </tr>
</table>
</body>
</html>
```

执行结果如图 7-12 所示。

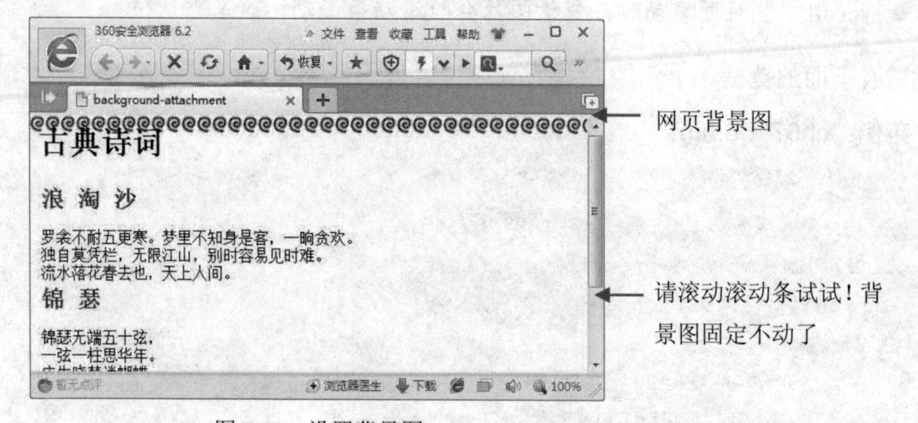

图 7-12　设置背景图

4. background-position 设置背景图片位置

格式如下：

```
background-position: x 位置 y 位置
```

例如：

```
<style type="text/css">
      body { background-position: 20px 50px}
</style>
```

background-position 的设置值必须有两个，分别是 x 值与 y 值，x 与 y 值可以是坐标数值，或者直接输入位置，如下所示。

- x 坐标 y 坐标：直接输入 x、y 坐标值，单位可以是 pt、px 或百分比，请参考如图 7-13 所示的示意图。

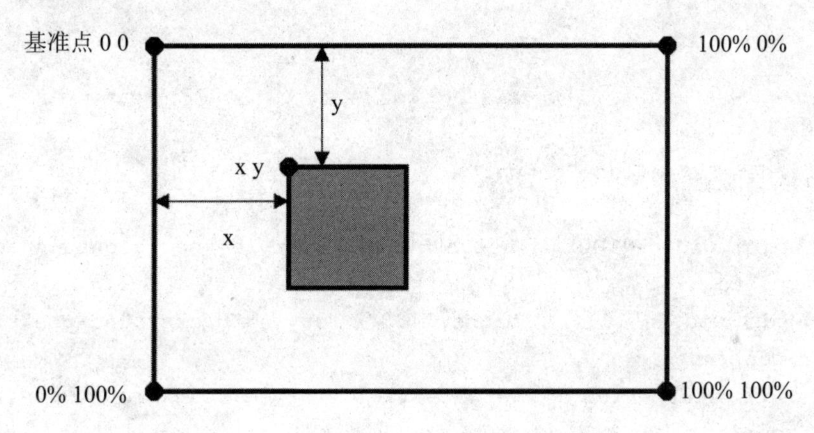

图 7-13 x、y 坐标

单位可以混合使用，下面举例来说。

（1）background-position：20px 50px，表示水平方向距离左上角 20px，垂直方向离左上角 50px 的距离。

（2）background-position：20px 50%，表示水平方向距离左上角 20px，垂直方向为 50%。

如果 background-position 省略 y 的值，则垂直方向会以 50%为默认值，上面的 background-position: 20px 50%，也可以写为 background-position: 20px，只是为了避免混淆，还是建议以完整的数值表示。

- 如果不想计算坐标值，可以直接输入位置，只要输入水平方向与垂直方向的位置就可以了，水平位置有 left（左）、center（中）、right（右），垂直位置有 top（上）、center（中）、bottom（下），例如：

```
background-position: center center
```

这表示背景图会放在组件水平方向与垂直方向的中间位置。有关水平位置与垂直位置的关系，请看下面的范例。

范例：ch07_07.htm

```
<html>
<head>
<title>background-position</title>
<style type="text/css">
td {
    background-image:url(images/dot.gif);  /*网页背景图*/
    background-repeat:no-repeat;            /*背景图不重复*/
    vertical-align:bottom;                  /*让文字靠下对齐*/
    text-align:center;                      /*让文字水平居中*/
}
</style>
</head>
<body>
<table border="2" align="center">
<tr>
        <td  width="100"  height="100"  style="background-position:left
top;">left top</td>
        <td  width="100"  height="100"  style="background-position:center
top;">center top</td>
        <td  width="100"  height="100"  style="background-position:right
top;">right top</td>
    </tr>
    <tr>
        <td  width="100"  height="100"  style="background-position:center
left;">center left</td>
        <td  width="100"  height="100"  style="background-position:center
center;">center center</td>
        <td  width="100"  height="100"  style="background-position:center
right;">center right</td>
    </tr>
    <tr>
        <td  width="100"  height="100"  style="background-position:left
bottom;">left bottom</td>
        <td  width="100"  height="100"  style="background-position:center
bottom;">center bottom<p></td>
        <td  width="100"  height="100"  style="background-position:right
```

```
bottom;">right bottom</td>
        </tr>
    </table>
    </body>
    </html>
```

执行结果如图 7-14 所示。

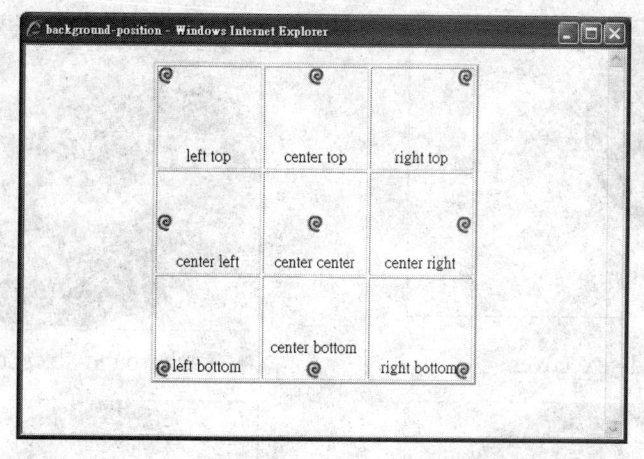

图 7-14　背景图在单元格中的位置

由于网页默认 background-repeat 属性是 repeat，因此设置 background-position 属性时必须先修改 background-repeat 属性。

5. background 综合设置背景图片

background 是比较特别的属性，通过它可以一次设置好所有的背景属性，格式如下：

```
background：背景属性值
```

各个属性值没有前后顺序，只要以空格分开即可，例如：

```
<style type="text/css">
      body {background :url(images/dot.gif) repeat-x fixed 100% 100%;}
</style>
```

6. background-size 设置背景尺寸

background-size 是 CSS3 新增的属性，以前的背景图无法重设大小，这个新属性能够让我们设置背景图的尺寸，格式如下：

```
background-size: "60px 80px"
```

background-size 的值可以是长和宽、百分比（%）、cover 或 contain。

cover 会让背景图符合组件大小并充满组件，contain 让背景图符合组件大小但不超出组件，而两者都不会改变图形长宽比。下面分别以未设置 background-size 属性、设置百分比（%）、cover 或 contain 这 4 种方式来比较一下它们的效果，如图 7-15 所示。

- 未设置 background-size

- background-size:100% 100%

- background-size:cover

- background-size: contain

图 7-15　background-size 设置方式的效果

7.2.3　设置背景渐变

CSS3 可以让背景产生渐变效果，渐变属性有两种，即 linear-gradient（线性渐变）和 radial-gradient（圆形渐变），语法如下：

```
linear-gradient(渐变方向, 色彩 1, 位置 1,色彩 2,位置 2……)
```

对于线性渐变的方向，只要设置起点即可，例如 top 表示由上至下，left 表示由左到右，top left 代表由左上到右下，也可以用角度来表示，例如 45º 表示左下到右上，-45º 表示左上到右下。

由于 IE 10 以下的浏览器不支持此语法，建议使用 chrome 浏览器或其他浏览器来浏览下面的范例。

范例：ch07_08.htm

```
div {
```

```
    width:300px;
    height:300px;
    /* Old browsers */
    background: #c42300;
    /* FF3.6+ */
    background: -moz-linear-gradient(-45deg, #c42300 0%, #22cc00 33%, #00c9c6 69%,
#0300bf 100%);
    /* Chrome,Safari4+ */
    background: -webkit-gradient(linear, left top, right bottom, color-stop(0%,
#c42300), color-stop(33%,#22cc00), color-stop(69%,#00c9c6), color-stop(100%,
#0300bf));
    /* Chrome10+,Safari5.1+ */
    background: -webkit-linear-gradient(-45deg, #c42300 0%,#22cc00 33%,#00c9c6
69%,#0300bf 100%);
    /* Opera 11.10+ */
    background: -o-linear-gradient(-45deg, #c42300 0%,#22cc00 33%,#00c9c6 69%,
#0300bf 100%);
    /* IE10+ */
    background: -ms-linear-gradient(-45deg, #c42300 0%,#22cc00 33%,#00c9c6 69%,
#0300bf 100%);
    background: linear-gradient(135deg, #c42300 0%,#22cc00 33%,#00c9c6 69%,
#0300bf 100%);
    }
```

显示效果如图 7-16 所示。

图 7-16 渐变效果

gradient 样式尚未成为 CSS 标准，为了让各个浏览器都能够正确显示，使用时必须在前端加上浏览器识别（Prefix），也因为尚未成为标准，所以各个浏览器 linear-gradient 属性的参数还会稍有不同，下面列出各种浏览器的识别方式。

- **Firefox**：以 -moz- 识别。

- **Google Chrome** / Safari：以 -webkit- 识别。
- **Opera**：以 -o- 识别。
- **IE 9+**：以 -ms- 识别。

这样，语法就变得相当复杂，这时可以借助一些工具来生成 gradient 语法，下面笔者将介绍 Ultimate CSS Gradient Generator 网页，只需要在网页上按几个按钮，就可以产生 gradient 语法，相当方便。

Ultimate CSS Gradient Generator

网页网址为 http://www.colorzilla.com/gradient-editor/。

一进入网页就会看到如图 7-17 所示的页面，只要在颜色选择器上快速双击，就可以在弹出的窗口中选择颜色。

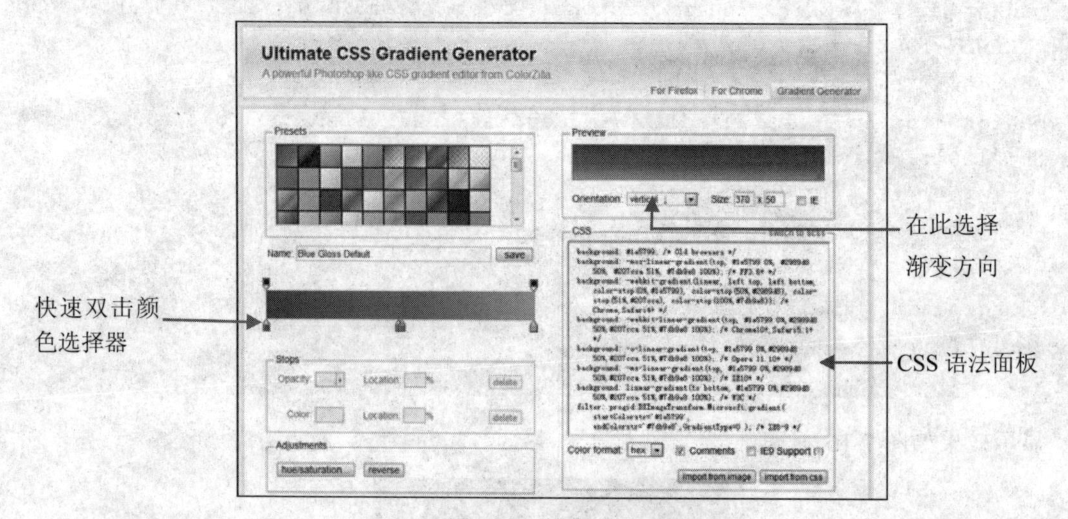

图 7-17　颜色选择器

双击颜色选择器之后会弹出如图 7-18 所示的颜色选择对话框，从颜色面板中选择喜欢的颜色，再单击 OK 按钮就可以了。

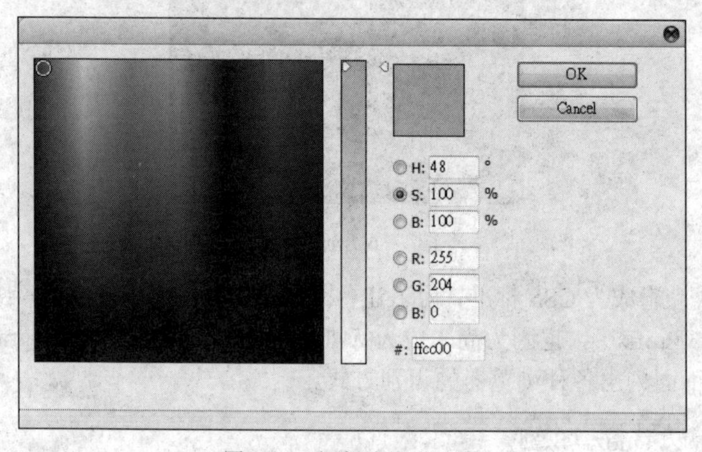

图 7-18　颜色选择对话框

颜色及渐变方向都设置完成之后，在 CSS 语法面板单击 copy 按钮，就可以将语法复制到剪贴板，可以直接贴在 HTML 文档中使用，如图 7-19 所示。

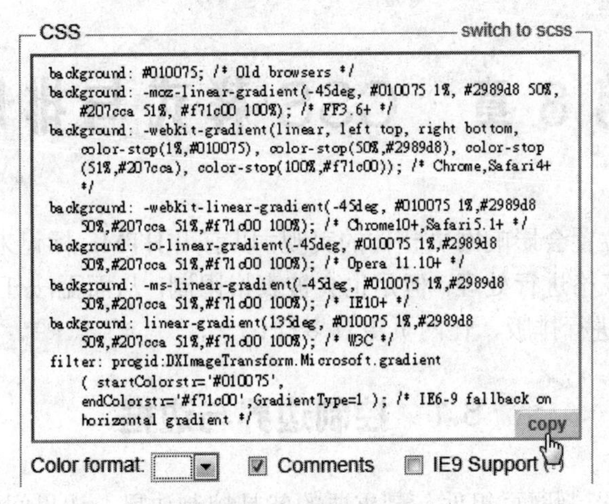
CSS
switch to scss
background: #010075; /* Old browsers */
background: -moz-linear-gradient(-45deg, #010075 1%, #2989d8 50%, #207cca 51%, #f71c00 100%); /* FF3.6+ */
background: -webkit-gradient(linear, left top, right bottom, color-stop(1%,#010075), color-stop(50%,#2989d8), color-stop(51%,#207cca), color-stop(100%,#f71c00)); /* Chrome,Safari4+ */
background: -webkit-linear-gradient(-45deg, #010075 1%,#2989d8 50%,#207cca 51%,#f71c00 100%); /* Chrome10+,Safari5.1+ */
background: -o-linear-gradient(-45deg, #010075 1%,#2989d8 50%,#207cca 51%,#f71c00 100%); /* Opera 11.10+ */
background: -ms-linear-gradient(-45deg, #010075 1%,#2989d8 50%,#207cca 51%,#f71c00 100%); /* IE10+ */
background: linear-gradient(135deg, #010075 1%,#2989d8 50%,#207cca 51%,#f71c00 100%); /* W3C */
filter: progid:DXImageTransform.Microsoft.gradient (startColorstr='#010075', endColorstr='#f71c00',GradientType=1); /* IE6-9 fallback on horizontal gradient */
copy
Color format:
Comments
IE9 Support

图 7-19　将语法复制下来

第 8 章　CSS 样式与排版

网页组件的排版位置会影响网页整体的美观，以前用 HTML 标记来控制网页组件的位置，最简便的方式是利用表格进行处理，但是也会被表格限制，从而无法任意摆放组件。本章将介绍如何利用 CSS 语法进行排版，让网页更具多样化。

8.1　控制边界与边框

想要利用 CSS 来控制网页组件，最重要的就是控制边界、边界间距以及边框等属性，三者的关系如图 8-1 所示。

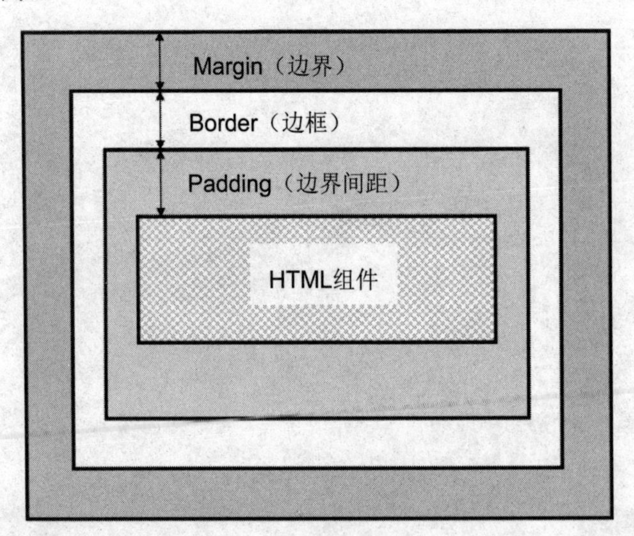

图 8-1　边界与边框的关系

下面看看这些语法应该如何使用。

8.1.1　边界

边界（margin）在边框（border）外围，用来设置组件的边缘距离，共有上、下、左、右 4 边属性可以设置，我们可以对这 4 边逐一设置，也可以一次指定好边界的属性值，说明如下。

- **margin-top**：上边界
- **margin-right**：右边界
- **margin-bottom**：下边界

- **margin-left**：左边界

这 4 个边界设置语法都相同，下面以 margin-top 属性进行说明。

margin-top 设置值可以是长度单位（px、pt）、百分比（%）或 auto，auto 为默认值，语法如下：

```
margin-top:设置值;
```

例如：

```
div{
margin-top:20px;
margin-right:40pt;
margin-bottom:120%;
margin-left:auto;
}
```

另外，我们可以一次设置好边界的属性值，语法如下：

```
margin: 上边界值 右边界值 下边界值 左边界值
```

margin 属性值必须按照上面的顺序进行排列，以空格分开。如果仅输入一个值，则 4 个边界值会同时设置为此值。如果输入两个值，则缺少的值会以对边的设置值进行替代，例如：

```
div{ margin:5px 10px 15px 20px;}     /* 上=5px,右=10px,下=15px,左=20px */
div{ margin:5px;}                    /* 4 个边界都为 5px */
div{ margin:5px 10px;}               /*上=5px,右=10px,下=5px,左=10px  */
div{ margin:5px 10px 15px;}          /*上=5px,右=10px,下=15px,左=10px  */
```

下面看一个范例。

范例：ch08_01.htm

```
<html>
<head>
<title>margin</title>
<style type="text/css">
<!--
img.one{
    margin-top:20px;
    margin-right:20px;
    margin-bottom:10px;
    margin-left:5px;
}
img.all{margin:5px 15px 10px 20px;}
-->
```

```
</style>
</head>
<body>
<table border=1 bordercolor="#000000" align="center">
<tr>
    <td><img src="images/pic3.jpg" width="231" height="200" border="0"></td>
</tr>
</table><br>
<table border=1 bordercolor="#000000">
<tr>
    <td><img src="images/pic3.jpg" width="231" height="200" border="0" class=
"one"></td>
    <td><img src="images/butterfly5.jpg" width="191" height="111" border="0"
class="all"></td>
    </tr>
</table>
</body>
</html>
```

执行结果如图 8-2 所示。

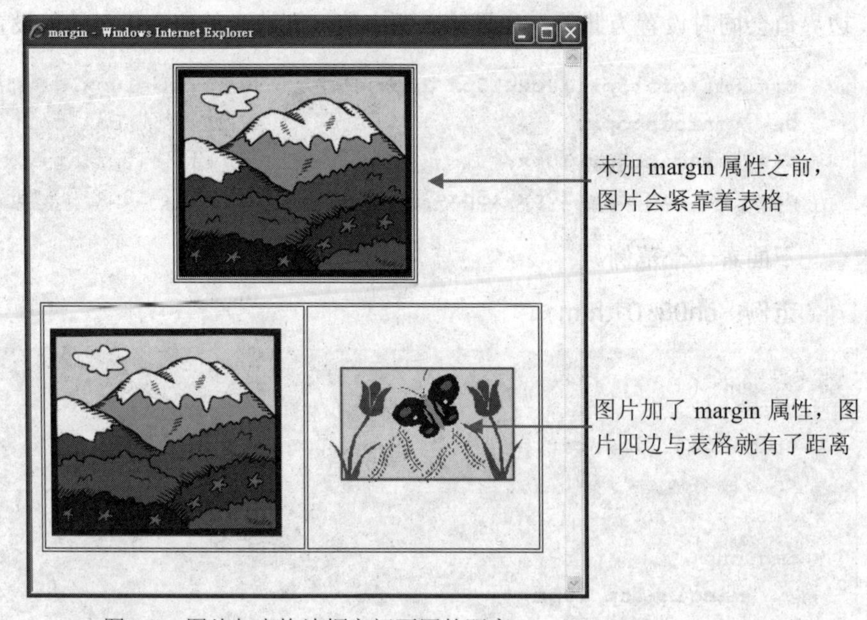
margin - Windows Internet Explorer
未加 margin 属性之前，
图片会紧靠着表格
图片加了 margin 属性，图
片四边与表格就有了距离

图 8-2　图片与表格边框之间不同的距离

8.1.2　边框

边框（border）属性包括边框宽度、样式、颜色以及圆角等，其中圆角属性是 CSS3 新增的功能，相关属性如表 8-1 所示。

表 8-1 边框的属性

属性	属性名称	设置值
border-style	边框样式	none（默认值） solid double groove ridge inset outset
border-top-style border-left-style border-bottom-style border-right-style	上下左右四边的边框样式	同 border-style
border-width	边框宽度	宽度数值+单位 thin（薄） thick（厚） medium（中等，默认值）
border-top-width border-left-width border-bottom-width border-right-width	上下左右四边的宽度	与 border-width 相同
border-color	边框颜色	颜色名称 十六进制（HEX）码 RGB 码
border-top-color border-left-color border-bottom-color border-right-color	上下左右四边的边框颜色	与 border-color 相同
border	综合设置	
border-radius	圆角边框	长度（px）或百分比（%）
border-top-left-radius border-top-right-radius border-bottom-left-radius border-bottom-right-radius	上下左右四边圆角	长度（px）或百分比（%）
border-image	花边框线	

边框主要属性为 border-style、border-width、border-color、border-radius，通过这 4 种属性可以一次设置四边的样式、粗细及颜色，可以发现这 4 种属性也可以分别针对上下左右 4 边进行设置。下面详细介绍这几种属性。

1. border-style 边框样式

border-style 属性用来设置边框的样式，语法如下：

```
border-style:设置值;
```

设置值共有 8 种，即 solid（实线）、dashed（虚线）、double（双实线）、dotted（点线）、groove（3D 凹线）、ridge（3D 凸线）、inset（3D 嵌入线）以及 outset（3D 浮出线），例如：

```
div{border-style:solid;}
```

图 8-3 列出了这 8 种设置值的效果。

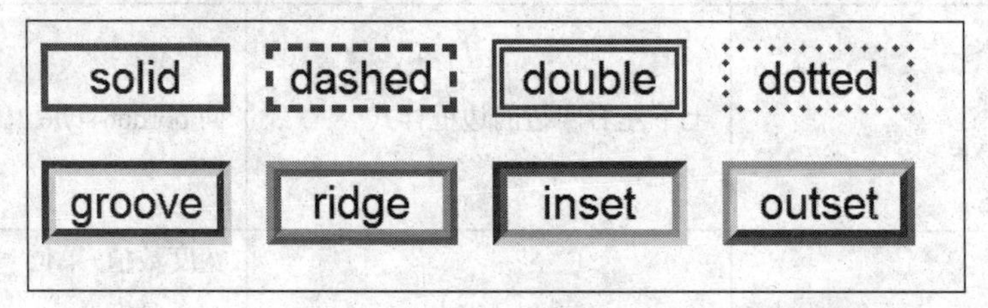

图 8-3　不同边框设置值的效果

border-style 属性仅输入一种样式的话，表示组件 4 边都应用相同的样式，也可以输入 4 个值，让 4 边分别应用不同的样式，输入的值必须按照上边框、右边框、下边框、左边框顺序排列，中间以空格分隔，如下所示：

```
div{border-style:solid double groove ridge;}
```

如果要逐一设置 4 边的样式，可以使用 border-top-style、border-left-style、border-bottom-style 与 border-right-style 进行设置，语法与 border-style 属性相同，此处不再赘述，接下来看一个范例。

范例：ch08_02.htm

```
<html>
<head>
<title>border-style</title>
<style type="text/css">
<!--
img {border-style:solid groove inset dashed}
div {border-top-style:dotted;border-bottom-style:dashed;}
-->
</style>
</head>
<body>
<table>
<tr>
    <td width="200" height="210" align="center"><img src="images/cat.jpg"
width="200" height="210"></td>
```

```
        <td width="200" height="210" align="center"><div>Curiosity killed the cat<br>好奇心会杀死一只猫</div></td>
    </tr>
    </table>
    </body>
    </html>
```

执行结果如图 8-4 所示。

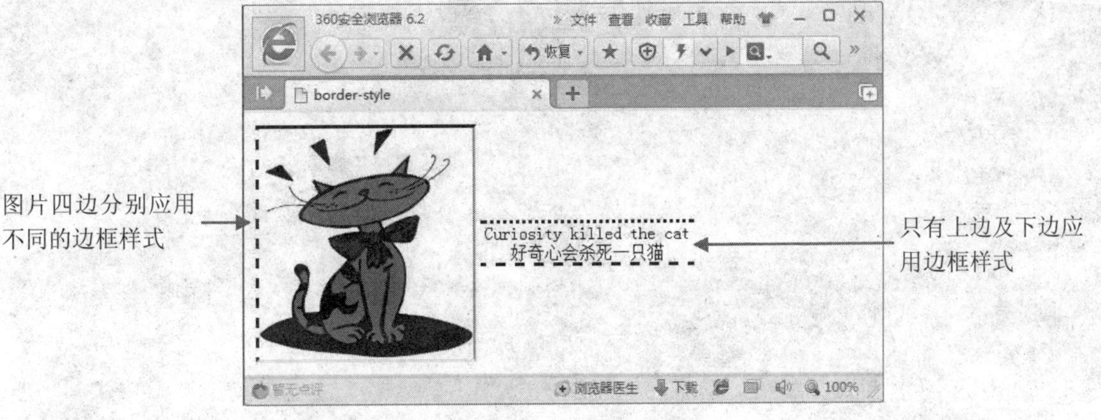

图 8-4 设置不同的边框样式

<div>标记与<span>标记在 CSS 语法中经常使用，如果还不熟悉这两种标记的用法，请复习 6.1.3 节 CSS 的应用。

2. border-width 边框宽度

border-width 属性用来设置边框的宽度，语法如下：

```
border-width:设置值;
```

border-width 属性的设置值可以是长度单位（px、pt）、百分比（%），例如：

```
div{ border-width:10px;}
```

border-width 属性四边会应用相同的宽度，也可以输入 4 个值，让四边各应用不同的宽度，输入的值必须按照上边框、右边框、下边框、左边框顺序排列，中间以空格分隔，如下所示：

```
div{border- width:5px 10px 20px 25px;}
```

如果要逐一设置四边的样式，可以用 border-top-width、border-left-width、border-bottom-width 与 border-right-width 设置，语法与上述 border-width 属性相同，接下来看一个范例。

范例：ch08_03.htm

```
<html>
```

```
<head>
<title>border-style</title>
<style type="text/css">
<!--
img {
    border-style:solid;
    border-left-width:30px;
    border-right-width:30px;
}
-->
</style>
</head>
<body>
<table>
<tr>
    <td width="200" height="210" align="center"><img src="images/cat.jpg" 
width="200" height="210"></td>
</tr>
</table>
</body>
</html>
```

执行结果如图 8-5 所示。

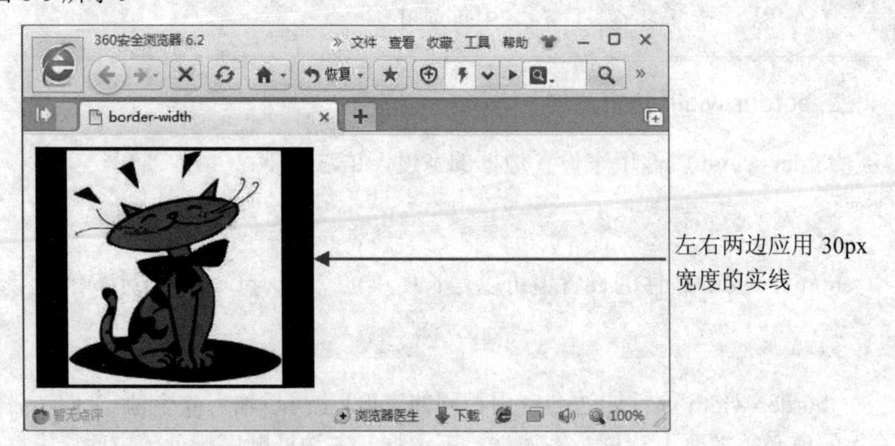

图 8-5 设置边框的宽度

3. border-color 边框颜色

border-color 属性用来设置边框的颜色，语法如下：

```
border-color：颜色值;
```

border-color 属性的设置值可以是颜色名称、十六进制码或 RGB 码，例如：

```
div{ border-color:green;}
```

border-color 属性四边可应用相同的颜色，也可以输入 4 个值，让四边各自应用不同的颜色，输入的值必须按照上边框、右边框、下边框、左边框的顺序排列，中间以空格分隔，如下所示：

```
div{border- color: green red rgb(255,255,0) #FF00FF;}
```

如果要逐一设置四边的样式，可以用 border-top-color、border-left-color、border-bottom-color 与 border-right-color 进行设置，语法与 border-color 属性相同。

4. border 边框综合设置

如果四边的边框属性都一样，则可以一次性声明边框样式、边框宽度以及边框颜色，这 3 种属性并没有先后顺序，只要以空格分隔即可，如下所示：

```
div{ border:#0000FF 5px solid;}
```

5. border-radius 圆角边框

border-radius 是 CSS3 的新增属性，用来设置边框的圆角，语法如下：

```
border-radius:设置值;
```

border-radius 属性的设置值可以是长度单位（px、pt）、百分比（%），例如：

```
border-radius:25px;
```

border-radius 属性四边会应用相同的宽度，也可以输入 4 个值，让四边各应用不同的宽度，如下所示：

```
border-radius:25px 10px 15px 30px;
```

如果要逐一设置四边的圆角，可以用 border-top-left-radius、border-top-right-radius、border-bottom-left-radius 及 border-bottom-right-radius 进行设置。

CSS 的样式应用很有弹性，我们也可以只输入两个值，会产生对称圆角边框。

```
border-radius:50px 10px;
```

应用结果如图 8-6 所示。

HTML5+CSS3

图 8-6　应用圆角边框

6. border-image 花样边框

border-image 是 CSS3 的新增功能，目前 IE 不支持。
border-image 可以做出页面花边的效果，语法如下：

```
border-image: source slice width repeat;
```

border-image 的设置值说明如下。

- **source**：指定图片路径（必填）。
- **slice**：切出图片使用的边框线（必填），如图 8-7 所示。

图 8-7　设置花样边框的宽度

上下左右的边框线距离相同，只要写一个数值，如果四周边框线距离不同，可以如下表示：

```
border-image : url (border.png) 35 25 25 15;
```

- **width**：图片宽度（可省略）。
- **repeat**：图片填充方式（可省略），设置值有 stretch、repeat 和 round。
  - **stretch**：把图片拉伸到整个边框区域。
  - **repeat**：重复填充。
  - **round**：重复填充并自动调整图片大小。

下面我们以如图 8-8 所示的花样边框素材，制作一个花样边框。

图 8-8　花样边框素材

范例：ch08_04.htm

```
<!DOCTYPE html>
<html>
```

```
<head>
<style type="text/css">
div
{
    border-width:34px;
    width:300px;
    height:100px;
    padding:10px 20px;
    font-family: Forte;
    font-size:45px;
    padding:40px 20px 0px 20px;
    border-image:url("border.png") 36 round;
}

</style>
</head>
<body>

<div>HTML5+CSS3</div>

</body>
</html>
```

执行结果如图 8-9 所示。

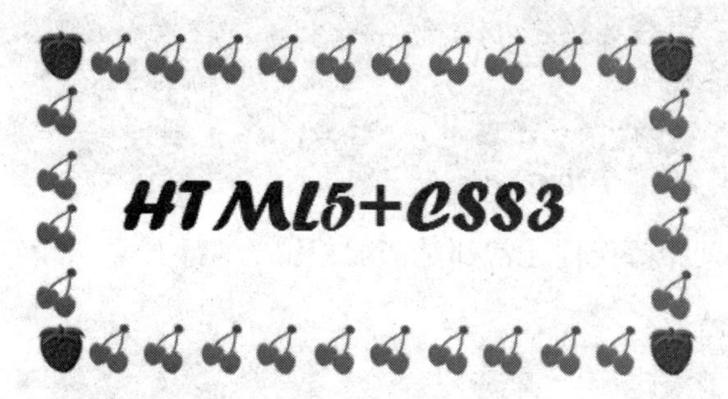

图 8-9 应用花样边框

目前 IE 不支持 border-image 语法，建议使用 Chrome 浏览器来浏览范例效果。

8.1.3 边界间距

边界间距（padding）是指边框（border）内侧与 HTML 组件边缘的距离，共有上下左右四边属性可供设置，我们可以对这 4 个边逐一设置，也可以一次指定好边界间距的属性值，说明如下。

- **padding –top**：上边界间距
- **padding –right**：右边界间距
- **padding –bottom**：下边界间距
- **padding –left**：左边界间距

这 4 个边界设置语法都相同，下面以 padding -top 属性进行说明。

padding-top 设置值可以是长度单位（px、pt）、百分比（%）或 auto，auto 为默认值，语法如下：

```
padding-top:设置值;
```

例如：

```
div{
        padding-top:10px;
        padding-right:20pt;
        padding-bottom:120%;
        padding-left:auto;
}
```

另外，我们可以一次设置好边界间距的属性值，语法如下：

```
padding:上边界间距 右边界间距 下边界间距 左边界间距
```

padding 属性值必须按照上面顺序来排列，以空格分开。如果只输入一个值，则 4 个边界值会同时设置为此值，如果输入两个值，则缺少的值会以对边的设置值来替代，例如：

```
div{ padding:5px 10px 15px 20px;}    /* 上=5px,右=10px,下=15px,左=20px */
div{ padding:5px;}                   /* 4 个边界都为 5px */
div{ padding:5px 10px;}              /*上=5px,右=10px,下=5px,左=10px  */
div{ padding:5px 10px 15px;}         /*上=5px,右=10px,下=15px,左=10px  */
```

边界、边框与边界间距等属性通常都是搭配使用的，下面看一个综合应用的范例。

范例：ch08_05.htm

```
<html>
<head>
<style>
<!--
#p{
    background-color:#FFFF99;   /*背景颜色设为淡黄色*/
    margin:30px;                /*四周边界距离设为 30px*/
    padding:60px;               /*四周边界间距设为 60px*/
    border:10px double red;     /*边框宽度 10px 样式为双线颜色为红色*/
}
```

```
-->
</style>
</head>
<body>
<table border=1>
    <tr>
        <td>
            <div id="p">
                <img border="1" src="images/cat.jpg" width="200" height="210">
            </div>
        </td>
    </tr>
</table>
</body>
</html>
```

执行结果如图 8-10 所示。

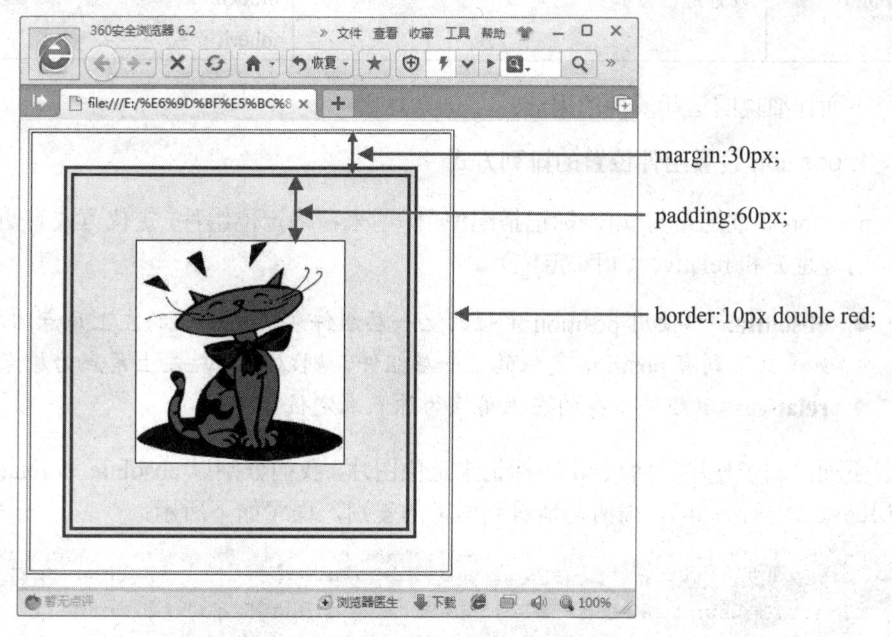

图 8-10　设置边界、边框、边界间距

8.2　网页组件的定位

CSS 语法中有几个与位置（Position）相关的属性，可以定义组件在网页中排列的位置，如果再加上 JavaScript 语句就能够动态地改变这些属性值，图片就可以在网页上随意移动了。接下来说明组件定位的相关属性与用法。

8.2.1 一般定位

安排组件位置之前，我们必须了解几个位置的属性，如表 8-2 所示。

表 8-2 位置的属性

属性	属性名称	设置值
position	设置组件位置的排列方式	absolute relative static
width	指定组件宽度	宽度数值
height	指定组件高度	高度数值
left	指定组件与左边界的距离（X 坐标）	距离数值
top	指定组件与上边界的距离（Y 坐标）	距离数值
overflow	超出边界的显示方式	距离数值
visibility	设置是否显示	visible hidden inherit

下面详细说明这些属性的用法。

1. position 设置组件位置的排列方式

position 属性通常与<div>标记搭配使用，用来精确定位组件，定位方式有两种，即 absolute（绝对寻址）和 relative（相对定位）。

- **absolute**：以使用 position 定位的上一层组件（父组件）的左上角点为原点进行定位。如果找不到有 position 定位的上一层组件，则以<body>左上角点为原点来定位。
- **relative**：以组件本身的左上角点为原点来定位。

下面的例子使用了两层<div>标记来定位图片，我们分别以 absolute 和 relative 方式来定位内层的<div>标记，可以很清楚地看到两者的差别，程序如下所示：

```
外层
<div id="flower" style="position:absolute;left:20px; top:20px">
<img src="sunflower.gif" width="150" height="150" border="3">
        内层
        <div id="leaf" style="position:absolute; left:0px; top:0px;">

        <img src="leaf.gif" width="100" height="100" border="3">
        </div>
</div>
```

两种方式显示的结果如图 8-11 所示。

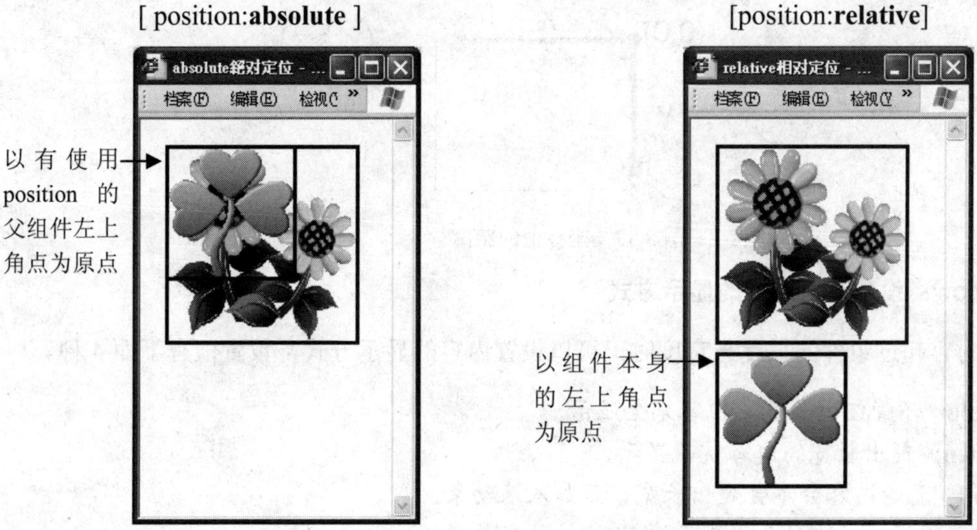

[position:**absolute**]

absolute絕对定位 - ...

档案(F)　编辑(E)　检视(V)

以有使用position的父组件左上角点为原点

[position:**relative**]

relative相对定位 - ...

档案(F)　编辑(E)　检视(V)

以组件本身的左上角点为原点

图 8-11　绝对定位和相对定位

以两者的特性来说，应用 absolute 的组件在不设置 left、right、top、bottom 属性时会重叠，而应用 relative 的组件默认不会重叠，两者都可以通过 z-index 属性来调整图层顺序（有关 z-index 属性，请参考第 8.2.2 小节），也都可以使用 left、right、top、bottom 属性调整位置。

2. width、height：指定组件宽度与高度

width 用来指定组件的宽度，height 则用来指定组件的高度。格式如下：

```
width：宽度值
height：高度值
```

单位可以是 px 或 pt，例如：

```
div{ width:200px;height:300pt;}
```

3. left、top：指定组件与边界的距离

left 用来指定组件与左边界的距离，也就是 x 坐标，top 用来指定组件与上边界的距离，也就是 y 坐标，格式如下：

```
left:x 坐标值
top:y 坐标值
```

坐标值的单位可以是长度（px、pt）、百分比（%），长度从左上角向右下角计算，X 方向越往右值越大，Y 方向越往下值越大，如图 8-12 所示。

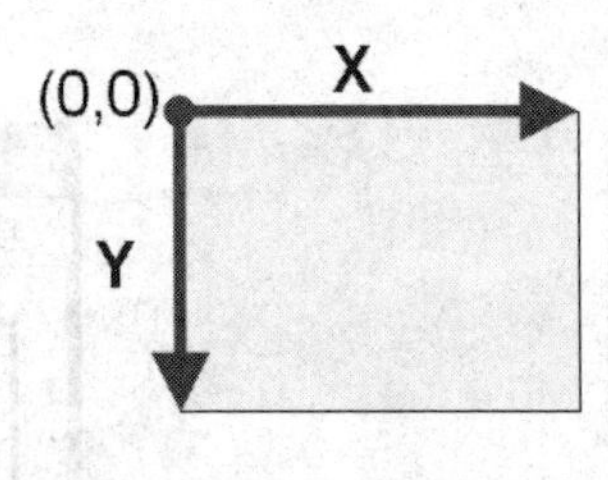

图 8-12　坐标值的距离

4. overflow：设置超出边界的显示方式

当组件内容超过组件的长度与宽度时，可以设置内容的显示方式，设置值有下面 4 种。

- **visible**：不管组件长宽，内容完全显示。
- **hidden**：超出长宽的内容就不显示。
- **scroll**：无论内容会不会超出长宽，都加入滚动条。
- **auto**：根据情况决定是否显示滚动条。

请参考下面的范例。

范例：ch08_06.htm

```
<html>
<head>
<title>组件的定位</title>
<style>
<!--
span{
     position:absolute;
     width:200px;
     height:150pt;
     border:1px solid #330000;
}
-->
</style>
</head>
<body>
<table border=1 align="center">
    <tr>
        <td>
            <span style="left:10px;top:10px;overflow:visible;">
        落日熔金，暮云合璧，<br>
        人在何处？<br>
        染柳烟浓，吹梅笛怨，<br>
        春意知几许？<br>
```

```
元宵佳节，融和天气，<br>
次第岂无风雨？<br>
来相召，香车宝马，<br>
谢他酒朋诗侣。<br>
中州盛日，闺门多暇，<br>
记得偏重三五。<br>
铺翠冠儿，捻金雪柳，<br>
簇带争济楚。<br>
如今憔悴，风鬟雾鬓，<br>
怕见夜间出去。<br>
不如向、帘儿底下，<br>
听人笑语。
    </span>
</td>
<td>
    <span style="left:220px;top:10px;overflow:hidden;">
落日熔金，暮云合璧，<br>
人在何处？<br>
染柳烟浓，吹梅笛怨，<br>
春意知几许？<br>
元宵佳节，融和天气，<br>
次第岂无风雨？<br>
来相召，香车宝马，<br>
谢他酒朋诗侣。<br>
中州盛日，闺门多暇，<br>
记得偏重三五。<br>
铺翠冠儿，捻金雪柳，<br>
簇带争济楚。<br>
如今憔悴，风鬟雾鬓，<br>
怕见夜间出去。<br>
不如向、帘儿底下，<br>
听人笑语。
    </span>
</td>
<td>
    <span style="left:440px;top:10px;overflow:scroll;">
落日熔金，暮云合璧，<br>
人在何处？<br>
染柳烟浓，吹梅笛怨，<br>
春意知几许？<br>
元宵佳节，融和天气，<br>
次第岂无风雨？<br>
```

```
        来相召，香车宝马，<br>
        谢他酒朋诗侣。<br>
        中州盛日，闺门多暇，<br>
        记得偏重三五。<br>
        铺翠冠儿，捻金雪柳，<br>
        簇带争济楚。<br>
        如今憔悴，风鬟雾鬓，<br>
        怕见夜间出去。<br>
        不如向、帘儿底下，<br>
        听人笑语。
            </span>
        </td>
        <td>
            <span style="left:660px;top:10px;overflow:auto;">
        落日熔金，暮云合璧，<br>
        人在何处？<br>
        染柳烟浓，吹梅笛怨，<br>
        春意知几许？<br>
        元宵佳节，融和天气，<br>
        次第岂无风雨？<br>
        来相召，香车宝马，<br>
        谢他酒朋诗侣。<br>
        中州盛日，闺门多暇，<br>
        记得偏重三五。<br>
        铺翠冠儿，捻金雪柳，<br>
        簇带争济楚。<br>
        如今憔悴，风鬟雾鬓，<br>
        怕见夜间出去。<br>
        不如向、帘儿底下，<br>
        听人笑语。
            </span>
        </td>
    </tr>
</table>
</body>
</html>
```

执行结果如图 8-13 所示。

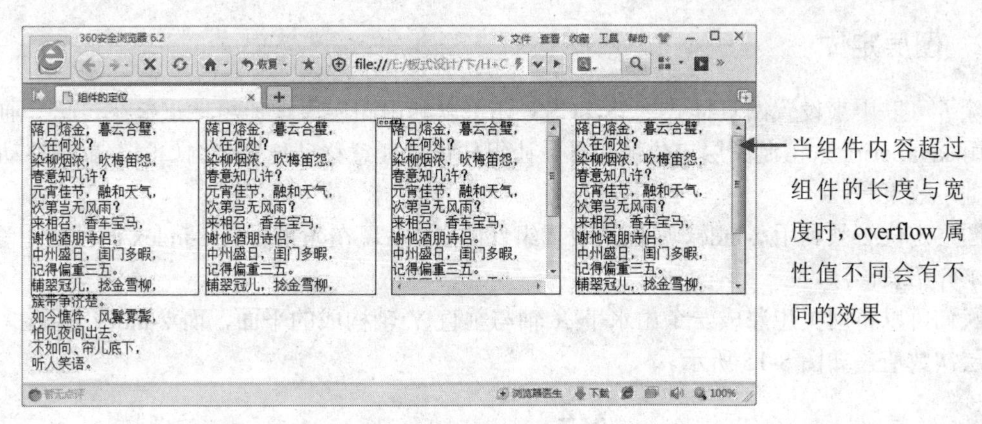

当组件内容超过组件的长度与宽度时，overflow 属性值不同会有不同的效果

图 8-13 不同的 overflow 属性效果

上例中，使用了 top、left 属性指定<span>标记组件的位置，width 及 height 属性设置<span>标记组件的宽度与高度，并从左到右分别将 overflow 属性设置为 visible、hidden、scroll 和 auto，因为<span>标记组件内容的高度超出了 height 属性设置的高度，因此随着 overflow 属性不同的设置值，<span>标记组件有 4 种不同的显示方式。

学习小教室

如果想做到图文混排的效果，可以利用 float（浮动）属性完成。float 属性有 3 个属性值：left、right 和 none。例如，想让图片在左边，而文字绕着图片显示，那么程序可以这样表示：

```
<style>
div{width:200px;}
img{float:left;}
</style>
<div>
<img src="pic.jpg" width="100">这个例子是用来显示 float:left 如何做到图文混排效果，您看！图会在左边而文字会绕着图。这样是不是很清楚呢！
</div>
```

执行效果如图 8-14 所示。

图 8-14 图文混排

8.2.2 图层定位

除了可以用来设置网页样式之外，CSS 还可以利用图层原理让组件重叠在一起。通常我们使用 JavaScript 来控制图层定位的组件，让组件可以任意移动位置，例如随着鼠标移动的图片、叠字效果等。

图层定位必须利用 z-index 属性来设置组件的层次，现在先来看看 z-index 属性的用途，稍后再来介绍其语法。

我们可以将网页想象成一个由水平 X 轴与垂直 Y 轴构成的平面，而 z-index 就是指 Z 轴上的层次数值，如图 8-15 所示。

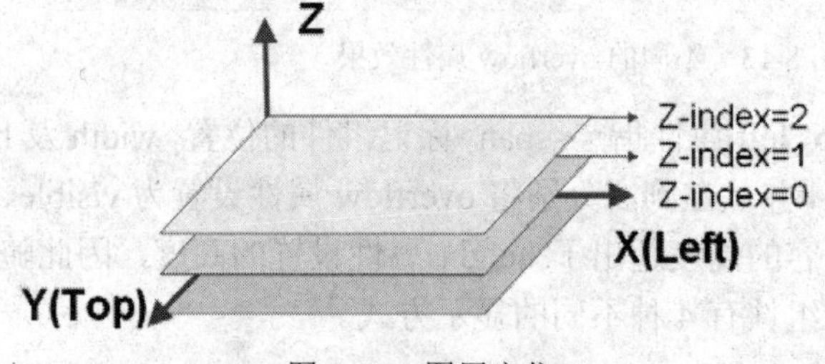

图 8-15 图层定位

z-index 的作用是当组件相互重叠时，可以指定组件之间的上下层次顺序。z-index 数值越大，层次就越高，也就是说，z-index 数值大的组件会排在数值小的组件上面。z-index 的语法如下：

```
z-index: 层次数值
```

例如：

```
<img src="sample.gif" style="position:absolute; top:30; left:30; z-index:1;">
```

上面的程序语句表示图片放在距离上边界及左边界各 30 点的位置，层次顺序为 1。

接下来看一个实例。

范例：ch08_07.htm

```
<html>
<head>
<title>图层定位</title>
<style>
<!--
#layer1{
position:absolute;
z-index:1;
top:20px;
left:30px;
font-size:24pt;
```

```
    font-family:楷体;
    color:#FFFFFF;
    }
    #layer2{
    position:absolute;
    z-index:2;
    width:200px;
    top:110px;
    left:100px;
    font-size:12pt;
    font-family:楷体;
    }
    -->
    </style>
    </head>
    <body>
    <div id="layer1"><img src="images/cat.jpg" width="200" height="210" border=
"0"></div>
    <div id="layer2"><font size="5" face="Broadway BT" color="#FF9900">Don't put
off till tomorrow what you can do today.</font></div>
    </body>
    </html>
```

执行结果如图 8-16 所示。

图 8-16　文字叠在图片上层

可以将范例中的 layer1 与 layer2 的 z-index 数值对调试试，看看图片是不是叠在文字上方了。

z-index 是定位语法，必须与 position 属性一起使用。如果两个组件的 z-index 值相同，那么浏览器会以程序编写的顺序一层层叠上去，因此后写的程序会位于上方（back-to-front）。

8.3 超链接与鼠标光标特效

超链接是网页不可缺少的功能，而鼠标是用户目光聚集的焦点，虽然 HTML 有默认的鼠标样式，但是样式太简单，显示不出网页的特色，前面介绍了这么多控制网页外观的 CSS 语法，当然不能错过超链接与鼠标的特效。现在我们可以通过 CSS 来控制超链接与鼠标的样式，赶快看看下面的介绍。

8.3.1 超链接特效

超链接有 4 种状态，分别是尚未链接（link）、已链接（visited）、鼠标悬停链接时（hover）以及激活时（active）。如果我们想要改变超链接的样式，可以通过以下几个选择器进行设置，语法如下：

```
a {样式属性:属性值;}                /*声明超链接样式*/
a:link {样式属性:属性值;}           /*尚未链接的超链接样式*/
a:visited {样式属性:属性值;}        /*已链接的超链接样式*/
a:active {样式属性:属性值;}         /*激活时超链接样式*/
a:hover {样式属性:属性值;}          /*当鼠标悬停链接时的超链接样式*/
```

例如：

```
<style type="text/css">
<!--
a {border: 1px red solid;}
a:link {color:black;}
a:visited {color:blue; border:0px;}
a:active {color:yellow;}
a:hover { border: 1px green solid; text-decoration: none;}
-->
</style>
```

上例的样式说明如下。

- **a {border: 1px red solid;}**：声明超链接的样式是红色实线、宽 1px 的边框。
- **a:link {color:black;}**：未链接前超链接文字颜色是黑色。
- **a:visited {color:blue; border:0px;}**：已链接过的超链接文字颜色为蓝色，没有边框。
- **a:active {color:yellow;}**：激活时超链接文字颜色为黄色。
- **a:hover { border: 1px green solid; text-decoration: none;}**：当鼠标移到链接时的超链

接样式是绿色实线、宽 1px 的边框，文字不添加下划线。

超链接的整体样式可以写在 a 选择器中，而 a:link、a:visited、a:active 与 a:hover 选择器中只要设置该状态所要看到的样式就可以了，这 4 种超链接状态并不一定都要使用，通常使用 a 选择器与 a:hover 选择器就可以做出超链接的效果。

在 a 选择器中设置的样式会继承给 a:link、a:visited、a:active 与 a:hover 选择器，因此，虽然上例语句中 a:link、a:active 都没有设置边框，但是浏览网页时也会产生边框，如果不希望有边框，只要加上 border:0px;就可以了。

接下来看一个超链接的范例。

范例：ch08_08.htm

```
<html>
<head>
<title>超链接</title>
<style type="text/css">
<!--
a {
    border: 1px #A498BD solid;
    color: #4D2078;
    background-color: #EEEBFF;
    height: 20px;
    padding: 5px;
    width: 120px;
    text-align:center;
    }
a:hover {
    border: 2px #605080 solid;
    color: #9900CC;
    background-color: #BDAAE2;
    }
-->
</style>

</head>
<body>
<img src="images/butterfly1.gif" width="190" height="139" border="0"><p>
                这是空链接的意思，表示单击超链接后维持原状
<a href="#">回首页</a>
<a href="#">与我联系</a>
```

```
</body>
</html>
```

执行结果如图 8-17 所示。

图 8-17　创建超链接

除了文字超链接之外，图片还可以当作超链接的样式，当鼠标移到超链接上时更换另一张图片，程序应该怎么写呢？请查看下面的范例。

范例：ch08_09.htm

```
<html>
<head>
<title>图片超链接</title>
<style type="text/css">
<!--
a {
    color: #990000;
    height: 56px;
    width: 200px;
    text-align: center;
    line-height: 55px;
    background-image: url(images/btn2.jpg);
    text-decoration: none;
}
a:hover {
    color:#006600;
    background-image: url(images/btn2a.jpg);
    }
-->
</style>

</head>
```

```
<body>
<a href="#">公司简介</a>
<a href="#">产品简介</a>
<a href="#">与我联系</a>
<a href="#">回首页</a>
</body>
</html>
```

执行结果如图 8-18 所示。

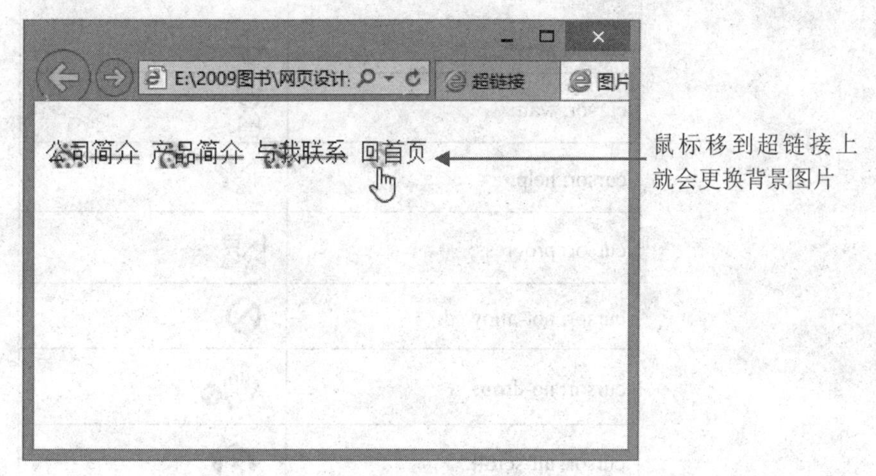

图 8-18　图片超链接效果

8.3.2　鼠标光标特效

当我们访问某些网站时，会发现进入网站之后，鼠标光标就变得不一样了，不再是白色的箭头，而是闪亮的仙女棒或卡通图片等可爱图标，为网页增添了更多趣味。鼠标光标图标可以由 CSS 的 cursor 属性来控制。下面看一看 cursor 属性语法。

```
cursor:鼠标光标样式
```

例如：

```
<style type="text/css">
<!--
a{ cursor: crosshair; }
-->
</style>
```

上面的语句表示鼠标光标在超链接区域会呈现 crosshair 的光标图案。

如果我们希望一进入网站，鼠标光标就能显示 crosshair 光标图标，想想看，“cursor: crosshair;”语句应该写在哪里呢？写在 body 选择器中就可以了。

表 8-3 列出了一些计算机中常见的鼠标光标图案以及设置的语法。

表 8-3　计算机中常见的鼠标光标

cursor 样式	光标外观
cursor: auto;（默认值）	
cursor: crosshair;	
cursor: pointer;	
cursor: text;	
cursor: move;	
cursor: wait;	
cursor: help;	
cursor: progress;	
cursor: not-allowed;	
cursor: no-drop;	
cursor: all-scroll;	
cursor: col-resize;	
cursor: row-resize;	
cursor: e-resize;	
cursor: ne-resize;	
cursor: n-resize;	
cursor: nw-resize;	

除此之外，我们还可以使用自己拥有的光标图案，语法如下：

```
cursor: url(光标文件相对路径);
```

接下来看一个范例。

范例：ch08_10.htm

```
<html>
<head>
<title>自定义鼠标光标</title>
<style type="text/css">
<!--
body{cursor: url(images/my.cur);}
```

```
-->
</style>

</head>
<body>
<img src="images/pic3.jpg" width="231" height="200" border="0"  />
</body>
</html>
```

执行结果如图 8-19 所示。

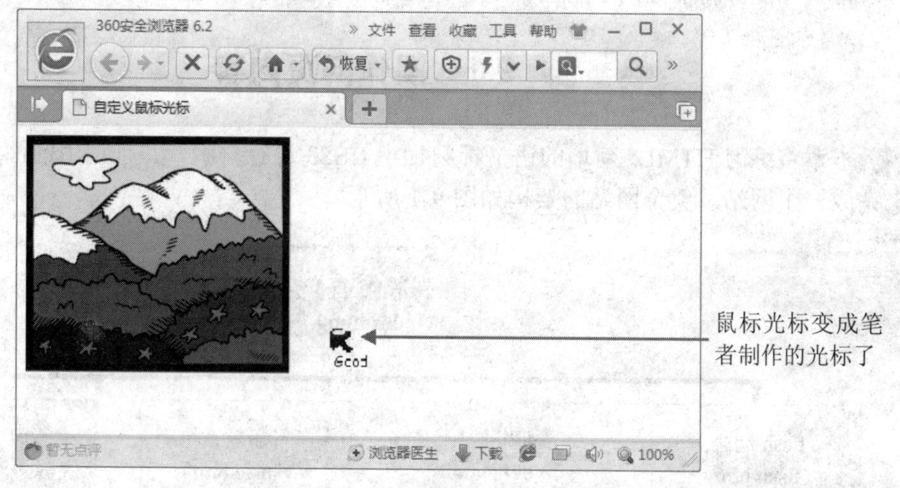

图 8-19 改变鼠标光标

光标文件必须是 cur 文件，可以从网上下载网友共享的光标文件，或者利用 imagine 这类图像编辑软件将图片转换成个人专用的光标文件。有些浏览器并不支持 cur 文件，仅支持 JPG、GIF 或 PNG 等图片格式，为了让各个浏览器都能够正常显示，我们可以加入 PNG 图片格式的光标，并用逗号（,）分隔，语法如下：

```
cursor: url(images/my.cur),url(images/my.png),auto;
```

当浏览器不支持 cur 光标文件时，就可以使用 PNG 图形文件，如果 PNG 图形文件也不支持，就以 auto 样式显示。

第 9 章　HTML5+CSS3 综合应用

现在到了验收成果的时候，这个综合应用将针对前面学过的 HTML5 与 CSS3 语法进行练习，希望你能够将前面所学融会贯通。请跟着下面的范例一起练习。

9.1　操作网页内容

本章将练习 HTML5 新增的语义标记加上 CSS3 进行排版，并且利用前面所学的各种语法来完成一个网站。整个网站的架构如图 9-1 所示。

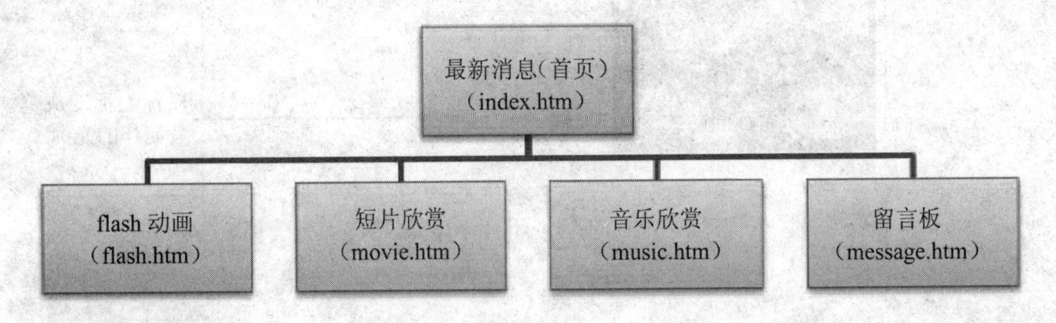

图 9-1　网站的架构示意图

本实例网页中包括下列几个重点部分：

- 标题;
- 图片;
- 文字;
- 超链接;
- 表单组件;
- 嵌入影音。

笔者已经事先创建好这 5 个网页基本的 HTML 文件，这 5 个网页将应用同一个 CSS 文件，接下来以 index.htm 文件为例进行说明，读者可以跟着下面的操作一步步练习。打开范例文件中的“未完成文件/index.htm”，就会看到如图 9-2 所示的页面。

HTML5+CSS3

HTML5+CSS3

- 最新消息
- flash动画
- 短片欣赏
- 音乐欣赏
- 留言板

最新消息

"宠物认养活动"开始啰!

即日起到10月30日止～

领养条件：

- 有爱心、有耐心。
- 认养人未满18岁，需取得家长同意。
- 有适合的饲养环境。

领养宠物专线：(07)711****

欢迎光临我的网站!!

图 9-2　示例页面

经过 CSS 样式美化之后，完成的网页成品将如图 9-3 所示。

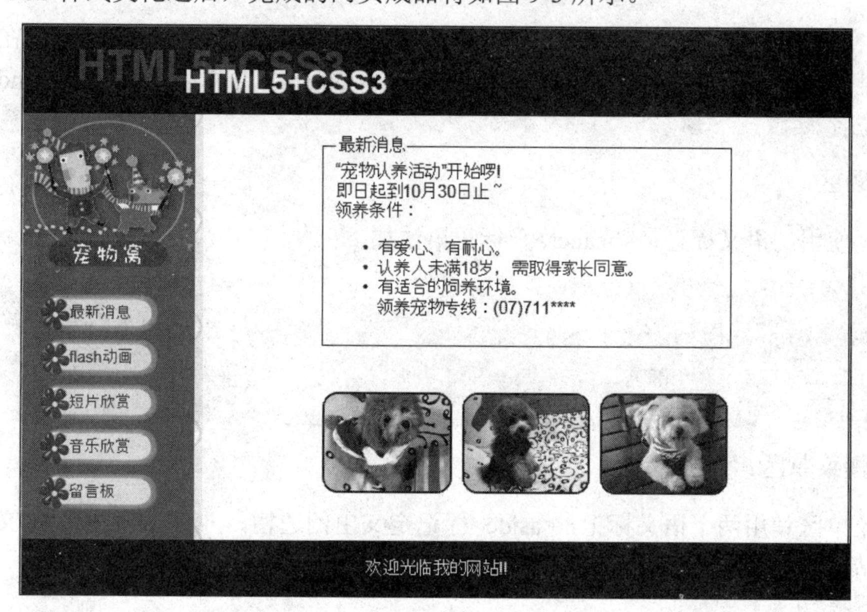

图 9-3　完成的网页成品

本范例使用的图片文件可以在“未完成文件/images”文件夹中找到。

9.2 使用语义标记排版

制作网页时，应该先规划好网页架构及版面安排，通常网页版面可以划分为 4 个区块，包含“标题区”“菜单区”“主内容区”“页脚区”，如图 9-4 所示。

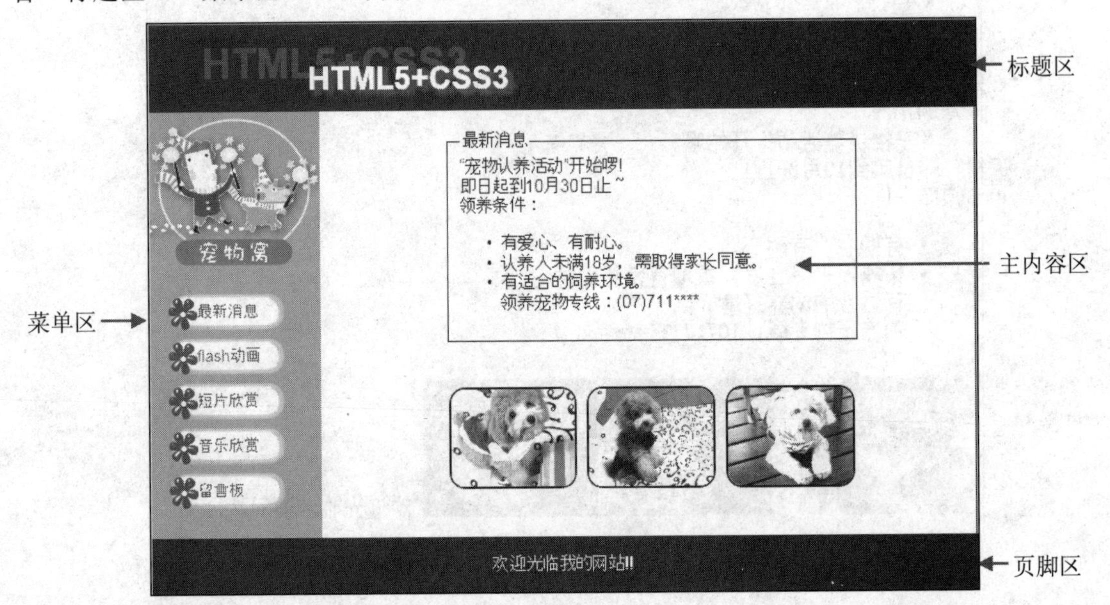

图 9-4　常用网页的区块

在 HTML4 中可能会用<table>标记进行版面编排，HTML5 新增了语义标记，在版面安排上更具弹性，你可以用记事本打开“未完成文件/index.htm”，并将语义标记加入 index.htm 文件的适当位置。

1. 标题区

标题区使用的语义标记是<header>，标记语法如下：

```
<header>
    <h1 id="text1">HTML5+CSS3</h1>
    <h1 id="text2">HTML5+CSS3</h1>
</header>
```

2. 左侧菜单区

左侧菜单区使用两个语义标记，<aside>标记定义出侧边栏，再用<nav>标记定义网页的链接菜单。请参考如图 9-5 所示的示意图。

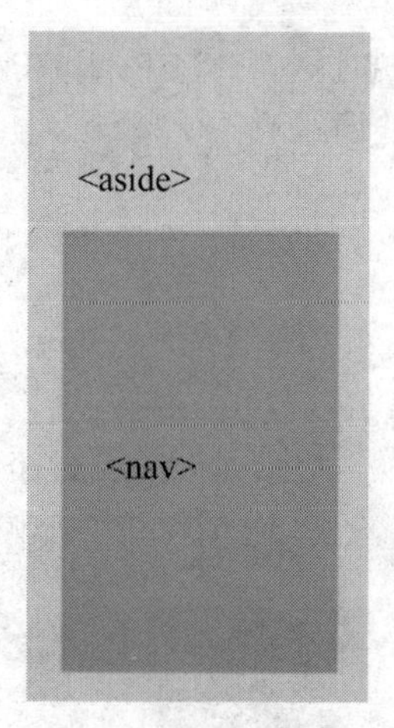

图 9-5　左侧菜单区

标记语法如下：

```
<aside>
    <nav>
    <ul>
        <li><a href="">最新消息</a></li>
        <li><a href="">flash 动画</a></li>
        <li><a href="">短片欣赏</a></li>
        <li><a href="">音乐欣赏</a></li>
        <li><a href="">留言板</a></li>
    </ul>
    </nav>
</aside>
```

3. 主内容区

主内容区用<article>标记来定义，主内容区共有两个区块，一个是“最新消息”区，另一是只放置了三张图片的图片区，最新消息区用<section>标记，图片区用<div>标记来定义，请参考如图 9-6 所示的示意图。

标记语法如下：

```
<article>
        <section class="consection">
            <fieldset>
             <legend>最新消息</legend>
            “宠物认养活动”开始啰!<br>
                即日起到 10 月 30 日止～<br>
                领养条件：<br>
                <ul>
                <li>有爱心、有耐心。</li>
```

```
                <li>认养人未满 18 岁，需要取得家长同意。</li>
                <li>有适合的饲养环境。</li>
                领养宠物专线：(07)711****
            </fieldset>
        </section>
        <div class="consection">
            <img src="images/puppy1.png" width="120">
            <img src="images/puppy2.png" width="120">
            <img src="images/puppy3.png" width="120">
        </div>
    </article>
```

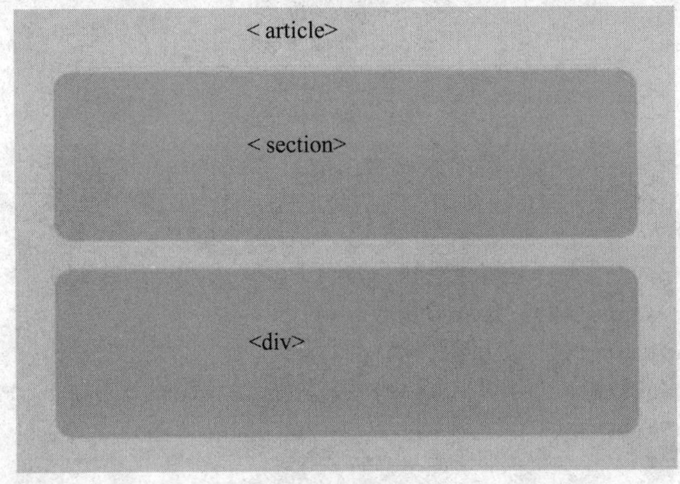

图 9-6　主内容区示意图

由于<section>标记与<div>标记会应用同样的样式，因此可以使用 class 属性并指定 class 名称。这样，在新增 CSS 样式时就不需要输入两组样式。

语义标记用来清楚地定义网页的架构，让搜索引擎能够很快根据语义标记找出网页重点所在。如果是无意义的内容，应该避免使用语义标记，例如范例中主内容区的重点在于最新消息，因此适合使用<section>标记，而第二个区块只是放了三张图片，对网页内容来说并没有意义，可以使用<div>标记。

4. 页脚区

页脚区使用<footer>标记，通常用来放置联系方式或版权声明。语法如下：

```
<footer>欢迎光临我的网站!!</footer>
```

在 index.htm 文件中逐一加入语义标记之后，就可以开始加上 CSS 样式了。

5. 应用 CSS 语法

网页版面布局规划及尺寸如图 9-7 所示，接着应用 CSS 语法。

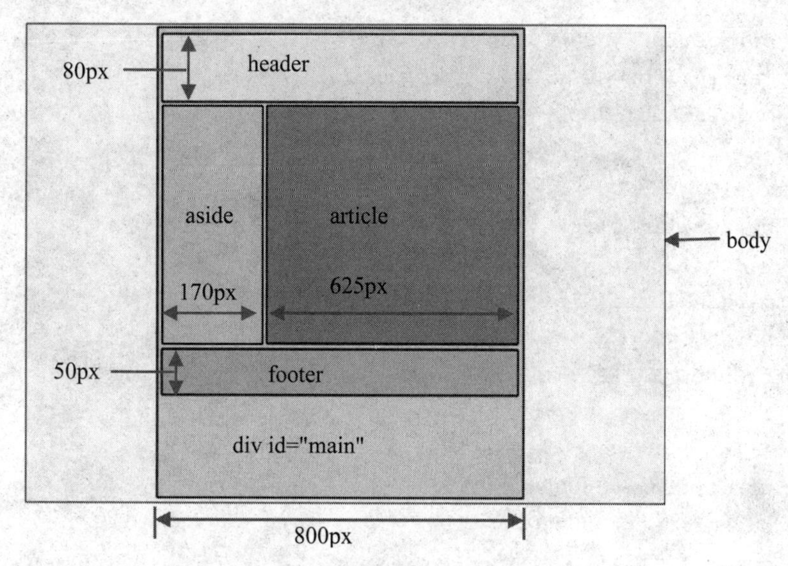

图 9-7　网页版面布局规划及尺寸

一般来说，一个网页需要应用 CSS 的组件有很多，如果与 HTML 文件写在一起会让程序代码看起来杂乱，建议将 CSS 语法保存为 CSS 文件，再用外部链接样式文件的方式将 CSS 文件链接起来。

首先，我们用记事本打开一个空白文件，开始编写 CSS 代码，其语法如下：

```
body{
    margin:0px;padding:0;
    font-family:Helvetica, Arial, sans-serif,微软正黑体;
}
#main{
    margin: 0px auto;   /*水平居中*/
    width:800px;
}
header{
    border:1px #330000 solid;
    width:800px;
    height:80px;
    background:#330000;
}
aside{
    width:170px;
    float: left;          /*导航栏靠左显示*/
    height:400px;
```

```
    background: url(images/bg_lt.png) no-repeat;    /*加入背景图*/
}
nav{
    border:0px #000000 solid;
    margin: 0px auto;padding:0px;
    margin-top:170px;
}
article{
    border-right:1px #330000 solid;    /*显示左边框线*/
    width:625px;
    margin-left:175px;      /*距离左边界 175px*/
    height:400px;
background:#FFFFFF;
}
footer{
    border:1px #330000 solid;
    background:#330000;
    color:#ffffff;
    width:800px;height:50px;
    text-align:center;          /*文字居中*/
    line-height:50px;           /*行高 50px*/
}
```

输入完成后，将文件保存为 color.css。

接着，返回到 index.htm 文件，在<head></head>之间加入外部链接样式文件语法，如下所示：

```
<link rel=stylesheet type="text/css" href="color.css">
```

现在，请在浏览器中浏览 index.htm 文件，这时版面就排列整齐了。

我们来看这些 CSS 语法做了哪些事。设置边框线（border）、背景（background）、字体（font）、颜色（color）、高度（height）及宽度（width）的语法，相信你已经十分熟悉，笔者这里仅对特别需要注意的语法加以说明。

为了方便控制网页中组件的位置，笔者在<body>中新增一个<div>标记，利用<div>标记来设置网页内容的宽度（800px），并且水平居中。要想将组件水平居中，最简单的方法就是将 margin 属性上下设为 0，左右根据浏览器大小自行调整，语法如下：

```
margin: 0 auto;
```

接下来，我们来看看如何将“菜单区”显示在左边。菜单区应用的 CSS 语法如下：

```
aside{
    width:170px;
```

```
    float: left;          /*导航菜单靠左显示*/
    height:400px;
    background: url(images/bg_lt.png) no-repeat;    /*加入背景图*/
}
```

在 aside 标记中只要设置 float（浮动）属性值为 left，主内容区（article）就会显示在它的右边。

9.3　叠字标题

标题字利用两个“HTML5+CSS3”文字重叠交错而成，后方的文字是红色、字高 40px，与网页左上角垂直距离为 15px，与组件水平距离为 50px；而前方的文字是白色、字高为 30px，与网页左上角垂直距离为 30px，与组件水平距离为 150px，外围加上火焰晕开的特效，如图 9-8 所示。

图 9-8　叠字标题效果

由于我们要在这两行文字中添加 CSS 效果，因此先分别用<h1>标记定义出文字样式，并将其命名为 text1 和 text2。先来看这部分的 HTML 代码，如下所示：

```
<h1 id="text1">HTML5+CSS3</h1>
<h1 id="text2">HTML5+CSS3</h1>
```

接着，就可以加入 CSS 语法了，先来看后方的文字，语法如下所示：

```
h1#text1{
    margin:0px;padding:0px;
    top:15px;
    position:absolute;          /*设置 div 为绝对寻址*/
    font-size:40px;             /*字高*/
    color:#FF0000;              /*字的颜色*/
    margin-left:50px;           /*与组件水平距离*/
}
```

由于要移动文字的位置，而且要改变文字的层级，因此必须设置 position 属性为绝对寻址（absolute）。

文字（text2）除了移动位置之外，还加入了光晕（glow）和阴影（shadow）效果，请看下面的 CSS 语法。

```
h1#text2{
```

```
    margin:0px;padding:5px;
    position:absolute;
    font-size:30px;
    color:#FFFFFF;
    top:30px;
    margin-left:150px;
    z-index:1;                                      /*将层次设在第 1 层*/
    filter:glow(color=#ff0000, strength=5);         /*设置光晕滤镜*/
    text-shadow: 5px 5px 5px #FF0000;               /*设置阴影*/
}
```

由于各个浏览器对特效语法的支持程度不同，在应用这些特效时要特别注意如何让各个浏览器都有很好的浏览效果。像 Google Chrome 不支持 filter 属性，那么我们就可以使用 text-shadow 属性为文字加上阴影，而 IE 不支持 text-shadow 属性，因此使用 IE 浏览时 text-shadow 属性也不会影响 filter 滤镜带来的光晕效果。

z-index 用于设置组件的层次，z-index 设置值是 1，表示此组件会放在第一层，text1 选择器没有设置 z-index 属性，表示其位置是第 0 层。

z-index 在此范例中是可以省略的，因为当组件位于同一层时，会以组件出现先后顺序往上推迭，因此省略 z-index 属性并不会有任何影响。

9.4 网页背景和鼠标光标

网页背景使用的是 images/bg.jpg 图形文件，我们希望当用户滚动滚动条时，背景能够固定不动。另外，鼠标光标也用现有的光标文件 images/my.cur，如图 9-9 所示。

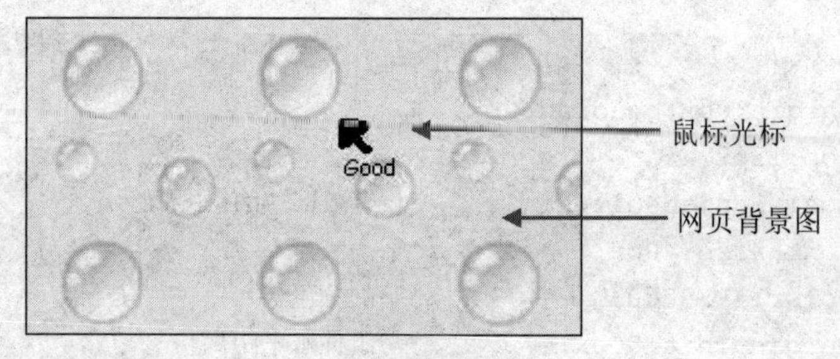

图 9-9 网页背景和鼠标光标

由于网页背景与鼠标光标这两项的效果都是应用于整个网页，因此我们可以在 body 选择器中再加入下面的 CSS 语法，语法如下：

```
body{
  margin:0px;padding:0;
  font-family:Helvetica, Arial, sans-serif,微软正黑体;
  cursor: url(images/my.cur);                    /*改变鼠标光标*/
```

```
    background-image: url('images/bg.jpg');     /*添加入网页背景图*/
    background-attachment:fixed;                 /*设置背景图为固定式*/
}
```

9.5　菜单超链接特效

超链接的状态有 4 种，分别是尚未链接（link）、已链接（visited）、鼠标悬停链接时（hover）以及激活时（active）。你不一定要 4 种状态全部设置，只要设置 hover 状态，就可以在鼠标移到超链接时产生不一样的效果。

在范例中，我们希望在超链接文字上加上背景图，并且当鼠标移到超链接上时，更换成另一张图形，如图 9-10 所示。

原始状态，图形文件名：btn.png

鼠标移到链接时，图形文件名：btn_hover.png

图 9-10　超链接的两个不同状态的效果图

除了背景图之外，我们也改变了字体的颜色并取消了超链接下划线，CSS 语法如下：

```
nav{                                                /*nav 区块格式*/
    border:0px #000000 solid;
    margin: 0px auto;padding:0px;
    margin-top:170px;
}
nav ul {
    list-style:none;                                /*不显示列表项目符号*/
    margin:0;padding:0;
}

nav li a {
    display:block;
    width:150px;
    height:42px;
    background-image:url(images/btn.png);           /*超链接原始状态背景图*/
    line-height:35px;
    text-indent:45px;
    text-decoration:none;                           /*不显示下划线*/
    color:#333333;
    font-size:15px;
}
nav li a:hover {
    background-image:url(images/btn_hover.png);/*鼠标移到链接时的背景图*/
```

```
    color:#ffffff;
}
```

由于 a:hover 选择器的高度（height）、宽度（width）、文字对齐（text-align）、行高（line-height）及超链接下划线（text-decoration）等设置值都与 a 选择器相同，因此可以省略不写。a:hover 选择器会继承 a 选择器的设置值，我们只要在 a:hover 选择器中写下两个设置值不同的部分即可。

在 a 选择器中设置了高度（height）及宽度（width），这两个值必须与图片的高度与宽度相同，否则图片会重复显示，或者你还可以加入下面语法任意改变宽度及高度值。

```
    background-repeat: no-repeat;
```

9.6 主内容区样式

主内容区又分为两个区域，一是最新消息区，一个是图片展示区，如图 9-11 所示。

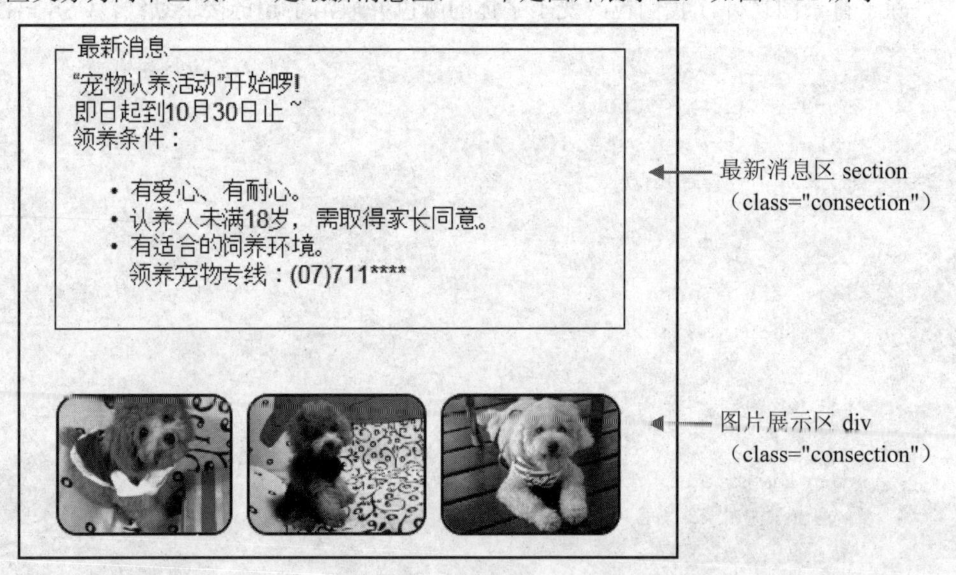

图 9-11　主内容区

这两个区域的宽度一样，因此我们可以将两个区块的 class 属性设为相同，只要设置一次 CSS 样式即可。

```
.consection{
    display: block;
    border:0px #330000 solid;
    width:400px;
```

```
    left:10px;top:10px;
    margin:0px auto;padding:20px;
}
```

其中“display: block;”用来设置区块的模式，display 属性常用的设置值有下面两种，如表 9-1 所示。

表 9-1 display 属性常用的设置值

设置值	说明
block	区块固定大小，当文字超过区块时，文字会换行
inline	区块随着内容变动，当文字超过区块时，区块会扩大

1. 最新消息框

最新消息框利用<fieldset>标记及<legend>标记组合而成，我们先看看 HTML 语法中这两个标记的用法。

```
<fieldset>
    <legend>最新消息</legend>
        “宠物认养活动”开始啰!<br />
        即日起到 10 月 30 日止～<br />
        领养条件：<br />
        <ul>
        <li>有爱心、有耐心。</li>
        <li>认养人未满 18 岁，需取得家长同意。</li>
        <li>有适合的饲养环境。</li>
        领养宠物专线：(07)711****
</fieldset>
```

接下来，加入 CSS 样式表，代码如下。

```
fieldset{
    border:1px solid;
    border-radius: 10px;   /*圆角边框*/
    -moz-border-radius: 10px;
    -webkit-border-radius: 10px;
}
fieldset legend{
    text-align:center;   /*文字居中*/
}
```

2. 图片展示区

图片展示区的语法相当简单，只要为图片设置圆角，再将边框设为 2px 即可，代码如下：

```
img{
    margin:3px;
    border-radius: 15px;
    -moz-border-radius: 15px;
    -webkit-border-radius: 15px;
    border:2px solid;
}
```

至此，index.htm 网页范例就已经完成了，完整的程序代码如下：

```
<!DOCTYPE html>
<html>
<head>
<title>宠物窝</title>
<link rel=stylesheet type="text/css" href="color.css">
</head>
<body>
<div id="main">
<!--标题-->
    <header>
        <h1 id="text1">HTML5+CSS3</h1>
        <h1 id="text2">HTML5+CSS3</h1>
    </header>
    <!--左侧区块-->
    <aside>
        <nav>
        <ul>
            <li><a href="index.htm">最新消息</a></li>
            <li><a href="flash.htm">flash 动画</a></li>
            <li><a href="movie.htm">短片欣赏</a></li>
            <li><a href="music.htm">音乐欣赏</a></li>
            <li><a href="message.htm">留言板</a></li>
        </ul>
        </nav>
    </aside>
    <!--主内容-->
    <article>
        <section class="consection">
            <fieldset>
             <legend>最新消息</legend>
            “宠物认养活动”开始啰!<br />
                即日起到 10 月 30 日止～<br />
                领养条件：<br />
```

```
                <ul>
                <li>有爱心、有耐心。</li>
                <li>认养人未满 18 岁，需取得家长同意。</li>
                <li>有适合的饲养环境。</li>
                领养宠物专线：(07)711****
            </fieldset>
        </section>
        <div class="consection">
            <img src="images/puppy1.png" width="120">
            <img src="images/puppy2.png" width="120">
            <img src="images/puppy3.png" width="120">
        </div>
    </article>
    <!--页脚-->
    <footer>欢迎光临我的网站!!</footer>
</div>

</body>
</html>
```

第03篇 jQuery与jQuery Mobile

第 10 章　认识 jQuery 与 jQuery Mobile

jQuery 是 JavaScript 函数库，简化了 HTML 与 JavaScript 之间复杂的处理程序，重点是不再烦恼关于跨浏览器的问题，因为 jQuery 已经帮我们写好了。

如果用户已经掌握 JavaScript 的基础知识，相信本章对你而言相当容易；如果没有基础也没关系，就跟着笔者来学习 JavaScript 基础知识吧。

10.1　认识 JavaScript

JavaScript 是一种客户端的脚本（script）直译式程序语言，用于 HTML 网页制作，主要是让 HTML 网页增加动态效果。举例来说，我们希望隐藏网页上的某个按钮或者让网页图片能够动态变换，利用 JavaScript 语法就可以实现。

然而，有些 JavaScript 命令会因浏览器不同而有不同的命令写法，所以网页程序员为了让网页能够在各种浏览器中顺利运行，往往同一功能必须写好几段程序，从而造成很大的麻烦。

jQuery 是 JavaScript 函数库，简化了 HTML 与 JavaScript 之间复杂的处理过程，重点是不再烦恼关于跨浏览器的问题，因为 jQuery 已经帮我们写好了。

在介绍 jQuery 之前，希望读者先了解 JavaScript 的基础语法，这样学习 jQuery 时才能事半功倍，下面先看看 JavaScript 的架构。

10.1.1　JavaScript 架构

在 HTML 中使用 JavaScript 的语法很简单，只要用<script>标签嵌入 JavaScript 的程序代码就可以了，基本结构如下：

```
<script type="text/javascript">
<!--
:
:
-->
</script>
```

上述标记都是小写，格式中有几点要提醒读者特别留意。

1. type 属性

type 属性用来指定 MIME（Multipurpose Internet Mail Extension）类型，主要是告诉浏览器目前使用的是哪种 Script 语言，目前常用的有 JavaScript 和 VBScript 两种。由于大部分浏览器默认的 Script 语言都是 JavaScript，所以也可以省略这个属性，直接写成<script></script>。

2. 用注释包住 JavaScript 程序代码

有些旧版的浏览器无法支持 JavaScript，因此我们必须为这些浏览器隐藏 JavaScript 程序代码，以避免不能识别 JavaScript 的浏览器将 JavaScript 源代码显示在网页上，从而破坏网页画面。解决方法就是将 HTML 的注释（<!--、-->）以及 JavaScript 的注释（//）混合使用，如下所示：

```
<script type="text/javascript">
<!--
JavaScript 程序语句写在这里
// -->
</script>
```

JavaScript 程序代码的位置可以放在 HTML 的<head></head>标记中，也可以放在<body></body>标记中。

3. JavaScript 程序代码放在<head></head>标记中

如果要在开始显示网页时就运行 JavaScript 程序，那么程序的内容必须写在<head>和</head>标记中。例如，打开网页时，会出现“欢迎光临”字样的对话框，请参考下面的范例。

范例：ch10_01.htm

```
<!DOCTYPE html>
<html>
<head>
<meta charset="gb2312">
<title>ch10_01</title>

<script type="text/javascript">
<!--
    alert("欢迎光临!");
//-->
</script>

</head>
<body>

<h3>JavaScript 好简单</h3>

</body>
</html>
```

执行结果如图 10-1 所示。

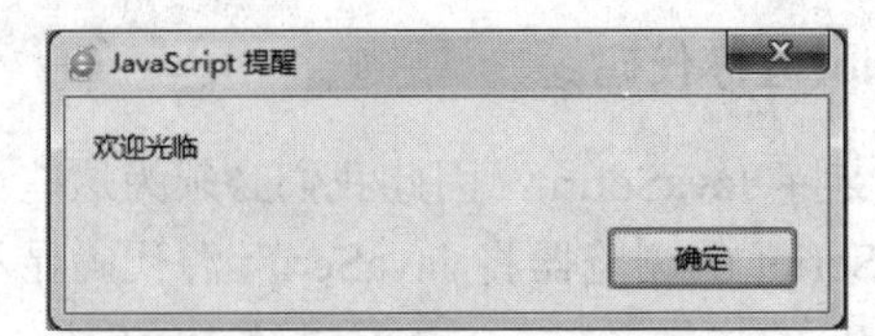

图 10-1　提示对话框

当用户进入网页时，就会弹出“欢迎光临”对话框。

4. JavaScript 程序代码放在<body></body>标记中

当你希望按照网页加载顺序显示时，就可以将程序写在<body>和</body>标记中。例如，下面的范例将 JavaScript 代码添加在<body>和</body>标记中。

范例：ch10_02.htm

```
<!DOCTYPE html>
<html>
<head>
<meta charset="gb2312">
<title>ch10_01</title>
</head>
<body>

<h3>JavaScript 好简单</h3>

<script type="text/javascript">
<!--
    alert ("欢迎光临!") ;
//-->
</script>

</body>
</html>
```

执行结果如图 10-2 所示。

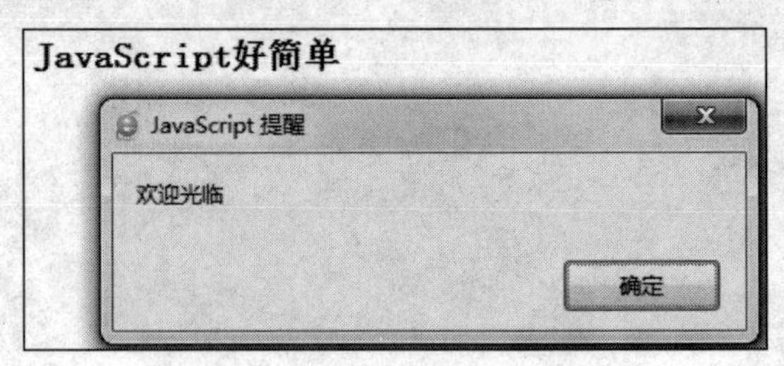

图 10-2　显示 JavaScript 结果

可以发现浏览器先执行“<h3>JavaScript 好简单</h3>”这行语法，接着运行<script>，所以网页上先显示了“JavaScript 好简单”，然后才弹出“欢迎光临”对话框。

10.1.2 JavaScript 对象与函数

JavaScript 和 HTML 的整合是通过事件处理过程（Event Handler）完成的，也就是先对对象设置事件的函数，当事件发生时，指定的函数就会被驱动运行。每个对象都拥有属于自己的事件（Event）、方法（Method）以及属性（Property）。下面先介绍对象、对象属性与函数的使用方式。

1. JavaScript 对象

JavaScript 是基于对象（Object-Based）的语言，如何知道网页中有哪些对象是可以操作的，这些对象又有哪些属性呢？

W3C 发布了一套 HTML 与 XML 文件使用的 API，称之为文档对象模型（Document Object Model，DOM），试图让各个浏览器都遵守这一模型进行开发。文档对象模型定义了网页文件架构，这个架构以 window 为顶层，window 内还包含许多其他的对象，如框架（frame）、文档（document）等，文档中可能还有图片（image）、表单（form）、按钮（button）等对象，如图 10-3 所示。

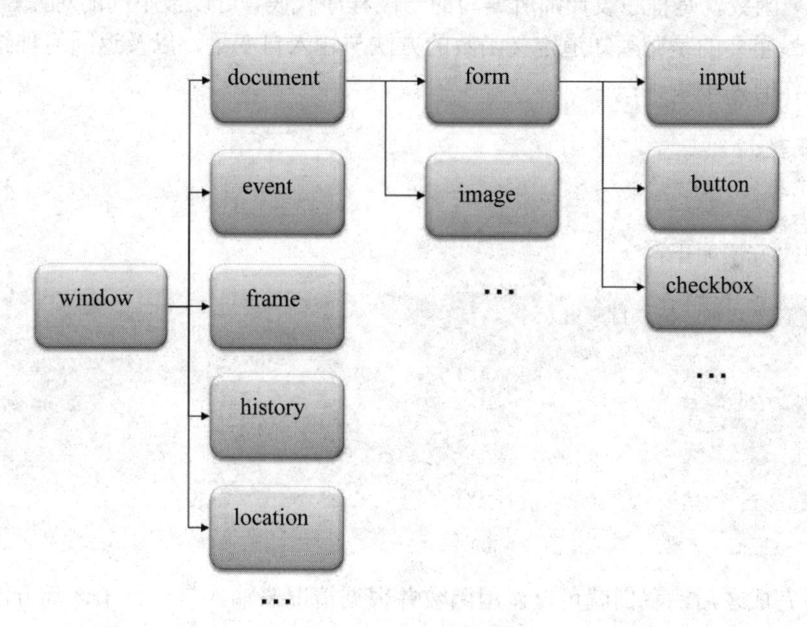

图 10-3 阶梯式架构

只要通过 id、name 属性或 forms[]、images[]等对象集合就能获取对象，并使用各自的属性。

例如，我们想要利用 JavaScript 在网页文件中显示“欢迎光临”字样，网页文件本身的对象是 document，它是 window 的下层，所以就可以表示如下：

```
window.document.write ("欢迎光临")
```

因为 JavaScript 程序代码与对象在同一页，所以 window 可以省略不写，因此我们经常看到的表示法如下：

```
document.write（"欢迎光临"）
```

2. 属性

属性（Property）的表示方法如下所示：

```
对象名称.属性
```

它用来设置或获得对象的属性内容，例如：

```
document.bgColor
```

bgColor 是 document 的属性，所以程序的语句是指 document 的背景颜色。如果要设置背景颜色就可以用等号（=）来指定，如下所示：

```
document.bgColor="yellow"
```

3. 函数

简单地说，函数就是程序设计师所编写的一段程序代码，可以被不同的对象、事件重复调用。使用函数最重要的是必须知道定义函数的方法与输入自变量，以及返回何种结果。

函数的操作有两个步骤：

- 定义函数；
- 调用函数。

定义函数的方法如下：

```
function 函数名称（输入自变量）
{
    JavaScript 语句
    ...
    ...
    return（返回值）  //有返回值时才需要
}
```

函数编写完成之后，我们就可以调用函数并根据情况来输入自变量了，其方法如下：

```
<input type="button" value="调用函数" onclick="函数名称（）;">
```

上面是以事件（Event）来调用函数，当事件发生时，函数就会被调用并运行了，onclick 是“单击”事件，所以上面代码的意思是当用户单击按钮时就调用函数，下面参看一个范例。

范例：ch10_03.htm

```
<!DOCTYPE html>
```

```
<html>
<head>
<meta charset="gb2312">
<title>ch10_03</title>
</head>

<script type="text/javascript">
<!--
function sum (a,b)     //声明 sum 函数，并有 a,b 两个自变量
{
    c=a+b;
    alert ("a="+a+",b="+5+",a+b=" + c) ;  // alert 对象的功能是弹出信息框来显示括
号内的内容
}
//-->
</script>

</head>
<body>

请单击下面链接：<p>
<h1>                          调用 sum 函数
<A href="#" onclick="sum (3,5) ">a+b</A>
</h1>

</body>
</html>
```

执行结果如图 10-4 所示。

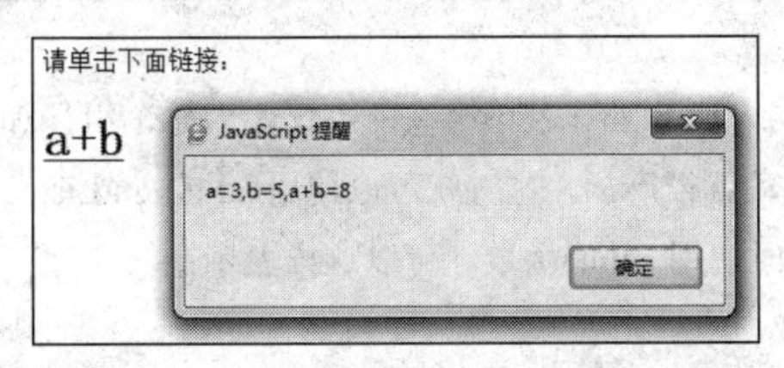

图 10-4　单击链接弹出信息框

上例是当鼠标单击文字“a+b”的超链接后，就会调用 sum 函数。

至此，你应该已经了解 JavaScript 函数的运行，本范例中使用了 onclick 事件，下面看看 JavaScript 中还有哪些事件可供使用。

10.1.3　JavaScript 事件

你在网页上的一举一动 JavaScript 都可以检测到，你的这种举动在 JavaScript 的定义中称

为“事件”，那么什么是“事件”呢？

“事件”（Event）就是用户的操作或系统所发出的信号。举例来说，当用户单击鼠标键、提交表单，或者当浏览器加载网页时，这些操作就会产生特定的事件，因此就可以用特定的程序来处理此事件。这种工作模式就叫做事件处理（Event Handling），而负责处理事件的过程就称为事件处理过程（Event Handler）。

事件处理过程通常与对象相关，不同的对象会支持不同的事件处理过程。表 10-1 是 JavaScript 常用的事件处理过程。

表 10-1　JavaScript 常用的事件处理过程

事件处理过程	含义
onClick	鼠标单击对象时
onMouseOver	鼠标经过对象时
onMouseOut	鼠标离开对象时
onLoad	网页载入时
onUnload	离开网页时
onError	加载发生错误时
onAbort	停止加载图像时
onFocus	窗口或表单组件取得焦点时
onBlur	窗口或表单组件失去焦点时
onSelect	选择表单组件内容时
onChange	改变字段的数据时
onReset	重置表单时
onSubmit	提交表单时

了解 JavaScript 的基本用法后，下面看看 canvas 如何与 JavaScript 搭配使用。

学习小教室

当网页程序代码比较多时，要想处理表单组件，不仅要为每个组件加入事件控制，又要回到 Script 编写事件函数，文件的上下滚动就很麻烦，这时就可以使用 addEventListener()函数注册事件的处理函数，例如要在单击名为 btn 的按钮时调用 sum()函数，可以这样表示：

```
btn.addEventListener ("click",sum) ;
```

如果要在多个按钮上调用函数，只需多加几行 addEventListener()函数即可，不需要在返回按钮上添加触发事件，更加省事。

addEventListener 可以在网页加载时就执行，只要将函数指定在 window 的 onload 事件中触发即可，语法如下：

```
<script type="text/javascript">
   window.onload =  function()
```

```
      {
      //当单击按钮时就会调用 sum 函数
       btn.addEventListener ("click",sum) ;
      }

      function sum () {
          //sum 函数执行的语句
      }
  </script>
  <button id="btn">计算</button>    <!--按钮就不需要加 onclick 事件-->
```

了解 JavaScript 的基本用法之后，下一小节将介绍 jQuery 如何精简 HTML 与 JavaScript 之间的操作。

10.2　认识 jQuery

jQuery 是一套开放原始代码的 JavaScript 函数库（Library），可以说是目前最受欢迎的 JS 函数库，最让人津津乐道的就是它简化了 DOM 文件的操作，让我们轻松选择对象，并以简洁的程序完成想做的事情。除此之外，还可以通过 jQuery 指定 CSS 属性值，达到想要的特效与动画效果。另外，jQuery 还强化异步传输（AJAX）以及事件（Event）功能，轻松访问远程数据。

网络上有很多开放原始代码的 jQuery 插件，学会 jQuery 之后，用户能够方便地应用到自己的网站上。

下面就来学习如何使用 jQuery。

10.2.1　引用 jQuery 函数库

引用 jQuery 方式有两种，一种是直接下载 JS 文件引用，另一种是使用 CDN（Content Delivery Network）来加载链接库。

1. 下载 jQuery

下载 jQuery 的网址为 http://jquery.com/，jQuery 的最新版本为 V2.1.4，如图 10-5 所示。不过，jQuery V2.x 之后的版本不再支持 IE 6、IE 7 和 IE 8，目前 IE 8 以下的浏览器仍然比较普遍，建议下载 V1.x 版本。本书是以 V1.10.2 版本说明如果下载及使用 jQuery 的，因 V1.x 版本仍在持续开发中，您看到的版本编号可能与书上不同，请下载官网给出的最新 V.1x 版本。

网页上有两种格式可以下载。一种是 Download the compressed, production jQuery 1.10.2，即程序代码已经压缩过的版本，文件比较小，下载后的文件名为 jquery-1.10.2.min.js；另一种是 Download the uncompressed, development jQuery 1.10.2，即程序代码未压缩的开发版本，文件比较大，适合程序开发人员使用，下载后的文件名为 jquery-1.10.2.js。

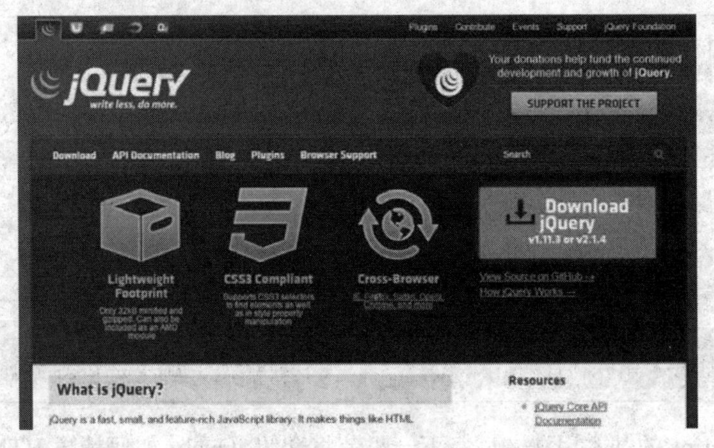

图 10-5　jQuery 网站

请在要下载的版本链接上单击鼠标右键，在弹出的快捷菜单中单击“目标另存为”命令，将 JS 文件保存，如图 10-6 所示。

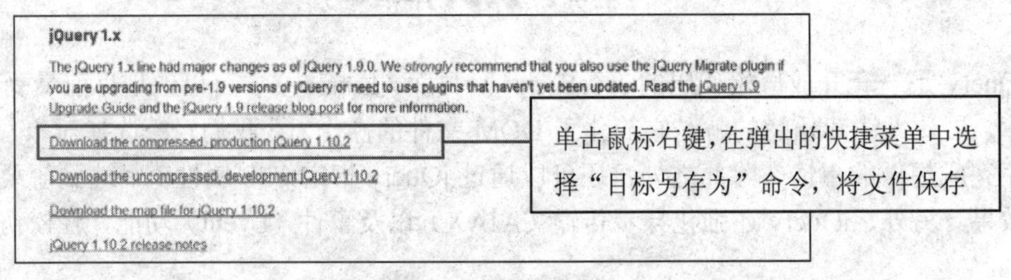

图 10-6　下载 JS 文件

接着将 JS 文件加入网页 HTML 的<head>标记之间，代码如下：

```
<script type="text/javascript" src="JS 文件路径"></script>
```

2. 使用 CDN 加载 jQuery

CDN（Content Delivery Network）是内容分发服务网络，也就是将要加载的内容通过这个网络系统进行分发。网友浏览到你的网页之前可能已经在同一个 CDN 下载过 jQuery，浏览器已经缓存过这个文件，此时就不再重新下载，浏览速度会快很多。Google、微软等都提供 CDN 服务，可以在 jQuery 官网找到相关信息。

jQuery CDN 的 URL 可以在 http://jquery.com/网页最下方找到，如图 10-7 所示。

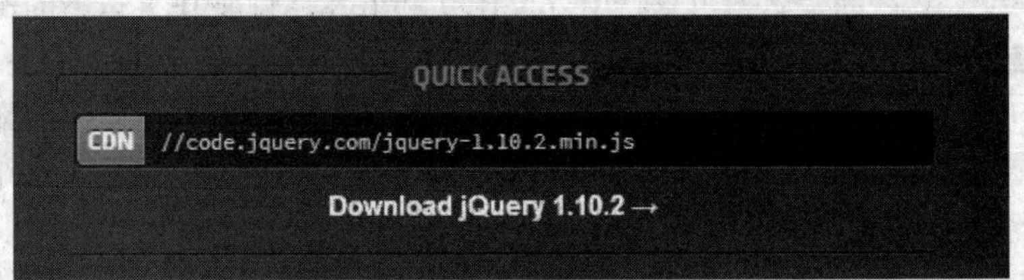

图 10-7　jQuery CDN 的 URL

只要将网址加入网页 HTML 的<head>标记之间即可，代码如下：

```
<script src="http://code.jquery.com/jquery-1.10.2.min.js"></script>
```

10.2.2 jQuery 基本架构

jQuery 必须等到浏览器加载 HTML 的 DOM 对象之后才能执行，可以通过.ready()方法来确认 DOM 是否已经全部加载，如下所示。

```
jQuery ( document ).ready(function() {
  // 程序代码
});
```

上述 jQuery 程序代码由“jQuery”开始，也可以用“$”代替，如下所示。

```
$( document ).ready(function() {
  // 程序代码
});
```

$()函数括号内的参数是指定想要选用哪一个对象，接着是想要 jQuery 执行什么方法或者处理什么事件，例如 ready()方法。Ready 方法括号内是事件处理的函数程序代码，多数情况下，我们会把事件处理函数定义为匿名函数，也就是上述程序代码中的 function() {}。

由于 document ready 是很常用的方法，jQuery 提供了更简洁的写法便于我们使用，如下所示。

```
$(function(){
   // 程序代码
});
```

jQuery 基本语法

jQuery 的使用非常简单，只要指定作用的 DOM 组件及执行什么样的操作即可，代码如下：

```
$(选择器).操作()
```

例如：

```
$("p").hide();
```

上述代码用于找出 HTML 中所有的<p>对象并且隐藏起来。

10.2.3 jQuery 选择器

jQuery 选择器用来选择 HTML 组件，我们可以通过 HTML 标记名称、id 属性及 class 属性等来取得组件。

1. 标记名称选择器

顾名思义，标记名称选择器是直接使用 HTML 标记，例如想要选择所有的<p>组件，可以写成：

```
$("p")
```

2. id 选择器（#）

id 选择器通过组件的 id 属性来取得组件，只要在 id 属性前加上“#”号即可。例如，想要选择 id 属性为 test 的组件，可以写成：

```
$("#test")
```

3. class 选择器（.）

class 选择器通过组件的 class 属性来取得组件，只要在 class 属性前加上“.”号即可。例如，想要选择 class 属性为 test 的组件，可以写成：

```
$(".test")
```

在一个 HTML 页面中，组件不能有重复的 id 属性，所以 id 选择器适用于找出唯一的组件。

我们还可以组合使用上述 3 种选择器，例如想要找出所有<P>标记 class 属性为 test 的组件，可以写成：

```
$("p.test")
```

表 10-2 列出了常用的选择以及搜索法，供读者参考。

表 10-2　常用的选择和搜索法

表示法	说明
$("*")	选择所有组件
$(this)	选择目前作用中的组件
$("p:first")	选择第一个<p>组件
$("[href]")	选择含有 href 属性的组件
$("tr:even")	选择偶数<tr>组件
$("tr:odd")	选择奇数<tr>组件
$("div p")	选择<div>组件中包含<p>的组件
$("div").find("p")	搜索<div>组件中的<p>组件
$("div").next("p")	搜索<div>组件之后的第一个<p>组件
$('li').eq(2)	搜索第 3 个<li>组件的 eq()中是输入组件的位置，只能输入整数，最小为 0

4. 设置 CSS 样式属性

学会选择器的用法之后，除了可以操控 HTML 组件之外，还可以使用 css()方法来改变 CSS 样式。例如，指定<div>组件的背景色为红色，可以写成下面的代码：

```
$("div").css("background-color", "red");
```

范例：ch10_04.htm

```
<!DOCTYPE html>
<html>
<head>
<meta charset="gb2312">

<script type="text/javascript" src="jquery-1.10.2.min.js"></script>
<script type="text/javascript">
$(function(){
    $("li").eq(2).css("background-color", "red");
})
</script>
</head>

<body>
<ul>
  <li>跑步</li>
  <li>游泳</li>
  <li>篮球</li>
  <li>棒球</li>
  <li>台球</li>
</ul>
</body>
</html>
```

执行结果如图 10-8 所示。

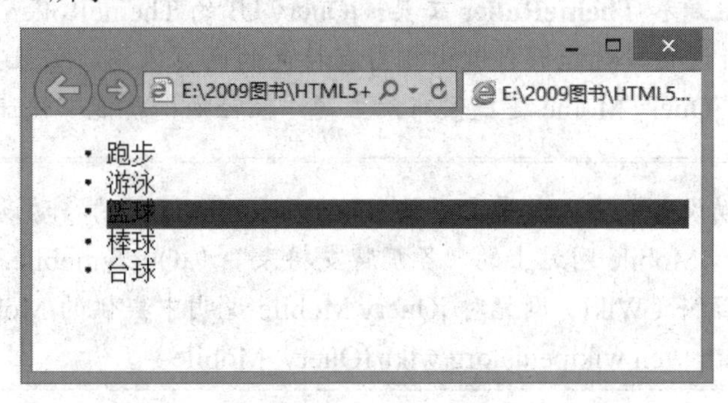

图 10-8　显示结果

范例中的 jQuery 语法是将第 3 个<li>组件的背景颜色改为红色。

jQuery 语法与 JavaScript 语法一样并不限定使用单引号和双引号，只不过必须成对出现，例如"div"、'div'都是对的，而"div'是不被接受的。

10.3 跨平台移动设备网页 jQuery Mobile

随着移动设备的普及，仅在电脑上浏览网页已经不够。越来越多的人想学习移动设备的网页设计开发，但是在浏览器才只有几种的情况下，就已经遇到跨浏览器支持的问题。移动设备品牌这么多，仅使用 Apple iOS 和 Android 系统的手持设备就有多种不同规格的尺寸，更何况还有其他平板设备，不可能为每种尺寸都做一个界面，那样做太费事了。为了解决这个问题，jQuery 推出了新的函数库 jQuery Mobile，目的是希望统一当前移动设备的用户界面（UI）。

接下来就来认识 jQuery Mobile。

10.3.1 认识 jQuery Mobile

jQuery Mobile 是一套以 jQuery 和 jQuery UI 为基础，提供移动设备跨平台的用户界面函数库。通过它制作出来的网页能够支持大多数移动设备的浏览器，并且在浏览网页时，能够拥有操作应用软件一般的触碰及滑动效果。我们先来看一下它的优点、操作流程和所需的移动设备模拟器。

1. jQuery Mobile 的优点

jQuery Mobile 具有下列几个优点。

- **跨平台**：目前大部分的移动设备浏览器都支持 HTML5 标准，jQuery Mobile 以 HTML5 标记配置网页，所以可以跨不同的移动设备，如 Apple iOS、Android、BlackBerry、Windows Phone、Symbian 和 MeeGo 等。
- **容易学习**：jQuery Mobile 通过 HTML5 的标记与 CSS 规范来配置与美化页面，对于已经熟悉 HTML5 及 CSS3 的读者来说，架构清晰，又易于学习。
- **提供多种函数库**：例如键盘、触碰功能等，不需要辛苦编写程序代码，只要稍加设置，就可以产生想要的功能，大大减少了编写程序所耗费的时间。
- **多样的布景主题和 ThemeRoller 工具**：jQuery UI 的 ThemeRoller 在线工具，只要通过下拉菜单进行设置，就能够自制出相当有特色的网页风格，并且可以将代码下载下来应用。另外，jQuery Mobie 还提供布景主题，轻轻松松就能够快速创建高质感的网页。

市面上移动设备众多，如果要查询 jQuery Mobile 最新的移动设备支持信息，可以参考 jQuery Mobile 网站上的“各厂牌支持表”（jQuerymobile.com/gbs），还可以参考维基百科（Wiki）网站对 jQuery Mobile 说明中提供的 Mobile browser support 一览表（http://en.wikipedia.org/wiki/JQuery_Mobile）。

2. jQuery Mobile 操作流程

jQuery Mobile 的操作流程与编写 HTML 文件相似，大致有下面几个步骤。

01 新增 HTML 文件。

02 声明 HTML5 Document。

03 载入 jQuery Mobile CSS、jQuery 与 jQuery Mobile 链接库。

04 使用 jQuery Mobile 定义的 HTML 标准，编写网页架构及内容。

至于开发工具也与 HTML5 一样，只要通过记事本这类文字编辑器将编辑好的文件保存为.htm 或.html，就可以使用浏览器或模拟器浏览了。

3. 移动设备模拟器

由于制作完成的网页要在移动设备上浏览，所以需要能够产生移动设备屏幕大小的模拟器让我们预览运行的结果。下面推荐两款模拟器供读者参考。

- Mobilizer：网站网址为 http://www.springbox.com/mobilizer/，如图 10-9 所示。

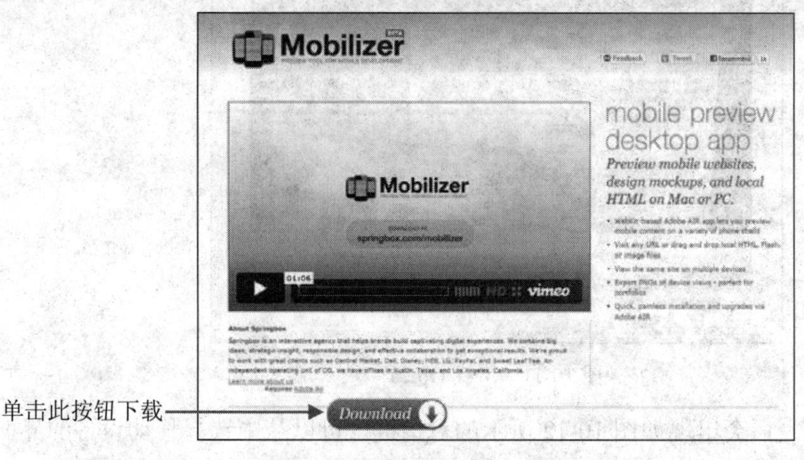

图 10-9 Mobilizer 网站

下载并安装完成之后，会出现如图 10-10 所示的小工具。白色框内可以输入网址或 HTML 文件路径，单击 Phones 按钮就会出现手机厂牌菜单，单击厂牌，就会弹出模拟器打开网页，如图 10-10 所示。

图 10-10 输入网址

写好的 HTML 文件要想在 Mobilizer 模拟器中测试，可以在地址栏输入文件路径，例如 index.htm 文件的存放路径是 D:/HTML，只要按如下输入即可：

```
file://D:\HTML5\index.htm
```

不过，为了避免输入错误，建议直接将 HTML 文件拖曳到地址栏，Mobilizer 模拟器就会自动帮助用户添加完整路径。

- **Opera Mobile Emulator:** 网站网址为 http://www.opera.com/developer/tools/mobile/，如图 10-11 所示。

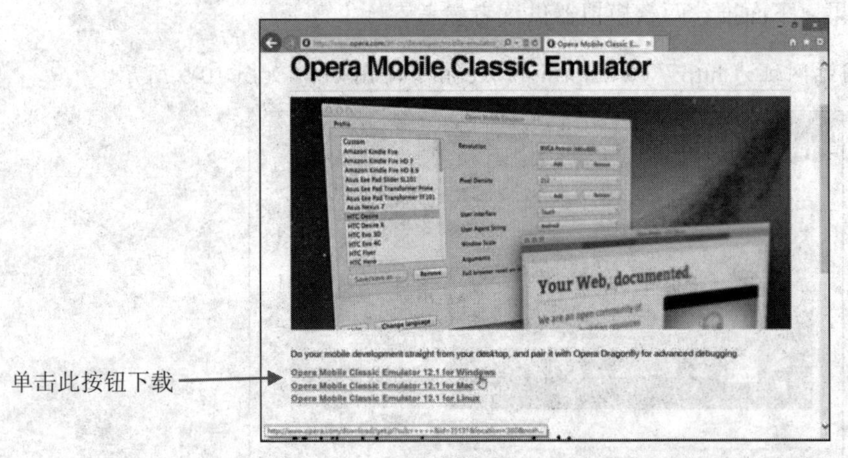

图 10-11　下载 Opera

下载并安装完成之后会出现如图 10-12 所示的对话框，可以从中选择移动设备的界面。

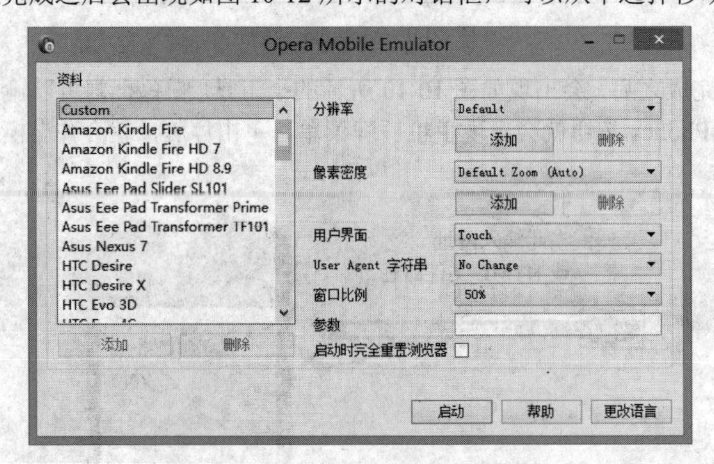

图 10-12　选择移动设备的界面

例如，在“资料”列表框中选择 HTC Desire，单击“启动”按钮，就会出现手机模拟窗口，如图 10-13 所示。

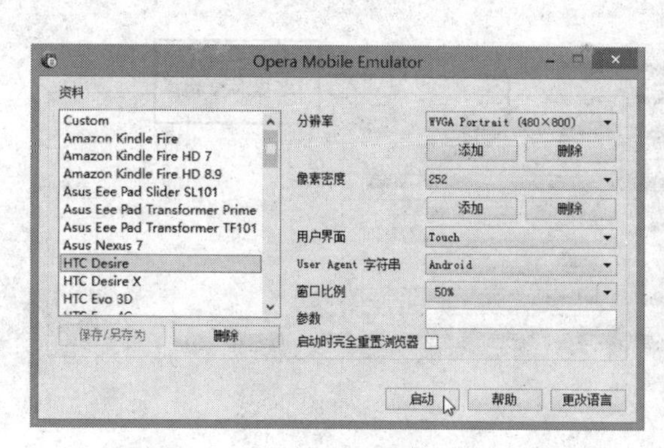

图 10-13 HTC Desire 模拟窗口

虽然 Opera Mobile Emulator 模拟器没有呈现真实手机的外观，不过窗口尺寸与手机屏幕是一样的，它的好处是可以任意调整窗口大小。如果要浏览不同屏幕尺寸的效果，这款模拟器就十分方便。

如果使用的环境无法安装模拟器也没有关系，可以直接打开现有浏览器来代替模拟器，只要调整浏览器的长宽，同样能够预览网页运行效果。

学习小教室

什么是 App?

App 全名为 Application，泛指任何应用程序，包括计算机上的软件（例如 Word、Excel）也都是应用程序。我们可以在计算机上安装多种应用程序，在移动设备上也是如此，只要容量许可，就可以安装许多 App。

jQuery 与 jQueryMobile 使用 HTML5 的 history 对象来控制浏览器的上下页切换，通过这个 API 不需要重新加载页面就可以达到页面更新的效果。基于同源策略（安全性考量），新版的浏览器会检查 url 是否同源，如果直接在本地（file://）开启文件测试，就会出现错误，以 Chrome 来说，会出现“Uncaught SecurityError:A history state object with URL ‘file:///C:/xxx/xxx.html’cannot be created in a document with origin ‘null’.”错误，因为 file://形式开启的 url 无法取得来源（origin）。

如果您也遇到了这个问题，解决方法有以下两种：

方法一：如果有 Web Server，请将程序代码放到 Web Server 执行。

方法二：将浏览器设为允许跨来源存取，单击“内容”，在“目标”栏 Chrome.exe 之后加入空格，再输入“—allow-file-access-from-files”就可以了。（新增捷径是为了安全考量，只有通过此捷径开启的网页才可以跨来源存取，使用时只要先单击“捷径”开启浏览器，将 html 文件拖曳到窗口内就可以开启网页了。）

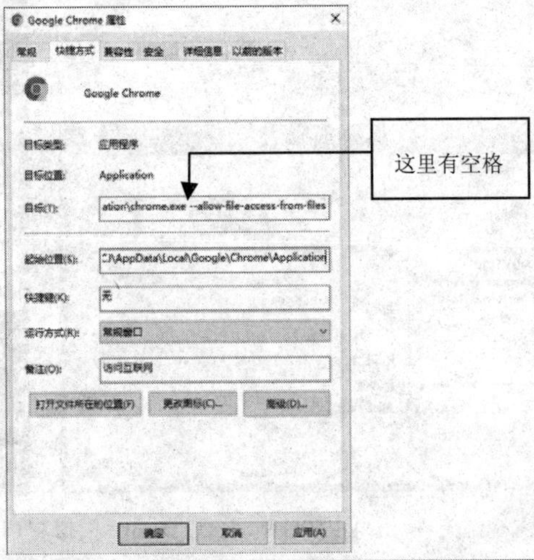

这里有空格

10.3.2 第一个 jQuery Mobile 网页

首先添加如下 HTML 文件，准备开始制作第一个 jQuery Mobile 网页。

```
<!DOCTYPE html>
<html>
<head>
<title>jQuery Mobile 创建的第一个网页</title>
</head>
<body>
</body>
</html>
```

要开发 jQuery Mobile 网页，必须要引用 JavaScript 函数库（.js）、CSS 样式表（.css）和配套 jQuery 函数库文件。引用方式有两种，一种是到 jQuery Mobile 官网上下载文件进行引用，另一种是直接通过 URL 链接到 jQuery Mobile 的 CDN-hosted 引用，不需要下载文件。

本书使用 URL 链接 CDN-hosted 方式进行引用，网址如下：

```
http://jquerymobile.com/download/
```

进入网站之后找到“Latest Stable Version:”字样，官网上直接提供引用代码，只要将其复制并粘贴到 HTML 文件<head>标记区块内即可，如图 10-14 所示。

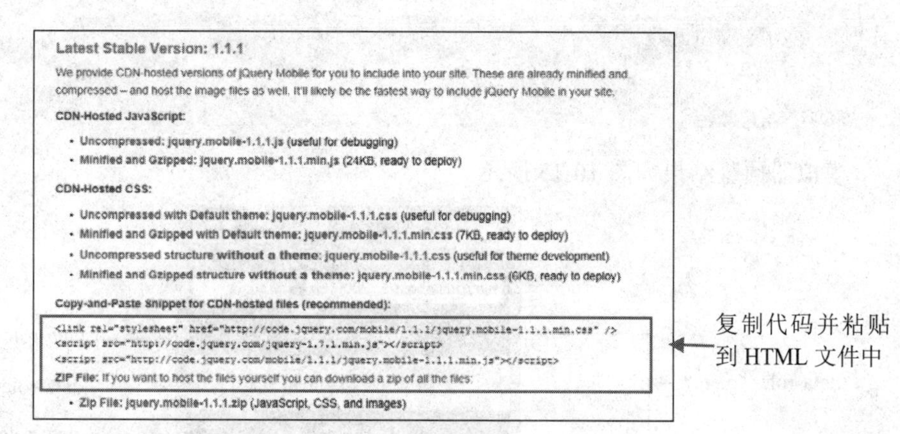

图 10-14　复制代码

将代码复制到<head>标记区块内，其位置如下所示：

```
<head>
<title>jQuery Mobile 创建的第一个网页</title>
<!--引用 jQuery Mobile 函数库-->
<link rel="stylesheet" href="http://code.jquery.com/mobile/1.1.1/jquery. mobile-1.1.1.min.css" />
<script src="http://code.jquery.com/jquery-1.7.1.min.js"></script>
<script src="http://code.jquery.com/mobile/1.1.1/jquery.mobile-1.1.1.min. js"></script>
</head>
```

jQuery Mobile 函数库仍然在开发中，因此你看到的版本号可能会与本书不同，请使用官网提供的最新版本，只要按照上述方式将代码复制下来引用即可。

接下来，我们就可以在<body></body>标记区域内开始添加程序代码了。

jQuery Mobile 网页是由 header、content 与 footer 3 个区域组成的架构，利用<div>标记加上 HTML5 自定义属性（HTML5 Custom Data Attributes）data-*来定义移动设备网页组件样式，最基本的属性 data-role 可以用来定义移动设备的页面架构，语法如下：

```
<div data-role="page">          <!--开始一个 page -->
    <div data-role="header">
    标题（header）
    </div>
    <div data-role="content">
    网页内容（content）
    </div>
    <div data-role="footer">
```

```
    页脚（footer）
    </div>
</div>
```

模拟器预览结果如图 10-15 所示。

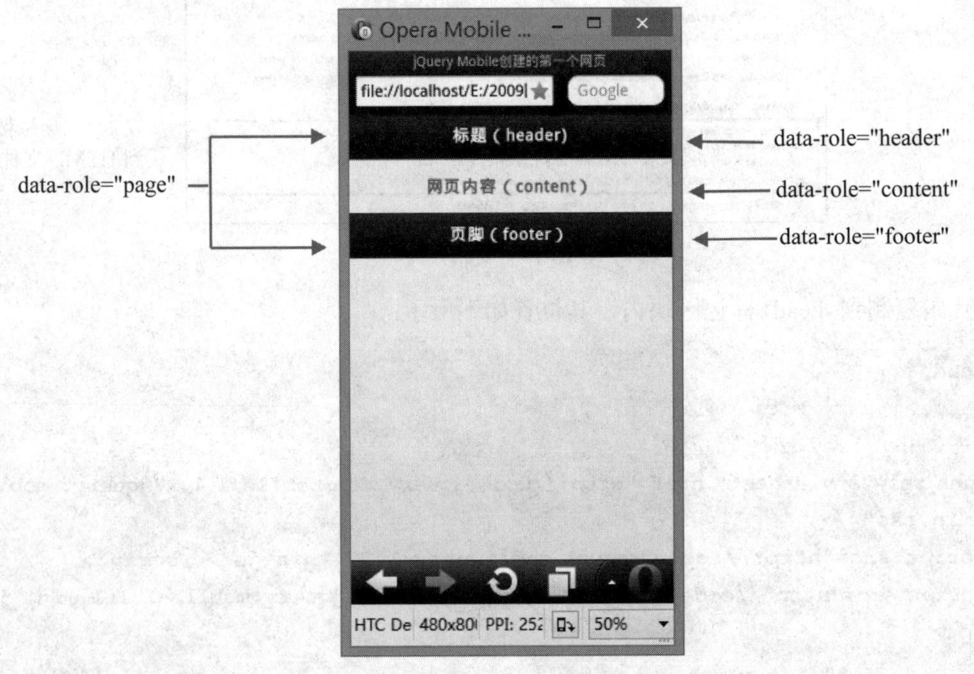

图 10-15　模拟器效果

jQuery Mobile 网页以页（page）为单位，一个 HTML 文件除了可以是一个页面，也可以存放多页（multi-page），不过浏览器每次只会显示一页，我们必须在页面中添加超链接，以方便用户切换页面。

例如，下面的范例制作了两个页面，可以通过程序代码来说明。

范例：ch10_05.htm

```
<!DOCTYPE html>
<html>
<head>
<title>jQuery Mobile 创建的第一个网页</title>
<meta http-equiv="Content-Type" content="text/html; charset=utf-8" />
<!--引用 jQuery Mobile 函数库-->
<link  rel="stylesheet"  href="http://code.jquery.com/mobile/1.1.1/jquery.mobile-1.1.1.min.css" />
<script src="http://code.jquery.com/jquery-1.7.1.min.js"></script>
<script  src="http://code.jquery.com/mobile/1.1.1/jquery.mobile-1.1.1.min.js"></script>
```

```
<style type="text/css">
#content{text-align:center;}
</style>
</head>
<body>
    <!--第一页-->
    <div data-role="page" data-title="第一页" id="first">
        <div data-role="header">
            <h1>第一页</h1>
        </div>
        <div data-role="content" id="content">
            <a href="#second">按我到第二页</a>
        </div>
        <div data-role="footer">
            <h4>页脚</h4>
        </div>
    </div>
    <!--第二页-->
    <div data-role="page" data-title="第二页" id="second">
        <div data-role="header">
            <h1>第二页</h1>
        </div>
        <div data-role="content" id="content">
            <a href="#first">回到第一页</a>
        </div>
        <div data-role="footer">
            <h4>页脚</h4>
        </div>
    </div>
</body>
</html>
```

执行结果如图 10-16 所示。

可以看到范例中新增了两个页面，每一个 data-role="page"页面都加入了 id 属性，再使用<a>超链接标记的 href 属性指定#id，即可链接到对应的 page。例如，范例中第二页的 id 为 second，因此只要在第一页<a>标记指定 id 即可，如下所示：

```
<a href="#second">按我到第二页</a>
```

这样，就可以顺利地在两个页面之间进行切换。

除了单一文件内部多个网页之间的切换之外，也可以链接到不同的网页。

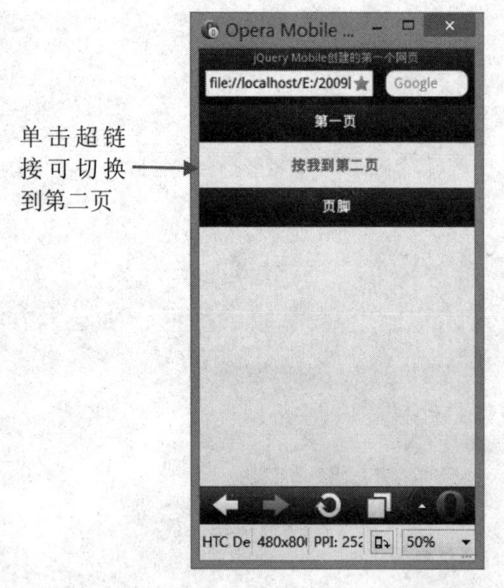

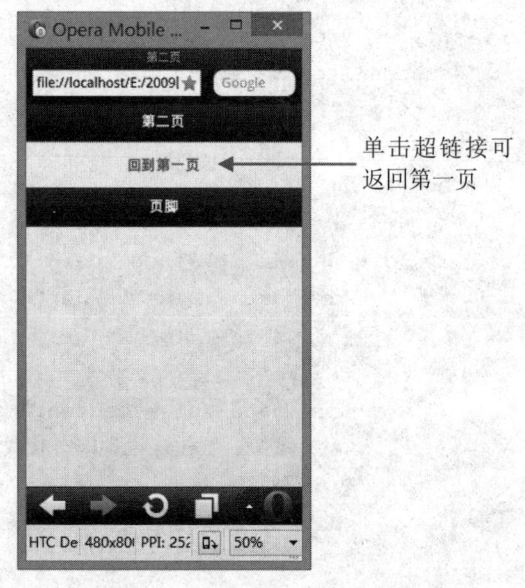

图 10-16　制作了两个页面

如果实际执行这个范例，会发现页面上的画面与文字显得非常小，如图 10-17 所示，这是因为移动设备的分辨率比较小，然而大多数浏览器默认会以普通的网页宽度显示，这样网页内的文字与画面都会变得很小而不易查看。

图 10-17　屏幕文字显得非常小

为了解决这个问题，苹果公司（Apple）首先在 Safari 中使用了 viewport 这个 meta 标记，目的是告诉浏览器移动设备的宽度和高度，页面画面与字体比例看起来就会比较合适。用户可以通过平移（Scroll）和缩放（Zoom）来浏览整个页面，目前大部分浏览器都支持这个协议。Viewport meta 如下：

```
<meta name="viewport" content="width=device-width, initial-scale=1">
```

只要在<head></head>标记之间加上这一行代码就会调整适当的宽度，参数说明如下。

- width：控制宽度，可以指定一个宽度值，或输入 device-width，表示宽度随着设备宽度自动调整。

- height：控制高度，或输入 device-height。
- initial-scale：初始缩放比例，最小为 0.25，最大为 5。
- minimum-scale：允许用户缩放的最小比例，最小为 0.25，最大为 5。
- maximum-scale：允许用户缩放的最大比例，最小为 0.25，最大为 5。
- user-scalable：是否允许用户手动缩放，可以输入 0 或 1，也可以输入 yes 或 no。

如果没有安装模拟器，利用 Google Chrome 浏览器打开网页，再调整浏览器的大小，同样可以达到模拟器的效果。

第 11 章　jQuery Mobile UI 组件

jQuery Mobile 针对用户界面提供了各种可视化的元素，它们与 HTML 5 标记一起使用轻轻松松就能开发出移动设备网页。下面将介绍这些元素的用法。

11.1　套用 UI 组件

jQuery Mobile 提供了许多可视化的 UI 组件，只要套用之后就能生成美观并且适合移动设备使用的组件。

11.1.1　认识 UI 组件

jQuery Mobile 各种可视化组件的语法大多数与 HTML5 标记大同小异，这里不再赘述，仅列出这些常用的组件。由于按钮（Button）与列表（List View）功能变化比较大，后面将对其进行详细介绍。

1. 文本框（Text Input）

其用法如下所示。

```
<input type="text" name="uname" id="uid" value="" />
```

文本框的效果如图 11-1 所示。

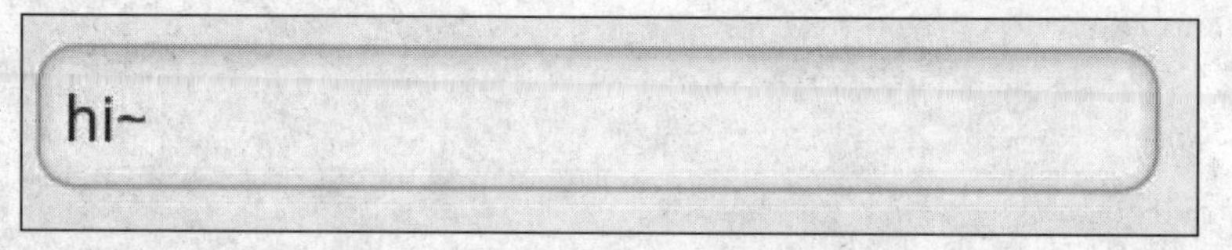

图 11-1　文本框

2. 范围滑块（Range Slider）

其用法如下所示。

```
<input type="range" name="rangebar" id="rangebarid" value="25" min="0" max="100" data-highlight="true" />
```

范围滑块的效果如图 11-2 所示。

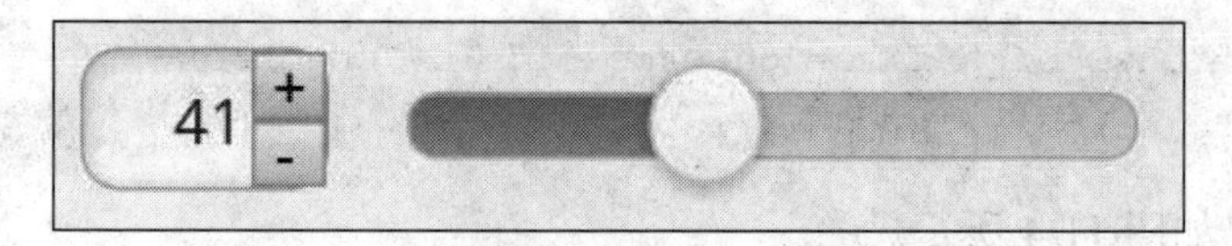

图 11-2　范围滑块

3. 单选按钮（Radio Button）

其用法如下所示。

```
<fieldset data-role="controlgroup">
    <legend>最喜欢的水果：</legend>
        <input   type="radio"   name="radio-choice"   id="radio-choice-1"
value="choice-1" checked="checked" />
        <label for="radio-choice-1">苹果</label>
        <input   type="radio"   name="radio-choice"   id="radio-choice-2"
value="choice-2"  />
        <label for="radio-choice-2">香蕉</label>
        <input   type="radio"   name="radio-choice"   id="radio-choice-3"
value="choice-3"  />
        <label for="radio-choice-3">柠檬</label>
</fieldset>
```

单选按钮的效果如图 11-3 所示。

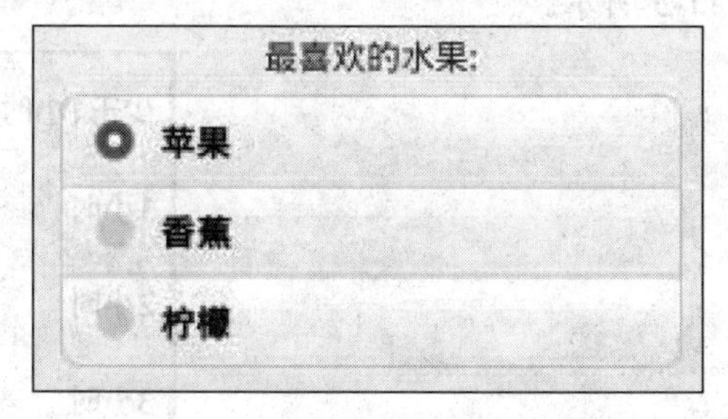

图 11-3　单选按钮

<fieldset>标记用来创建组，组内各个组件仍然保持自己的功能，而样式可以统一，在<fieldset>标记中添加 data-role="controlgroup"属性，jQuery Mobile 就会让它们看起来像一个组合，很有整体感。

4. 复选框（Check Box）

其用法如下所示。

```
/*第一种写法*/
<label><input type="checkbox" name="checkbox-0" checked/> 我同意 </label>
/*第二种写法*/
```

```
<input type="checkbox" name="checkbox-1" id="checkbox-1"/>
<label for="checkbox-1">我同意</label>
```

复选框的效果如图 11-4 所示。

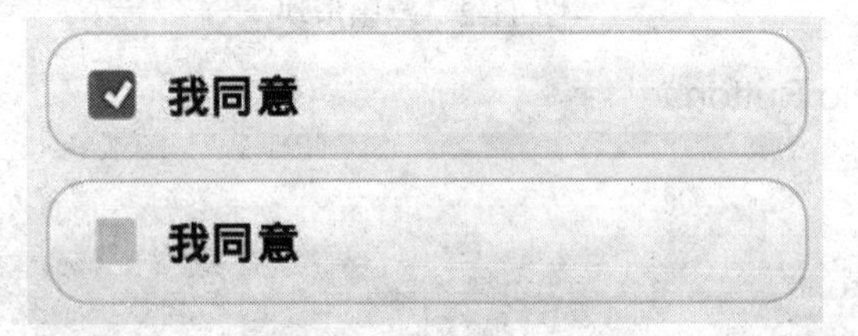

图 11-4　复选框

5. 选择菜单（Select Menu）

```
<label for="select-choice-0" class="select">每天上网时数:</label>
       <select name="select-choice-0"id="select-choice-1" data-mini="true">
         <option value="standard">少于 1 小时</option>
         <option value="standard">1 小时</option>
         <option value="rush">2 小时</option>
         <option value="express">3 小时</option>
         <option value="overnight">3 小时以上</option>
       </select>
```

选择菜单的效果如图 11-5 所示。

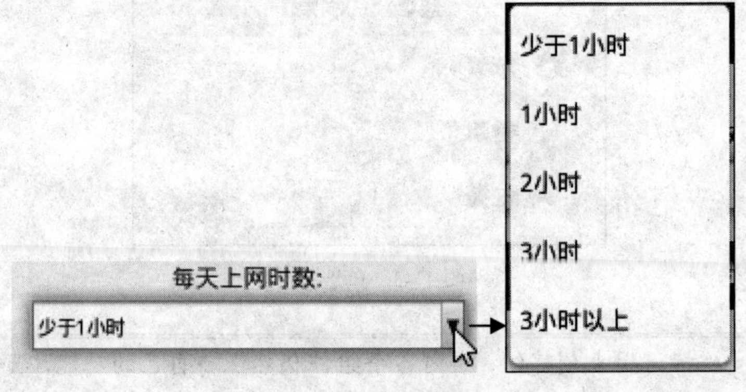

图 11-5　选择菜单

11.1.2　按钮

按钮（button）是 jQuery Mobile 的核心组件，可以用来制作链接按钮（link button），也可以作为表单按钮（form button），首先我们来看看链接按钮。

1. 链接按钮（link button）

在前面的范例中曾经利用<a>标记产生文字超链接，让页面能够进行切换，如果要让超链接通过按钮显示，就要使用 data-role="button"属性，语法如下：

```
<a href="#second" data-role="button">第二页</a>
```

加入这一行代码之后，会显示如图 11-6 所示的按钮。

图 11-6　链接按钮

data-mini="true"属性可以让按钮及字体小一号显示。

2. 表单按钮（form button）

顾名思义，表单按钮就是表单使用的按钮，分为普通按钮、提交按钮和取消按钮，不需要使用 data-role="button"属性，只要使用 button 标记加上 type 属性即可，语法如下：

```
<input type="button" value="Button" />
<input type="submit" value="Submit Button" />
<input type="reset" value="Reset Button" />
```

按钮外观如图 11-7 所示。

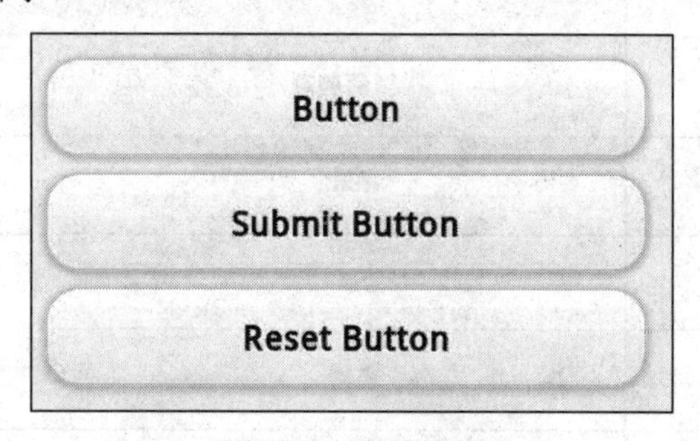

图 11-7　表单按钮

也可以使用 data-icon 属性再加入小图标，语法如下：

```
<a href="#" data-role="button" data-icon="delete">删除</a>
```

data-icon 使用的是 delete 参数，默认会在按钮前方加一个删除图标，如图 11-8 所示。

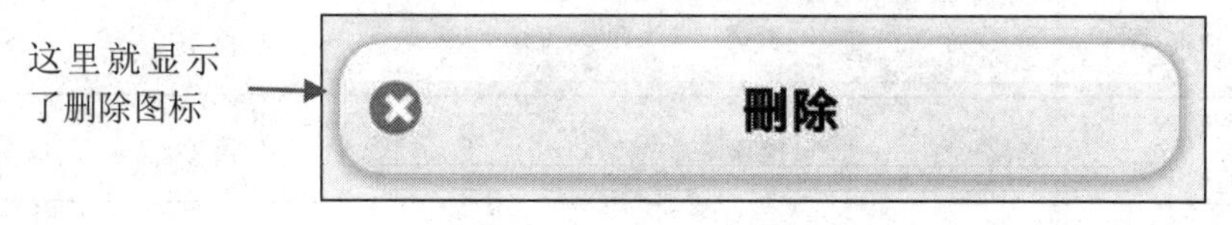

图 11-8　删除按钮

图标样式有多种可供选择，表 11-1 列出了图标参数及外观样式。

表 11-1　图标参数及外观样式

图标参数	外观样式	说明
data-icon="delete"	删除	删除
data-icon="arrow-l"	向左箭头	向左箭头
data-icon="arrow-r"	向右箭头	向右箭头
data-icon="arrow-u"	向上箭头	向上箭头
data-icon="arrow-d"	向下箭头	向下箭头
data-icon="plus"	加号	加号
data-icon="minus"	减号	减号
data-icon="check"	复选	复选
data-icon="gear"	齿轮	齿轮
data-icon="refresh"	重新整理	重新整理
data-icon="forward"	前进	前进
data-icon="back"	后退	后退
data-icon="grid"	表格	表格
data-icon="star"	星号	星号
data-icon="alert"	警告	警告
data-icon="info"	信息	信息
data-icon="home"	首页	首页
data-icon="search"	搜索	搜索

小图标默认会显示在按钮的左侧，如果想更换图标的位置，只要用 data-iconpos 属性指定上（top）、下（bottom）、右（right）位置即可，语法如下。

```
<a href="#" data-role="button" data-icon="delete" data-iconpos=" top">删除</a>
<a href="#" data-role="button" data-icon="delete" data-iconpos="bottom">删除
</a>
```

```
<a href="#" data-role="button" data-icon="delete" data-iconpos="right">删除
</a>
```

这 3 行程序的执行结果如图 11-9 所示。

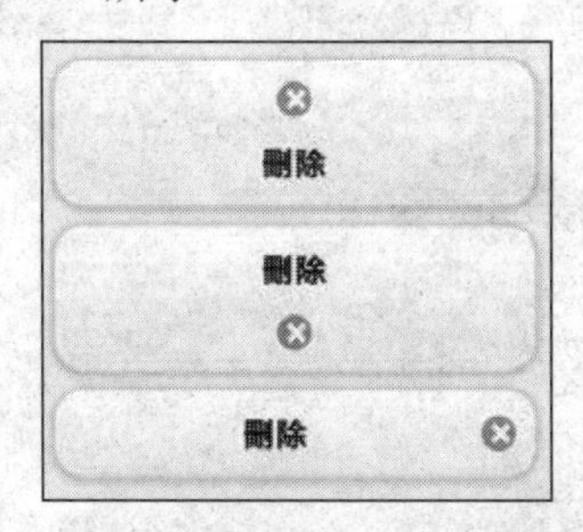

图 11-9 按钮小图标的不同位置

如果不想出现文字，将 data-iconpos 属性指定为 notext，就只会显示按钮，而没有文字。

你会发现制作完成的按钮会以屏幕宽度为自身的宽度，如果想要制作紧实的按钮，可以加上 data-inline="true"属性。

```
<a href="#" data-role="button" data-icon="delete" data-iconpos="top"
data-inline="true">删除</a>
<a href="#" data-role="button" data-icon="delete" data-iconpos="bottom"
data-inline="true">删除</a>
<a href="#" data-role="button" data-icon="delete" data-iconpos="right"
data-inline="true">删除</a>
```

执行结果如图 11-10 所示。

图 11-10 制作紧实的按钮

下面我们通过范例来复习一下按钮的用法。

范例：ch11_01.htm

```
<!DOCTYPE html>
<html>
<head>
<title>ch11_01</title>
<meta http-equiv="Content-Type" content="text/html; charset=utf-8" />
<!--引用 jQuery Mobile 函数库-->
```

```
    <link  rel="stylesheet"  href="http://code.jquery.com/mobile/1.1.1/jquery.
mobile-1.1.1.min.css" />
    <script src="http://code.jquery.com/jquery-1.7.1.min.js"></script>
    <script  src="http://code.jquery.com/mobile/1.1.1/jquery.mobile-1.1.1.min.
js"></script>
    <!--最佳化屏幕宽度-->
    <meta name="viewport" content="width=device-width, initial-scale=1">
    <style type="text/css">
    #content{text-align:center;}
    </style>
    </head>
    <body>
        <div data-role="page" data-title="第一页" id="first">
            <div data-role="header">
                <h1>按钮练习</h1>
            </div>
            <div data-role="content" id="content">
            没有图标的按钮
                <a href="index.htm" data-role="button">按钮</a>
            有图标的按钮
                <a  href="index.htm"  data-role="button"  data-icon="search">搜索
</a>
            更改图标位置
                <a href="index.htm" data-role="button" data-icon="search" data-
iconpos="top">搜索</a>
            显示紧实图标
                <a href="index.htm" data-role="button" data-icon="search" data-
inline="true">搜索</a>
            </div>
        </div>
    </body>
    </html>
```

执行结果如图 11-11 所示。

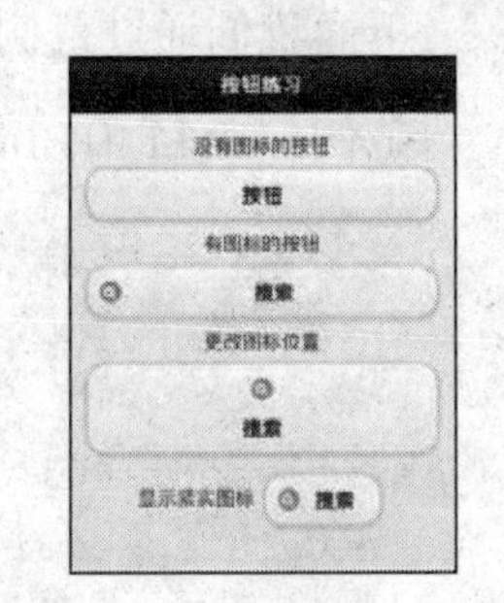

图 11-11　不同的按钮效果

11.1.3　组按钮

有时想把按钮排在一起，例如导航栏一整排的按钮，可以先用 data-role="controlgroup"属性定义为组，再将按钮放在这个<div>里面，这就是组按钮（Grouped Buttons），代码如下：

```
    <div data-role="controlgroup">
            <a  href="index.html"  data-role="button">新闻
```

```
</a>
        <a href="index.html" data-role="button">运动</a>
        <a href="index.html" data-role="button">电影</a>
    </div>
```

执行结果如图 11-12 所示。

图 11-12 组按钮

显示的按钮默认为垂直排列，用 data-type="horizontal"属性指定为水平即可，如下所示：

```
<div data-role="controlgroup" data-type="horizontal">
```

组按钮水平显示时如图 11-13 所示。

图 11-13 水平显示的组按钮

11.1.4 列表

列表（List View）是移动设备最常见的组件，因为手机的屏幕小，所以数据适合以列表方式显示，例如商品列表、购物车、新闻等都很适合利用 List View 组件来产生，其外观如图 11-14 所示。

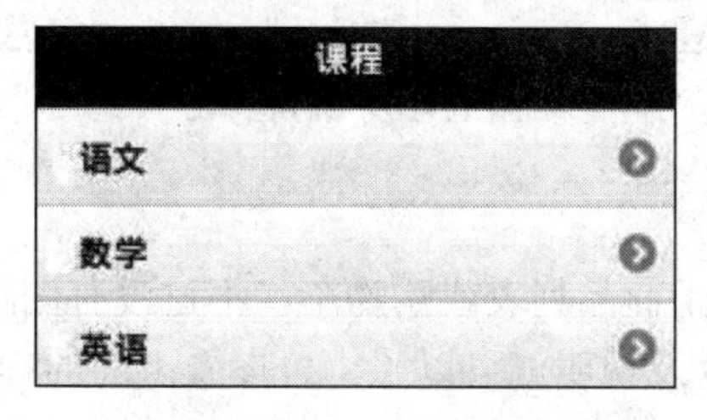

图 11-14 列表效果

在 jQuery Mobile 中要操作这样的 UI 非常简单，只要用编号列表（ordered list）<ol>标记加上<li>标记，或是项目列表（unordered list）<ul>标记加上<li>标记，并在<ul>标记或<ol>标记中加上 data-role="listview"属性即可。下面以<ol>标记为例进行说明，代码如下：

```
<ol data-role="listview" >
  <li><a href="chinese.htm">语文</a></li>
  <li><a href="math.htm">数学</a></li>
```

```
  <li><a href="english.htm">英语</a></li>
</ol>
```

执行结果如图 11-15 所示。

图 11-15　编号列表

我们还可以将 data-inset 属性设为 ture，让 listview 不要与屏幕同宽并加上圆角，代码如下：

```
<ol data-role="listview" data-inset="true">
  <li><a href="chinese.htm">语文</a></li>
  <li><a href="math.htm">数学</a></li>
  <li><a href="english.htm">英语</a></li>
</ol>
```

执行结果如图 11-16 所示。

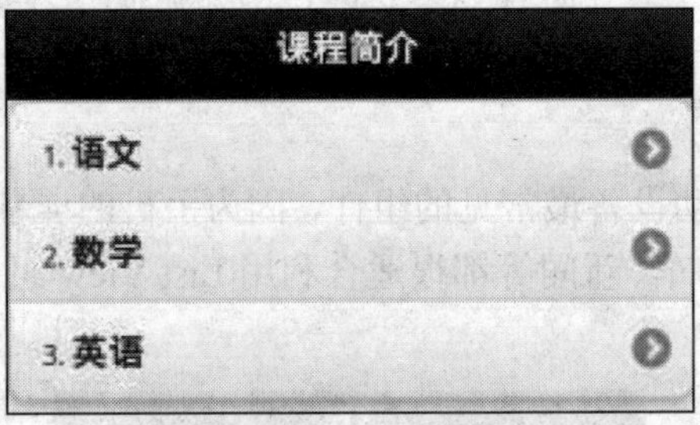

图 11-16　圆角列表

1. 加入图片和说明

刚才提过 List View 常用于商品列表或购物车，不过没有图片和说明，怎么能做商品列表呢？很简单，只要再加上图片及说明就可以了。可参看下面的程序代码。

```
<li>
      <a href="chinese.htm">
      <img src="images/chinese.jpg"/>
      <h3>语文</h3>
      <p>时间：星期一 人数：15 人</p>
      </a>
</li>
```

执行结果如图 11-17 所示。

图 11-17　图片和文字说明

这就跟我们之前学过的在 HTML 文件中加入图片和文字一样简单。

2. 拆分按钮列表（Split button list）

如果要将列表与按钮分开，也就是单击列表时链接到某个网页，而按钮又可连接到另一个网页，这时就可以使用拆分按钮列表，程序很简单，只要在<li>标记内加入两组<a>标记，jQuery Mobile 就会自动按照 data-icon 属性设置的样式将用户界面处理好，代码如下：

```
<li>
<a href="chinese.htm">
    <img src="images/chinese.jpg" />
    <h3>语文</h3>
    <p>时间：星期一 人数：15 人</p>
</a>
<a href="#taking" data-icon="gear"></a>
</li>
```

执行结果如图 11-18 所示。

图 11-18　拆分按钮列表

3. 计数泡泡（Count bubble）

计数泡泡在列表中显示数字时使用，只要在<li>标记中加入如下标记即可：

```
<span class="ui-li-count">数字</span>
```

例如：

```
<li>
    <a href="chinese.htm">
      <img src="images/chinese.jpg" />
      <h3>语文</h3>
      <p>时间：星期一 人数：15 人</p>
      <span class="ui-li-count">12</span>
    </a>
```

```
    <a href="#taking" data-icon="gear"></a>
</li>
```

执行结果如图 11-19 所示。

这就是计数泡泡

语文
时间：星期一 人数：15人
12

图 11-19　显示计数泡泡

11.2　网页导航与布景主题

学会基本的 jQuery Mobile 网页之后，接下来学习网页导航与网页美化的好用工具——ThemeRoller 布景主题。

11.2.1　jQuery Mobile 网页导航

前面学过 jQuery Mobile 可以在同一网页中进行多个页面的切换，现在我们进一步说明各种网页链接与导航的方法。

jQuery Mobile 网页一开始会将初始页面通过 http 加载，显示该页面的第一个 page 组件之后，为了增加网页转场效果（page transitions），之后的页面会通过 Ajax 来载入并加到 DOM 中，网页内的元素也会默认加载到浏览器，所以页面之间的切换会比较流畅；当 Ajax 加载失败时，就会显示如图 11-20 所示的错误信息窗口。

Error Loading Page

图 11-20　显示错误信息

如果链接的页面是单一网页多个页面而不是同一域的网页，就会发生错误，这时可以停用 Ajax 而改用传统的 http 来加载网页。

在链接元素中加入下面任意一个属性，都可以停用 Ajax：

```
rel= "external"
```

或者

```
data-ajax= "false"
```

例如：

```
<a href="page2.htm" data-icon="gear" rel="external">
```

下面就来看一些常用的链接。

1. 回上页

jQuery Mobile 提供了 data-rel="back"属性，只要直接应用就可以达到回上页的效果，代码如下：

```
<a data-rel="back">回上页</a>
```

范例：ch11_02.htm

```
<body>
    <!--第一页-->
    <div data-role="page" data-title="第一页" id="first">
        <div data-role="header">
            <h1>第一页</h1>
        </div>
        <div data-role="content" id="content">
            <a href="#second">按我到第二页</a>
        </div>
        <div data-role="footer">
            <h4>页脚</h4>
        </div>
        </div>
    <!--第二页-->
    <div data-role="page" data-title="第二页" id="second">
        <div data-role="header">
             <a data-rel="back">回上页</a>
            <h1>第二页</h1>
        </div>
        <div data-role="content" id="content">
            <a href="#first">回到第一页</a>
        </div>
        <div data-role="footer">
            <h4>页脚</h4>
        </div>
    </div>
</body>
```

执行结果如图 11-21 所示。

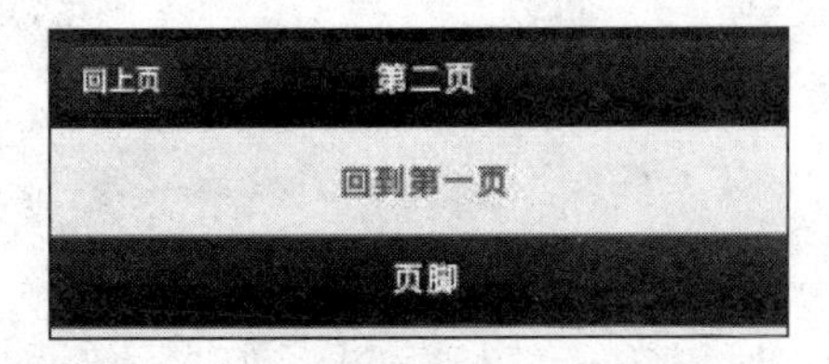

图 11-21　显示“回上页”按钮

2. 以弹出新窗口链接网页

通过 data-rel="dialog"属性可以让链接页面显示在弹出的新窗口中，虽然从移动设备上看起来跟普通链接方式差不多，但是两者之间还是存在区别的，区别在于弹出窗口的左上角会有一个关闭按钮，而且使用弹出窗口的链接不会记录在浏览器的历史记录中。因此，当我们按“上一页”或“下一页”时不会切换到这个页面。弹出新窗口的语法如下：

```
<a href="#second" data-rel="dialog">第二页</a>
```

范例：ch11_03.htm

```
<!DOCTYPE html>
<html>
<head>
<title>ch11_03</title>
<meta http-equiv="Content-Type" content="text/html; charset=utf-8" />
<!--引用 jQuery Mobile 函数库-->
<link  rel="stylesheet"  href="http://code.jquery.com/mobile/1.1.1/jquery.
mobile-1.1.1.min.css" />
<script src="http://code.jquery.com/jquery-1.7.1.min.js"></script>
<script  src="http://code.jquery.com/mobile/1.1.1/jquery.mobile-1.1.1.min.js">
</script>
<!--最佳化屏幕宽度-->
<meta name="viewport" content="width=device-width, initial-scale=1">
<style type="text/css">
#content{text-align:center;}
</style>
</head>
<body>
    <!--第一页-->
    <div data-role="page" data-title="第一页" id="first">
        <div data-role="header">
            <h1>第一页</h1>
        </div>
        <div data-role="content" id="content">
            <a href="#second" data-rel="dialog">按我到第二页</a>
        </div>
        <div data-role="footer">
            <h4>页脚</h4>
        </div>
        </div>
    <!--第二页-->
    <div data-role="page" data-title="第二页" id="second">
```

```
        <div data-role="header">
            <h1>第二页</h1>
        </div>
        <div data-role="content" id="content">
            这是弹出的窗口
        </div>
    </div>
</body>
</html>
```

执行结果如图 11-22 所示。

图 11-22　以新窗口方式打开网页

11.2.2　ThemeRoller 快速应用布景主题

相信许多人在制作网站时都会遇到配色的问题，既要选择背景颜色，又要搭配按钮颜色，对于没有美术功底的人来说，制作网页的大部分时间都浪费在配色上，实在是很累人的事，幸好 jQuery Mobile 提供了一款非常好用的网页工具——ThemeRoller，可以下载使用。下面就来介绍 ThemeRoller。

ThemeRoller 网站网址为 http://jquerymobile.com/themeroller/，如图 11-23 所示。

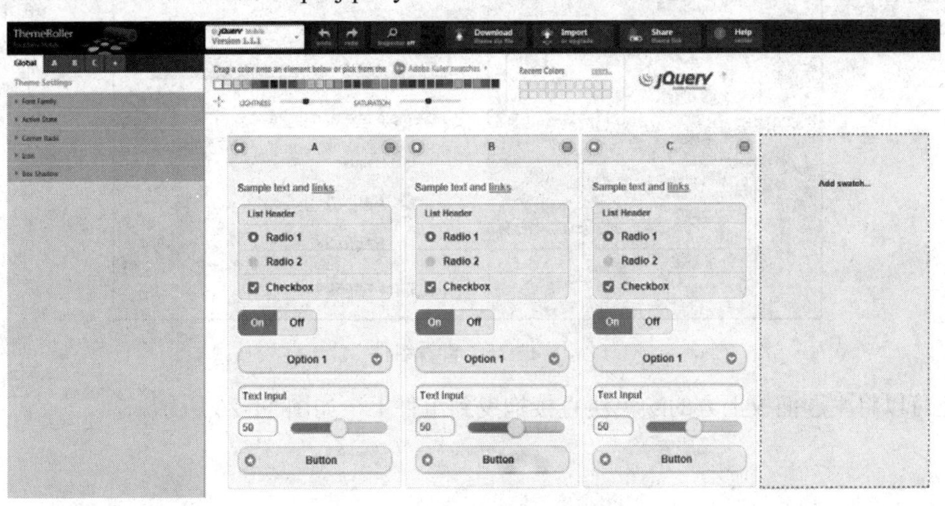

图 11-23　进入 ThemeRoller 网站

进入网页就可以看到 ThemeRoller 编辑器，默认有 3 个空白的主题面板（swatch），分别为 A、B、C，在左侧功能区也有对应的 A、B、C 标签，标签中有相关的选项可以设置，如图

11-24 所示。

图 11-24　查看主题效果

如果不知道标签的选项对应的是什么组件，可以利用 inspector 工具来查看，如图 11-25 所示。

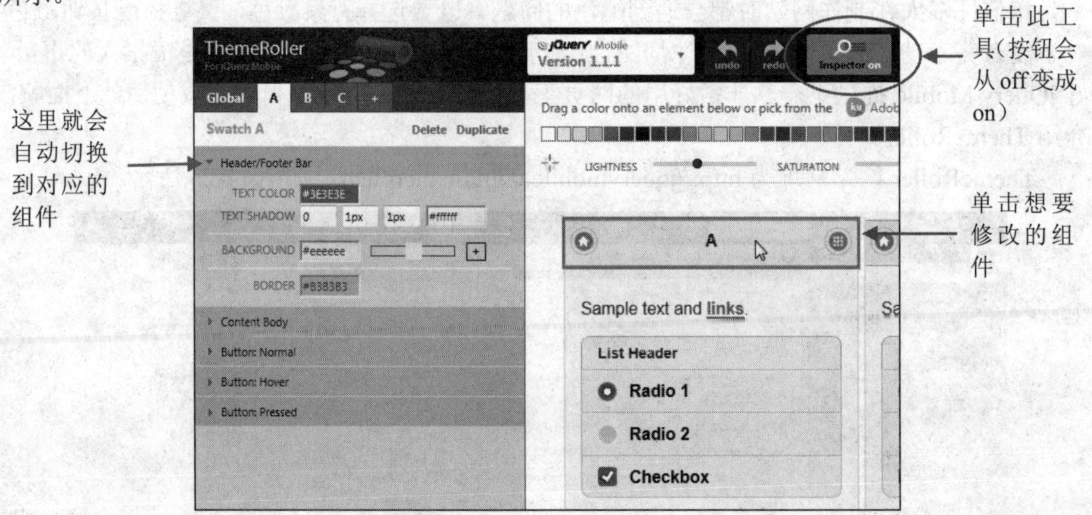

图 11-25　查看组件

还可以将主题面板上方的颜色块直接拖曳到组件上，如图 11-26 所示。

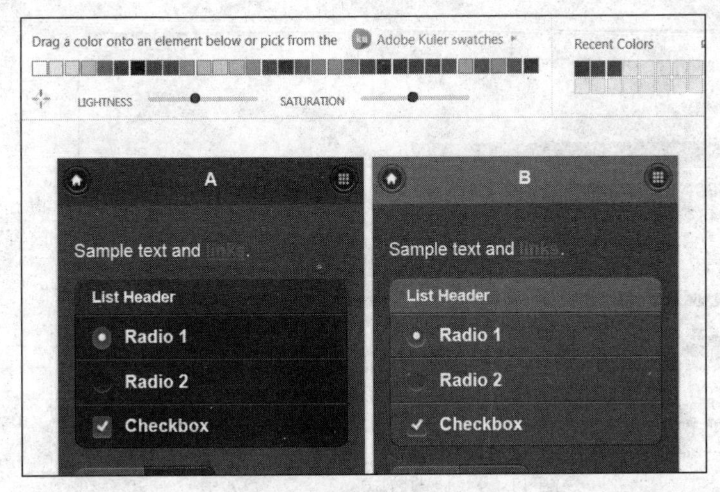

图 11-26　将颜色块拖曳到组件上

设置好之后，只要单击左上方的 Download 按钮，就会出现如图 11-27 所示的下载界面。

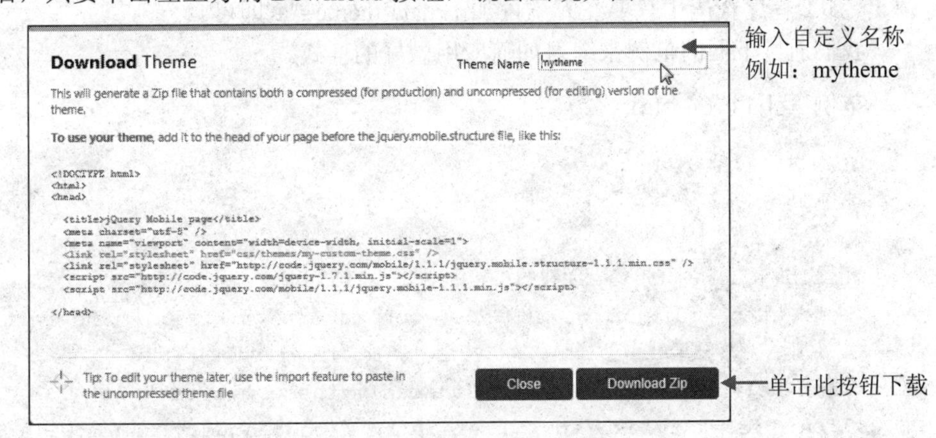

图 11-27　下载界面

下载的文件为 zip 压缩文件，解压缩文件之后，会有一个 index.htm 文件和一个 themes 文件夹。index.htm 文件中写着如何引用这个 CSS 文件，打开 index.htm 文件之后，就会看到引用文件完整说明。

记住要将 themes 文件夹复制到网页（HTML 文件）所在的文件夹。

themes 文件夹中包含要引用的 mytheme.min.css 文件，以及未压缩的 mytheme.css 文件，当以后想要再次修改这个 CSS 样式时，只要回到 ThemeRoller 网站，单击 import 按钮，粘贴 mytheme.css 文件的内容就可以了，如图 11-29 所示。

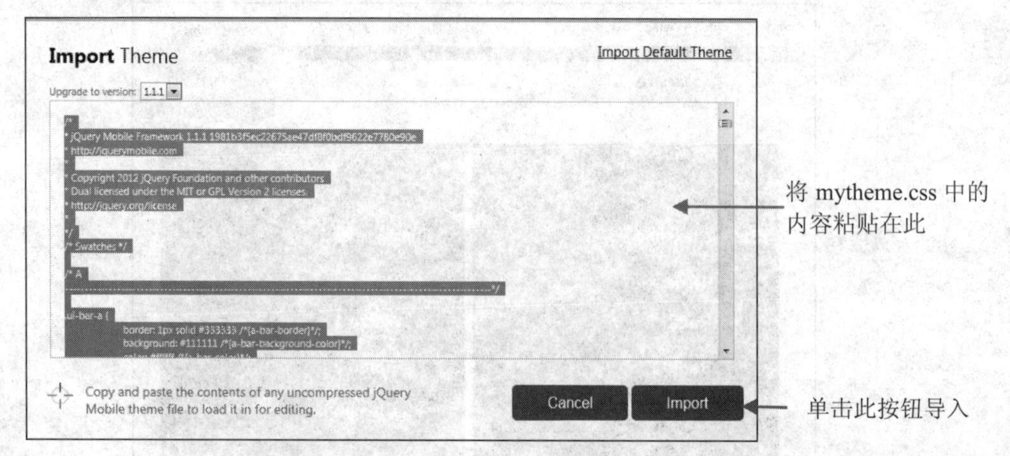

图 11-29　修改样式

做好的样式只要使用 data-theme 属性就可以指定想应用的主题样式，例如，如果想应用主题 a，那么程序代码中只要在元素内加上 data-theme="a"即可。

我们通过下面的范例来练习如何应用做好的样式。

范例：ch11_04.htm

```
<!DOCTYPE html>
<html>
<head>
<title>jQuery Mobile 创建的第一个网页</title>
<meta http-equiv="Content-Type" content="text/html; charset=utf-8" />
<!--引用 jQuery Mobile 函数库  应用 ThemeRoller 制作的样式-->
<link rel="stylesheet" href="themes/mytheme.min.css" />
<link  rel="stylesheet"  href="http://code.jquery.com/mobile/1.1.1/jquery.
mobile.structure-1.1.1.min.css" />
<script src="http://code.jquery.com/jquery-1.7.1.min.js"></script>
<script  src="http://code.jquery.com/mobile/1.1.1/jquery.mobile-1.1.1.min.
js"></script>

<!--最佳化屏幕宽度-->
<meta name="viewport" content="width=device-width, initial-scale=1">
<style type="text/css">
#content{text-align:center;}
</style>
</head>
<body>
<div data-role="page" data-title="课程" id="first" data-theme="a">
        <div data-role="header">
            <h1>课程</h1>
```

在此加上 data-theme 属性

```
        </div>
        <div data-role="content" id="content">
            <ul data-role="listview" data-inset="true">
                <li>
                    <a href="chinese.htm">
                      <img src="images/chinese.jpg" />
                      <h3>语文</h3>
                      <p>时间：星期一 人数：15 人</p>
                      <span class="ui-li-count">12</span>
                    </a>
                    <a href="#taking" data-icon="gear"></a>
                </li>
                <li>
                    <a href="math.htm">
                      <img src="images/math.jpg" />
                      <h3>数学</h3>
                      <p>时间：星期三 人数：20 人</p>
                      <span class="ui-li-count">11</span>
                    </a>
                    <a href="#taking" data-icon="gear"></a>
                </li>
                <li>
                    <a href="english.htm">
                      <img src="images/english.jpg" />
                      <h3>英语</h3>
                      <p>时间：星期五 人数：30 人</p>
                      <span class="ui-li-count">20</span>
                    </a>
                    <a href="#taking" data-icon="gear"></a>
                </li>
            </ul>
        </div>
        <div data-role="footer">
            <h4>页脚</h4>
        </div>
</div>
</body>
</html>
```

执行结果如图 11-30 所示。

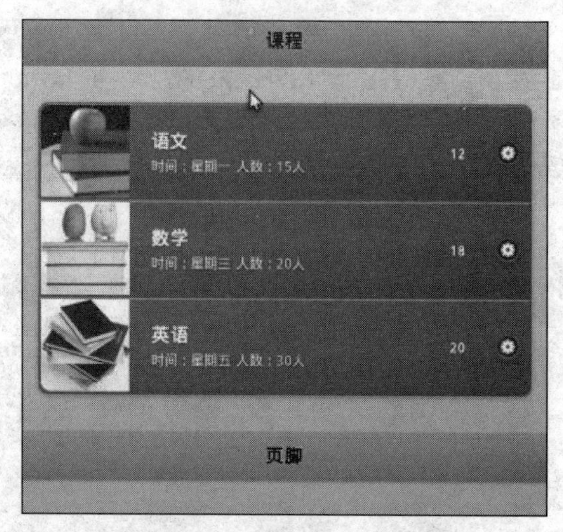

图 11-30　应用主题样式的效果

只要在 data-role="page"后添加 data-theme="a"，页面上的元素就会应用我们设置好的主题样式。此范例中仅设置了一个主题 a，当然还可以多做几个主题，如 b 与 c，再让各个组件应用不同的主题，例如想让标题栏使用主题 b，可以按如下表示：

```
<div data-role="header" data-theme="b">
```

学习小教室

应用默认布景主题

jQuery Mobile 的默认布景主题有 5 种，swatch 分别是 a、b、c、d、e，不一定要到 ThemeRoller 制作主题样式，也可以直接应用默认的布景主题。

下面列出这 5 种 swatch 的样式，供用户参考。

swatch a：黑色

swatch b：蓝色

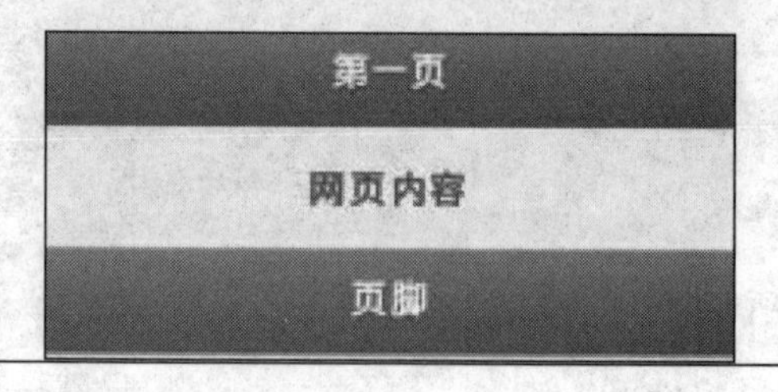

swatch c：浅灰色

第一页

网页内容

页脚

swatch d：灰色

第一页

网页内容

页脚

swatch e：黄色

第一页

网页内容

页脚

第 12 章　jQuery Mobile 事件

所谓“事件”（Event）是指用户执行某种操作时所触发的过程，例如，当用户单击按钮时会触发按钮的单击（Click）事件；当用户滑动屏幕时会触发滑动事件等。我们在编写程序时，经常根据用户执行的操作来响应这些事件。本章我们就来看看 jQueryMobile 提供了哪些事件。

12.1　页面事件

jQuery Mobile 针对各个页面生命周期的事件可以分为以下几种。

- 初始化事件（Page Initialization）：分别在页面初始化之前、页面创建时以及页面初始化之后触发事件。
- 外部页面加载事件（Page Load）：外部页面加载时触发事件。
- 页面切换事件（Page Transition）：页面切换时触发事件。

操作事件的方式很简单，只要使用 jQuery 提供的 on()方法指定要触发的事件并设定事件处理函数就可以了，语法如下：

```
$(document).on(事件名称, 选择器, 事件处理函数);
```

其中“选择器”可以省略，表示事件应用于整个页面而不限定哪一个组件。

12.1.1　初始化事件

初始化事件分别在页面初始化之前，页面创建时以及页面初始化之后触发事件，常用的页面初始化按照触发顺序排列如下。

1. Mobileinit

当 jQuery Mobile 开始执行时，会先触发 mobileinit 事件。想要更改 jQueryMobile 默认的设置值时，就可以将函数绑定到 mobileinit 事件。这样，jQueryMobile 就会以 mobileinit 事件的设置值来取代原来的设置，语法如下：

```
$(document).on("mobileinit", function(){
  //程序语句
});
```

上述语法使用 jQuery 的 on()方法来绑定 mobileinit 事件，并设置事件处理函数。

举例来说，jQueryMobile 默认任何操作都会使用 Ajax 的方式，如果不想使用 Ajax，就可以在 mobileinit 事件中将$.mobile.ajaxEnabled 更改为 false，如下所示。

```
$(document).on('mobileinit', function(){
  $.mobile.ajaxEnabled=false;
});
```

要特别注意的是 mobileinit 的绑定事件要放在引入 jquery.mobile.js 之前。

2. Pagebeforecreate、Pagecreate、Pageinit

这 3 个事件都是在初始化前后触发的，Pagebeforecreate 会在页面 DOM 加载后，正在初始化时触发；Pagecreate 是当页面的 DOM 加载完成，初始化也完成时触发；Pageinit 是在页面初始化之后触发的。语法如下：

```
$(document).on("pagebeforecreate ", function(){
  //程序语句
});
```

例如：

```
$(document).on("pagebeforecreate",function(){
  alert("pagebeforecreate 事件被触发了!")
});
```

在 jQuery 中判断 DOM 是否加载成功使用的是$(document).ready()，而 jQuery Mobile 可以利用 pageinit 事件进行处理。

下面通过具体的范例查看执行结果，就能够清楚看出这 3 个事件的触发时机。

范例：CH12_01.htm

```
<!DOCTYPE html>
<html>
<head>
<title>jQuery Mobile 初始化事件</title>
<!--最佳化屏幕宽度-->
<meta name="viewport" content="width=device-width, initial-scale=1">
<link rel="stylesheet" href="jquery.mobile-1.4.0.min.css" />
<script src="jquery-1.9.1.min.js"></script>
<script src="jquery.mobile-1.4.0.min.js"></script>
<script type="text/javascript">
$(document).on("pagebeforecreate",function(){
  alert("pagebeforecreate 事件被触发了!")
});
```

```
$(document).on("pagecreate",function(){
 alert("pagecreate 事件被触发了！")
});
$(document).on("pageinit",function(){
 alert("pageinit 事件被触发了！")
});
</script>
</head>
<body>
    <!--第一页-->
    <div data-role="page" data-title="第一页" id="first" data-theme="a">
        <div data-role="header">
            <a href="#second">按我到第二页</a>
            <h1>jQuery Mobile 初始化事件 第一页</h1>
        </div>
        <div data-role="content">
            初始化事件测试<br>
            这是第一页
        </div>
        <div data-role="footer">
            <h4>页脚</h4>
        </div>
    </div>
    <!--第二页-->
    <div data-role="page" data-title="第二页" id="second" data-theme="b">
        <div data-role="header">
            <a href="#first">返回第一页</a>
            <h1>jQuery Mobile 初始化事件 第二页</h1>
        </div>
        <div data-role="content">
            初始化事件测试<br>
            这是第二页
        </div>
        <div data-role="footer">
            <h4>页脚</h4>
        </div>
    </div>
</body>
</html>
```

执行结果如图 12-1 所示。

图 12-1　触发时机的效果

学习小教室

绑定事件的方法：on()与 one()

绑定事件的 on()方法也可以改用 one()方法代替，两者区别在于 one()只能执行一次。

例如，当我们要将按钮绑定 click（单击鼠标）事件时，on()方法程序代码如下：

```
$("#btn_on").on('click',function(){
        alert("你单击了 on 按钮")
    });
```

one()方法程序代码如下：

```
$("#btn_one").one('click',function(){
    alert("你单击了 one 按钮")
});
```

当单击按钮时会弹出提示窗口，on()绑定的按钮每次单击都会执行，而 one()绑定的按钮就只会执行一次。

用户可以打开 ch12_01t.htm 文件实际测试看一看，如图 12-2 所示。

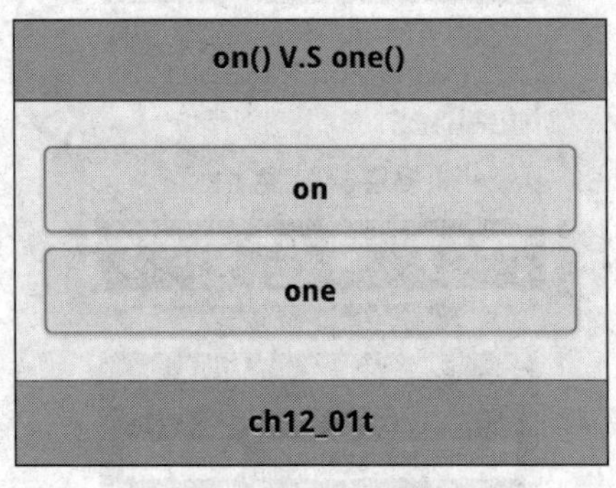

图 12-2　测试结果

12.1.2　外部页面加载事件

外部页面加载时会触发两个事件，一个是 Pagebeforeload；另一个是 pageload 或 Pageloadfailed，当页面载入成功时会触发 Pageload 事件，载入失败时会触发 Pageloadfailed 事件。

1. Pageload 事件

其用法举例如下：

```
$(document).on("pageload",function(event,data){
   alert("URL:"+data.url);
});
```

Pageload 的处理函数有以下两个参数。

- event：任何 jQuery 的事件属性，例如 event.target、event.type、event.pageX 等。
- data：包含以下属性。
  - url：字符串（string）类型，页面的 url 地址。
  - absUrl：字符串（string）类型，绝对路径。
  - dataUrl：字符串（string）类型，地址栏的 URL。
  - options (object)：对象（object）类型，$.mobile.loadPage()指定的选项。
  - xhr：对象（object）类型，XMLHttpRequest 对象。

■ textStatus：对象（object）状态或空值（null），返回状态。

2. Pageloadfailed 事件

如果页面加载失败，就会触发 pageloadfailed 事件，默认会出现 Error Loading Page 字样，语法如下：

```
$(document).on("pageloadfailed",function(){
  alert("页面加载失败");
});
```

12.1.3 页面切换事件

jQuery Mobile 切换页面的特效一直是人们很喜欢的功能之一，我们先来看看 jQueryMobile 切换页面的语法：

```
$( ":mobile-pagecontainer" ).pagecontainer( "change", to[, options]);
```

- To：想要切换到目标页面，其值必须是字符串或者 DOM 对象，内部页面可以直接指定 DOM 对象 id 名称，例如，要切换到 id 名称为 second 的页面，可以写成“#second”；要链接到外部页面，必须以字符串表示，例如 abc.htm。
- Options（属性）：可以省略不写，其属性如表 12-1 所示。

表 12-1 页面切换事件的属性

属性	说明
allowSamePageTransition	默认值：false 是否允许切换到当前页面
changeHash	默认值：true 是否更新浏览记录。若将属性设为 false，当前页面浏览记录会被清除，用户无法通过“上一页”按钮返回
dataUrl	更新地址栏的 URL
loadMsgDelay	加载画面延迟秒数，单位为 ms（毫秒），默认值为 50，如果页面在此秒数之前加载完成，就不会显示正在加载中的信息画面
reload	默认值：false 当页面已经在 DOM 中，是否要将页面重新加载
reverse	默认值：false 页面切换效果是否要反向，如果设为 true，就要模拟返回上一页的效果
showLoadMsg	默认值：true 是否要显示加载中的信息画面
transition	切换页面时使用的转场动画效果
type	默认值：get 当 to 的目标是 url 时，指定 HTTP Method 使用 get 或 post

其中，transition 属性用来指定页面转场动画效果，如飞入、弹出或淡入淡出效果等共 6 种，如表 12-2 所示。

表 12-2 transition 属性的转场动画效果说明

转场效果	说明
slide	从右到左
slideup	从下到上
slidedown	从上到下
pop	从小点到全屏幕
fade	淡出淡入
flip	2D 或 3D 旋转动画（只有支持 3D 效果的设备才能使用）

下面看看页面切换的范例。

范例：CH12_02.htm

```
<!DOCTYPE html>
<html>
<head>
<title>转场特效</title>
<!--最佳化屏幕宽度-->
<meta name="viewport" content="width=device-width, initial-scale=1">
<link rel="stylesheet" href="jquery.mobile-1.4.0.min.css" />
<script src="jquery-1.9.1.min.js"></script>
<script src="jquery.mobile-1.4.0.min.js"></script>
<script type="text/javascript">
$( document ).one( "pagecreate", ".demo_page", function() {
    $("#goSecond").on('click',function(){
        $( ":mobile-pagecontainer" ).pagecontainer( "change", "#second", {
          transition: "slide"
        });
    });
    $("#gofirst").on('click',function(){
        $( ":mobile-pagecontainer" ).pagecontainer( "change", "#first", {
          transition: "pop"
        });
    });

})
</script>
</head>
<body>
```

```
        <!--第一页-->
        <div data-role="page" data-title="第一页" id="first" class="demo_page"
data-theme="a">
            <div data-role="header">
                <a href="#" id="goSecond">按我到第二页</a>
                <h1>浪淘沙</h1>
            </div>
            <div data-role="content">
            罗衾不耐五更寒。梦里不知身是客，一晌贪欢。<br>
            独自莫凭栏，无限江山，别时容易见时难。<br>
            流水落花春去也，天上人间。
            </div>
            <div data-role="footer">
                <h4>李煜《浪淘沙》</h4>
            </div>
        </div>
        <!--第二页-->
        <div data-role="page" data-title="第二页" id="second" class="demo_page"
data-theme="b">
            <div data-role="header">
                <a href="#first" data-transition="pop">回上页</a>
                <a href="#" id="gofirst">返回第一页</a>
                <h1>锦 瑟</h1>
            </div>
            <div data-role="content">
            锦瑟无端五十弦，<br>
            一弦一柱思华年。<br>
            庄生晓梦迷蝴蝶，<br>
            望帝春心托杜鹃。<br>
            沧海月明珠有泪，<br>
            蓝田日暖玉生烟。<br>
            此情可待成追忆，<br>
            只是当时已惘然。
            </div>
            <div data-role="footer">
                <h4>李商隐《锦瑟》</h4>
            </div>
        </div>
    </body>
    </html>
```

执行结果如图 12-3 所示。

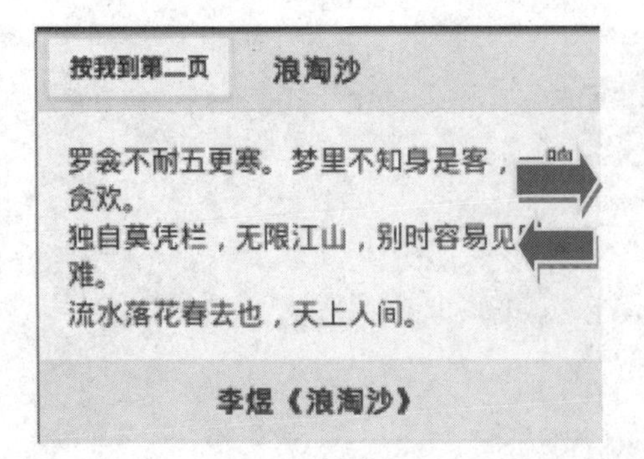

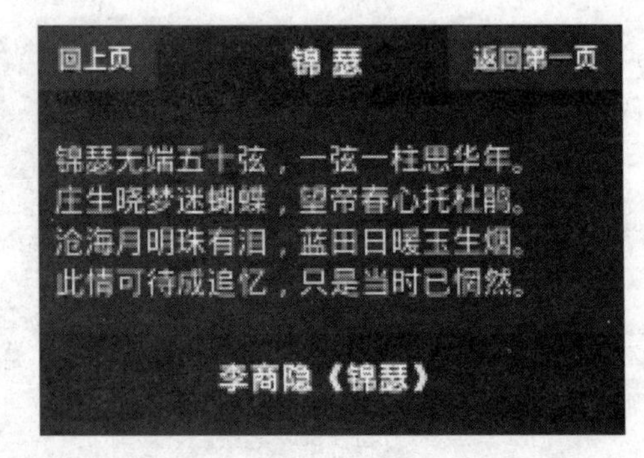

图 12-3　页面转场效果

当单击“按我到第二页”按钮之后第二页会由右侧滑入，单击“返回第一页”按钮会以弹出方式显示第一页。当然，还可以使用范例中“回上页”按钮的写法：

```
<a href="#first" data-transition="pop">回上页</a>
```

直接在<a>标记中利用 data-transition 属性指定动画效果。

12.2　触摸事件

触摸（touch）事件会在用户触摸页面时发生，点击、点击不放（长按）及滑动等动作都会触发 touch 事件。

12.2.1　点击事件

当用户触碰页面时会触发点击（tap）事件，如果点击后按住不放，几秒之后会触发长按（taphold）事件。

1. tap

tap 事件在触碰页面时就会触发，语法如下：

```
$("div").on("tap",function(){
  $(this).hide();
});
```

上述语法是点击了 div 组件之后，就会将该组件隐藏。

2. taphold

当点击页面并按住不放时会触发 taphold 事件，语法如下：

```
$("div").on("taphold",function(){
  $(this).hide();
});
```

taphold 事件默认是按住不放 750 毫秒(ms)之后触发,还可以通过$.event.special.tap.tapholdThreshold

来改变触发的时间长短，语法如下：

```
$(document).on("mobileinit", function(){
    $.event.special.tap.tapholdThreshold=3000
});
```

上述语法指定按住不放 3 秒之后才会触发 taphold 事件。下面通过具体的范例进行说明。

范例：CH12_03.htm

```
<!DOCTYPE html>
<html>
<head>
<title>触摸事件</title>
<meta name="viewport" content="width=device-width, initial-scale=1">
<link rel="stylesheet" href="jquery.mobile-1.4.0.min.css" />
<script src="jquery-1.9.1.min.js"></script>
        <script type="text/javascript">
        $(document).on("mobileinit", function(){
             $.event.special.tap.tapholdThreshold=2000
        });
        $(function() {
            $("#main_content").on("tap",function(){
                 $(this).css("color","red")
            });
            $("img").on("taphold",function(){
                 $(this).hide();
            });
        });
        </script>
        <script src="jquery.mobile-1.4.0.min.js"></script>
</head>
<body>
    <div data-role="page" data-theme="a">
        <div data-role="header">
            <h1>浪淘沙</h1>
        </div>
        <div data-role="content">
        <img src="images/pic2.jpg" width="231" height="200" border="0"><br>
        <div id="main_content">
        罗衾不耐五更寒。梦里不知身是客，一晌贪欢。<br>
        独自莫凭栏，无限江山，别时容易见时难。<br>
        流水落花春去也，天上人间。
        </div>
```

```
        </div>
        <div data-role="footer">
            <h4>李煜《浪淘沙》</h4>
        </div>
    </div>
</body>
</html>
```

执行结果如图 12-4 所示。

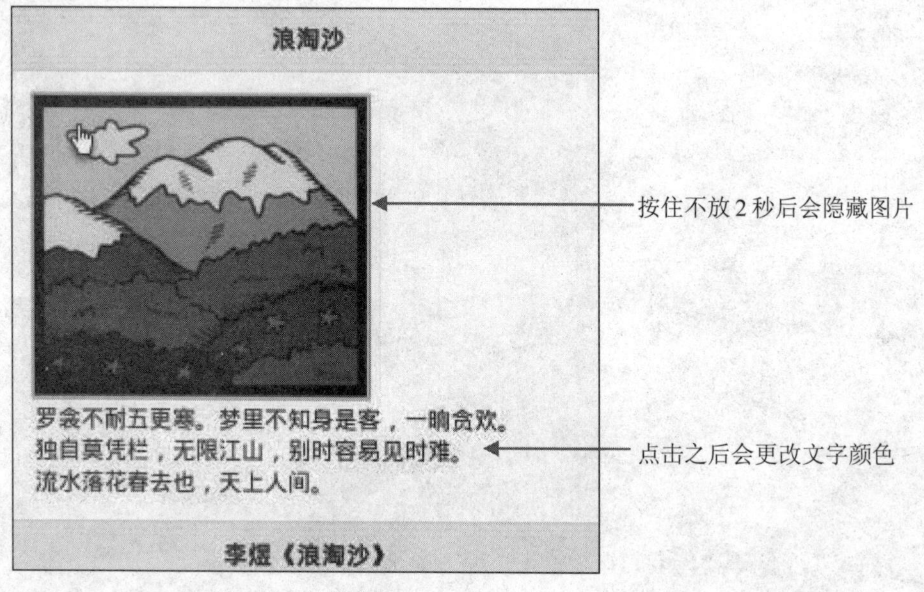

图 12-4　触摸事件

12.2.2　滑动事件

屏幕滑动的检测也是常用的功能之一，可以让应用程序使用起来更加直观与顺畅。滑动事件是指在屏幕左右滑动时触发的事件，起点必须在对象内，一秒钟内发生左右移动且距离大于 30px 时触发。滑动事件使用 swipe 语法来捕捉，语法如下：

```
$("div").on("swipe",function(){
  $("span").text("你滑动屏幕哟!");
});
```

上述语法是捕捉 div 组件的滑动事件，并将消息正文显示在 span 组件中。

还可以利用 swipeleft 捕捉向左滑动事件及 swiperight 捕捉向右滑动事件，语法说明如下：

```
$("div").on("swipeleft",function(){
  $("span").text("你向左滑动屏幕哟!");
});
```

上述语法用于捕捉 div 组件上的向左滑动事件。

范例：CH12_04.htm

```
<!DOCTYPE html>
<html>
<head>
<title>滑动事件</title>
<meta name="viewport" content="width=device-width, initial-scale=1">
<link rel="stylesheet" href="jquery.mobile-1.4.0.min.css" />
<script src="jquery-1.9.1.min.js"></script>

        <style>
        span{color:#ff0000}
        </style>
        <script type="text/javascript">
        $(function() {
            $("img").on("swipe",function(){
                $("span").text("触发了滑动事件!");
            });
            $("#main_content").on("swipeleft",function(){
                $("span").text("触发了向左滑动事件!");
            });
        });
        </script>
        <script src="jquery.mobile-1.4.0.min.js"></script>

</head>
<body>
    <div data-role="page" data-theme="a">
        <div data-role="header">
            <h1>浪淘沙</h1>
        </div>
        <div data-role="content">
        <span></span><br>
        <img src="images/pic2.jpg" width="231" height="200" border="0"><br>
        <div id="main_content">
        罗衾不耐五更寒。梦里不知身是客，一晌贪欢。<br>
        独自莫凭栏，无限江山，别时容易见时难。<br>
        流水落花春去也，天上人间。
        </div>
        </div>
        <div data-role="footer">
```

```
            <h4>李煜《浪淘沙》</h4>
        </div>
    </div>

</body>
</html>
```

执行结果如图 12-5 所示。

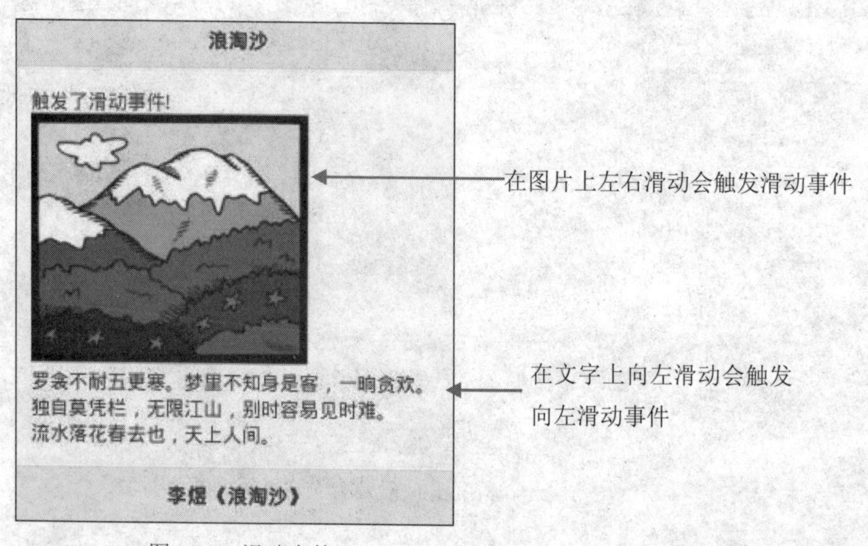

浪淘沙
触发了滑动事件!
在图片上左右滑动会触发滑动事件
罗衾不耐五更寒。梦里不知身是客，一晌贪欢。
独自莫凭栏，无限江山，别时容易见时难。
流水落花春去也，天上人间。
在文字上向左滑动会触发
向左滑动事件
李煜《浪淘沙》

图 12-5 滑动事件

12.2.3 滚动事件

滚动事件是指在屏幕上下滚动时触发的事件，jQuery Mobile 提供了两种滚动事件，分别是滚动开始触发及滚动停止触发。滚动事件利用 scrollstart 语法来捕捉滚动开始事件，利用 scrollstop 语法捕捉滚动停止事件，语法如下：

```
$(document).on("scrollstart",function(){
  $("span").text("你滚动屏幕哟!");
});
```

范例：CH12_05.htm

```
<!DOCTYPE html>
<html>
<head>
<title>滚动事件</title>
<meta name="viewport" content="width=device-width, initial-scale=1">
<link rel="stylesheet" href="jquery.mobile-1.4.0.min.css" />
<script src="jquery-1.9.1.min.js"></script>
```

```
        <style>
        span{color:#ff0000}
        </style>
        <script type="text/javascript">
        $(function() {
            $("img").on("scrollstart",function(){
                alert("你触发了滚动事件！");
            });
            $("img").on("scrollstop",function(){
                $("span").text("滚动结束！");
            });
        });
        </script>
        <script src="jquery.mobile-1.4.0.min.js"></script>

</head>
<body>
    <div data-role="page" data-theme="a">
        <div data-role="header">
            <h1>浪淘沙</h1>
        </div>
        <div data-role="content">
        <span></span><br>
        <img src="images/pic2.jpg" width="231" height="200" border="0"><br>
        <div id="main_content">
        罗衾不耐五更寒。梦里不知身是客，一晌贪欢。<br>
        独自莫凭栏，无限江山，别时容易见时难。<br>
        流水落花春去也，天上人间。
        </div>
        </div>
        <div data-role="footer">
            <h4>李煜《浪淘沙》</h4>
        </div>
    </div>

</body>
</html>
```

执行结果如图 12-6 所示。

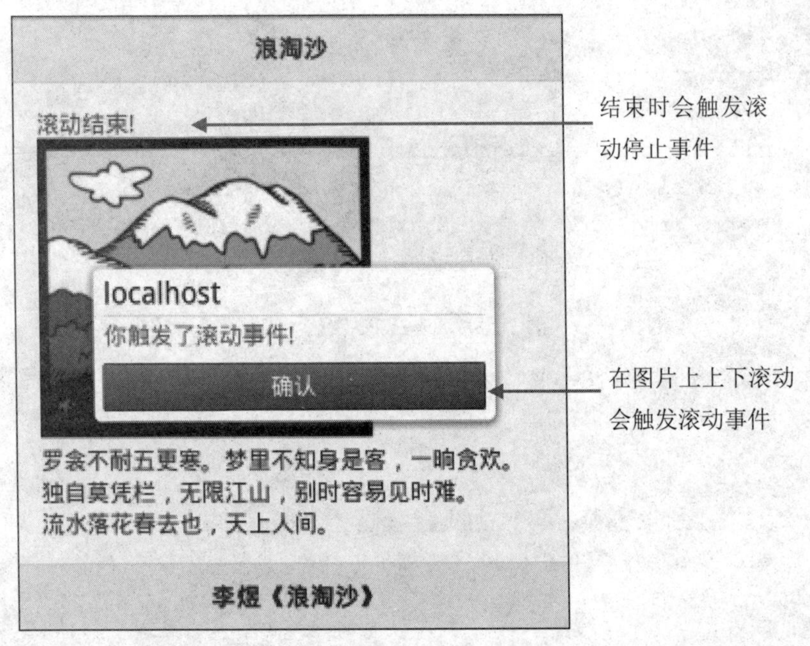

图 12-6　滚动事件

12.2.4　屏幕方向改变事件

当用户水平或垂直旋转移动设备时，会触发屏幕方向改变事件，建议将 orientationchange 事件绑定到 windows 组件从而有效捕捉方向改变事件。

```
$(window).on("orientationchange",function(event){
  alert("当前设备的方向是"+ event.orientation);
});
```

orientationchange 事件会返回设备是水平还是垂直，类型为字符串，所以处理函数加上 event 对象来接收 orientation 属性值，返回的值为 landscape（横向）或 portrait（纵向）。通过下面的范例就能够了解 orientationchange 事件的用法。由于范例需要捕捉设备方向改变事件，所以测试的工具必须提供更改设备方向的功能，此处使用 Opera Mobile 软件来测试执行结果。

范例：CH12_06.htm

```
<!DOCTYPE html>
<html>
<head>
<title>方向改变事件</title>
<meta name="viewport" content="width=device-width, initial-scale=1">
<link rel="stylesheet" href="jquery.mobile-1.4.0.min.css" />
<script src="jquery-1.9.1.min.js"></script>
        <style>
        span{color:#ff0000}
```

```
        </style>
        <script type="text/javascript">
        $(document).on("pageinit",function(event){
            $( window ).on( "orientationchange", function( event ) {
                if(event.orientation == "landscape")
                      $( "#orientation" ).text( "现在是水平模式!" );
                if(event.orientation == "portrait")
                      $( "#orientation" ).text( "现在是垂直模式!" );
            });
        })
        </script>
        <script src="jquery.mobile-1.4.0.min.js"></script>

</head>
<body>
    <div data-role="page" data-theme="a">
        <div data-role="header">
            <h1>浪淘沙</h1>
        </div>
        <div data-role="content">
        <span id="orientation"></span><br>
        <img src="images/pic2.jpg" width="231" height="200" border="0"><br>
        <div id="main_content">
        罗衾不耐五更寒。梦里不知身是客，一晌贪欢。<br>
        独自莫凭栏，无限江山，别时容易见时难。<br>
        流水落花春去也，天上人间。
        </div>
        </div>
        <div data-role="footer">
            <h4>李煜《浪淘沙》</h4>
        </div>
    </div>

</body>
</html>
```

执行结果如图 12-7 所示。

图 12-7　屏幕方向改变事件

从范例中可以清楚地了解，借助 event.orientation 属性就得知设备的方向了。

如果设备方向改变时要获取设备的宽度与高度，可以绑定 resize 事件。resize 事件在页面大小改变时会触发，语法如下：

```
$( window ).on( "resize", function() {
        var win = $(this);     //this 指的是 window
        alert(win.width()+","+win.height())
});
```

第 13 章　数据的保存与读取

制作 APP 时必须考虑数据保存的问题。在保持网络连接的情况下，数据可以通过 Ajax 方式，利用 Http Get 或 Post 方式访问远程数据库。不过，离线状态下就无法访问远程数据库了。本章将介绍如何使用 IndexedDB 和 Web SQL 在本地保存数据，以及读取文本文件。

13.1　认识 IndexedDB

HTML5 提供的本地保存功能包括前面介绍过的 Web Storage 及本地数据库（Indexed Database 和 Web SQL Database）。

Web SQL Database 是关系型数据库系统，可使用 SQLite 语法访问数据库，Indexed Database（简称 IndexedDB）是索引数据库，通过数据键（key）进行访问。目前 WebAPP 大多数支持 Web SQL，而对 IndexedDB 的兼容性并不理想，但是 W3C 组织（Web Applications Working Group）在 2011 年 11 月 18 日已经宣布将弃用 Web SQL，建议使用 Web Storage 和 IndexedDB。可想而知，IndexedDB 将会继续发展，也许日后将取代 Web SQL 成为各种浏览器都支持的数据库，因此，用户必须熟悉这两种数据库的使用。我们先看看 IndexedDB 的用法。

13.1.1　IndexedDB 的概念

IndexedDB 利用数据键（key）访问，通过索引功能搜索数据，适用于大量的结构化数据，如日历、通讯簿或记事本等。与 Web SQL 相比，IndexedDB 开发的难度比较高，不管是在概念还是在操作上都大不相同，先来看看 IndexDB 的几个重要概念。

1. 以 key/value 成对保存数据

IndexedDB 与 Web Storage 都以数据键值来保存数据，只要创建索引，就可以进行数据搜索以及排序。

2. 交易数据库模型（transactional database model）

IndexedDB 进行数据库操作之前要先进行交易（transaction)。所谓交易，简单来说就是将数据库所做的访问操作（如新增、删除、修改、查询等）包装成一个任务来执行，这个任务可能包含多个步骤，只有所有步骤执行成功，交易才算成功；只要有一个步骤失败，整个交易就取消并且交易所做的更改都会被恢复。

3. IndexedDB 大部分的异步 API

IndexedDB 数据库操作并不会立即执行，而是先创建数据库操作要求，然后定义事件处理函数来响应这些要求是成功还是失败。

4. 通过监听 DOM 事件取得执行结果

数据库操作完成时，通过监听 DOM 事件来取得执行结果，DOM 事件的 type 属性会返回成功或失败。

5. 每个读写操作都是请求（request）

IndexedDB 随时随地都在使用请求，上述的监听 DOM 事件也是一个请求。

6. 面向对象

IndexedDB 是面向对象数据库，不使用 SQL 语法，必须以面向对象的方式来获取数据。

7. NoSQL 的数据库系统

IndexedDB 的查询语言并非 SQL（结构化查询语言，Structured Query Language），而是查询索引获取指针（Cursor），然后用指针访问查询结果。

8. 同源策略（Same-origin policy）

基于“同源策略”，限制来自相同来源才能访问。

认识了 IndexedDB 之后，我们就来看看它是如何操作的。

13.1.2 IndexedDB 基本操作

要操作 IndexedDB 数据库，建议遵循以下几个步骤：

01 打开数据库和交易（transaction）；
02 创建存储对象（objectStore）；
03 对存储对象发出操作请求（request），例如新增或获取数据；
04 监听 DOM 事件等待操作完成；
05 从 result 对象上获取结果进行其他工作。

由于 IndexedDB 的标准仍然在演变中，并不是所有的浏览器都支持，在使用之前可以添加浏览器前缀标识来确定浏览器是否支持，以 Gecko 为核心的浏览器（例如 Firefox）前缀标识为 moz；以 WebKit 为核心的浏览器（例如 Chrome）前缀标识为 webkit；以 MSHTML 为核心的浏览器（例如 IE）前缀标识为 ms。可以利用下列通用语法进行测试，当不支持时则显示提示信息，语法如下：

```
window.indexedDB = window.indexedDB || window.mozIndexedDB || window.webkitIndexedDB || window.msIndexedDB;
if (!window.indexedDB) {
```

```
    alert("你的浏览器不支持indexedDB");
}
```

1. 打开数据库

打开数据库时必须要调用open()方法来请求，如果指定的数据库不存在，则会创建数据库；如果已经存在，就会被打开。调用 open()方法进行请求并不会马上打开数据库，而是会返回IDBOpenDBRequest 对象，这个对象拥有两个事件（success 和 error）。打开数据库的语法如下：

```
var request = window.indexedDB.open(dbName, dbVersion);
```

例如：

```
var request = window.indexedDB.open("MyDatabase", 3);
```

上述语法先调用open()方法打开一个名称为MyDatabase、版本编号为3的数据库。Open()方法的第二个参数是数据库版本编号，若省略不写，表示是第一个版本。

当数据库结构发生改变时，就必须更新版本编号；当版本编号更改时，就会先触发onupgradeneeded 事件，接下来才会触发 success 事件。onupgradeneeded 事件处理函数如下：

```
request.onupgradeneeded = function (event) {
  //更新存储对象和索引的语句
}
```

onupgradeneeded 事件的处理在后面的更新数据库版本部分会有更详细的说明。

接下来，针对成功时触发的success 事件和失败时触发的error 事件添加事件处理函数。当打开数据库成功时，就可以使用request 的result 属性来取得 IndexedDB 的 IDBDatabase 对象。语法如下：

```
request.onsuccess = function(event) {
    var db = request.result;
};
```

失败时触发的error 事件处理函数语法如下：

```
request.onerror = function(event) {
  // 失败时执行的语句
};
```

完整的打开数据库程序代码举例如下，供用户参考：

```
var request = indexedDB.open("MyDatabase");
request.onerror = function(event) {
  alert("IndexedDB打开失败!");
};
```

```
request.onsuccess = function(event) {
 var db = request.result;
};
```

2. 创建存储对象（objectStore）

刚才提到在新版本中创建数据库时会触发 onupgradeneeded 事件，第一次创建数据库时也会触发这个事件。在这个事件处理函数中要创建存储对象，也就是数据库结构，其语法如下：

```
request.onupgradeneeded = function(event) {
  var db = event.target.result;
  //创建 objectStore
  var objectStore = db.createObjectStore("customer", { keyPath: "user_id" });
  objectStore.createIndex("name", "name", { unique: false });
  objectStore.createIndex("address", " address", { unique: false });
  objectStore.createIndex("by_tel", "tel", { unique: false });
};
```

createObjectStore 方法会创建一个存储对象，就好像数据库中的一个数据表，第一个参数是存储对象的名称，另一个是参数对象（可省略）。

参数对象有两个属性，即 keyPath 和 autoIncrement，属性以逗号（，）分隔，例如：

```
{ keyPath: "myKey", autoIncrement : true }
```

其属性说明如表 13-1 所示。

表 13-1　keyPath 和 autoIncrement 属性说明

属性	说明
keyPath	数据键，此存储对象的数据不允许重复，必须是唯一值
autoIncrement	自动编号，类型为布尔值（true 或 false），默认为 false。 当值为 true 时，表示此存储对象数据由整数 1 开始，自动累加；值为 false 表示每次新增数据时自动设置

createObjectStore 的 createIndex 方法会创建索引，createIndex 方法有 3 个参数，分别是索引名称、索引查找目标以及 unique，程序代码如下所示：

```
objectStore.createIndex("title", "title", { unique: false });
```

Unique 的值是布尔值（true 或 false），设置为 true 表示是唯一值，false 表示非唯一值，例如，每个人的身份证号不会有重复的数据，unique 就可以设置为 true。

3. 新增数据

有了 objectStore 之后就可以开始新增数据了，新增数据可利用 objectStore 的 add 方法或 put 方法。add 方法语法如下：

```
objectStore.add (value, key);
```

put 方法语法如下：

```
objectStore.put (value, key);
```

add 方法仅在 objectStore 中数据键不存在相同数据时有用，如果 keypath 的值已经存在，put 方法会直接更新数据，否则就会新增数据。

IndexedDB 不使用数据表而是使用对象存盘，一条 objectStore 中的数据值（value）对应一条数据键（key），每条数据称为一条记录（record）。

数据键可以是 string、date、float 以及 array 类型，举例如下：

```
var request = objectStore.add({name: "eileen", adress: "上海市", tel:"021" });
```

除了一条一条地输入外，还可以采用循环方式来为 objectStore 新增数据，下面看看创建数据库并新增初始值的完整范例。

范例：CH13_01.htm

```
<!DOCTYPE html>
<html>
<head>
<meta http-equiv="Content-Type" content="text/html; charset=utf-8"/>
<title>创建数据库和初始值</title>
<script src="jquery-1.10.2.min.js"></script>

<script>
$(function () {
    window.indexedDB = window.indexedDB || window.mozIndexedDB || 
window.webkitIndexedDB || window.msIndexedDB;
    if (!window.indexedDB) {
        alert("你的浏览器不支持 indexedDB");
    }
    //要新增的数据 array
    const customerData = [
      {name: "eileen", adress: "上海市", tel:"021" },
      {name: "brian", adress: "南京市", tel:"025" }
    ];
    //打开数据库
   var req = window.indexedDB.open("MyDatabase");
   req.onsuccess = function (evt) {
     db = this.result;
     alert("openDb DONE");
   };
```

```
        req.onerror = function (evt) {
          alert("openDb:", evt.target.errorCode);
        };
        //onupgradeneeded 事件
        req.onupgradeneeded = function(event) {
          var db = event.target.result;
          //创建 objectStore
          var objectStore = db.createObjectStore("customer", { keyPath: "user_id",
autoIncrement : true });
          objectStore.createIndex("name", "name", { unique: false });
          objectStore.createIndex("address", "address", { unique: false });
          objectStore.createIndex("by_tel", "tel", { unique: false });
          //数据到 objectStore
          for (var i in customerData) {
            objectStore.add(customerData[i]);
          }
        };
    })
    </script>
    </head>
    <body>
    </body>
    </html>
```

执行结果如图 13-1 所示。

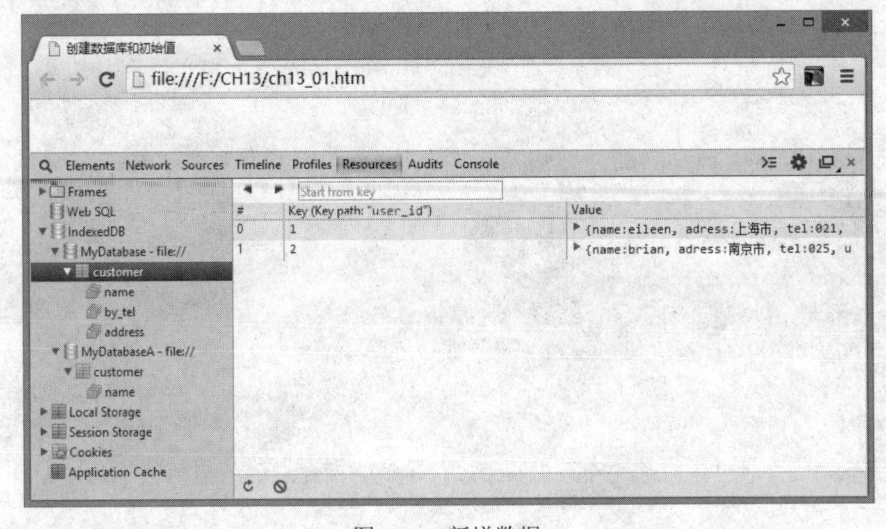

图 13-1　新增数据

对于本范例，建议采用 Google Chrome 浏览器打开。Google Chrome 浏览器提供了相当方便的 Web Developer Tools（简称 DEV Tools），可以让我们预览 IndexedDB 的内容。只要在

Chrome 浏览器中按 F12 键打开 DEV Tools，再单击 Resources 标签就能够看到 IndexedDB 项目，如图 13-2 所示。

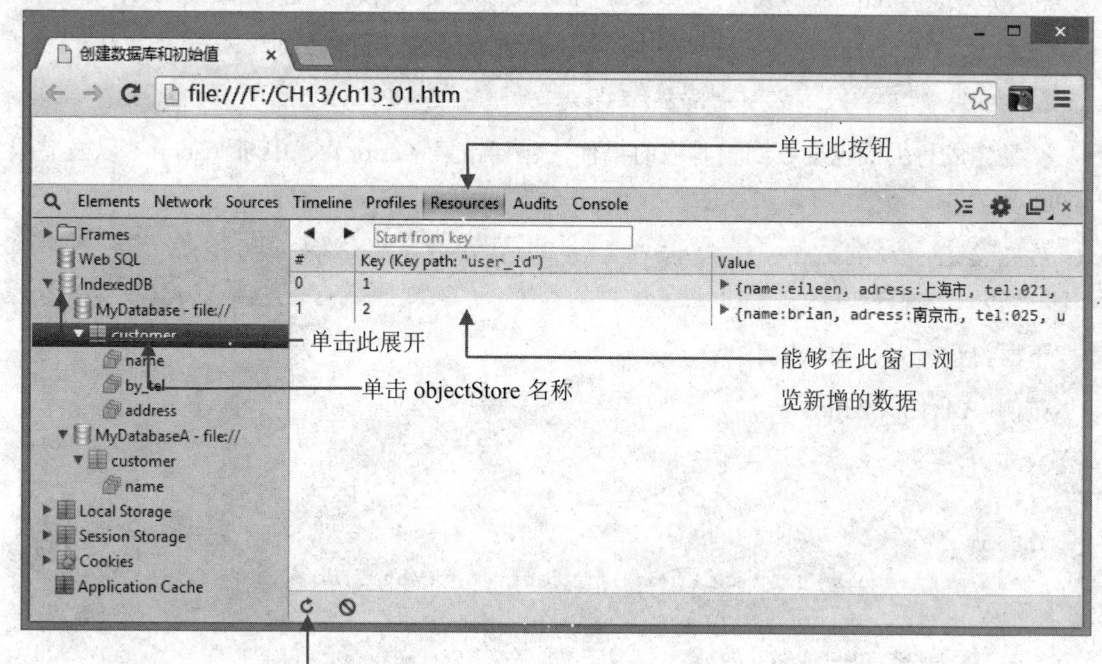

图 13-2 浏览数据库中的数据

创建 objectStore 之后，就会有数据库进行新增、读取与删除等操作的需求，下面介绍新增、读取与删除等操作。

在操作之前必须先进行交易（transaction），交易中要指定 objectStore 名称和操作权限，其格式如下所示：

```
var transaction = db.transaction(objectStore Name, 操作权限);
```

操作权限有以下 3 种模式。

- 只读模式：readonly。
- 读写模式：readwrite。
- 版本升级模式：versionchange。

如果不指定操作权限，默认为 readonly。例如，要将数据写入 objectStore 命名为 customer，就必须设为读写交易，如下所示。

```
var transaction = db.transaction("customer", "readwrite");
```

打开交易（transaction）来获取 objectStore，才能新增数据，语法如下。

```
store = transaction.objectStore("customer"); //获取 objectStore
```

```
request = store.add({name: "Jenny", address: "北京市",tel: "010"}); //新增数据
```

新增成功时，request 的成功（success）事件会被触发，失败时触发错误（error）事件。

```
request.onsuccess = function (e){…};
request.onerror = function (e){…};
```

交易完成与失败也会收到相对应的事件，包括错误（error）、中断（abort）以及完成（complete）。

```
transaction.oncomplete = function(event) {…};
transaction.onerror = function(event) {…};
```

下面查看一个实际的范例。

范例：CH13_02.htm

```
<!DOCTYPE html>
<html>
<head>
<meta http-equiv="Content-Type" content="text/html; charset=utf-8"/>
<title></title>
<script src="jquery-1.10.2.min.js"></script>
<style>
div{border:2px dotted #ff0000;padding:5px;}
</style>
<script>
var db,str;
$(function () {
    window.indexedDB = window.indexedDB || window.mozIndexedDB ||
window.webkitIndexedDB || window.msIndexedDB;
    if (!window.indexedDB) {
        alert("你的浏览器不支持 indexedDB");
    }

    //打开数据库
    var req = window.indexedDB.open("MyDatabase");
    req.onsuccess = function (evt) {
        db = this.result;
        str="MyDatabase 创建完成"
                + " >状态: " + this.readyState
                + " >版本: " + db.version
                + "<br>";
         $("div").html(str);
    };
```

```
        req.onerror = function (evt) {
            $("div").html("打开数据库错误:"+evt.target.errorCode);
        };
        //onupgradeneeded 事件
        req.onupgradeneeded = function(event) {
            //创建 objectStore
            var objectStore = event.target.result.createObjectStore("customer",
{ keyPath: "user_id" });
            objectStore.createIndex("name", "name", { unique: false });
        };
        $("#addbtn").click(function(){
            add_click('add');
        });
        $("#putbtn").click(function(){
            add_click('put');
        });
    })

    //新增数据
    function add_click(add_way){
        var transaction = db.transaction("customer", "readwrite");
        transaction.oncomplete = function(event) {
            str+="交易成功<br>";
            $("div").html(str);
        };
        transaction.onerror = function(event) {$("div").html("交易失败");};
        store = transaction.objectStore("customer");

        if(add_way=="add")
            request = store.add({user_id: $("#user_id").val(), name: $("#name").
val()});
        else
            request = store.put({user_id: $("#user_id").val(), name: $("#name").
val()});

        request.onsuccess = function (e){
            str+="新增数据成功<br>";
            $("div").html(str);
        }
        request.onerror = function (e){
            $("div").html("新增数据失败:"+e.target.error);
        }
```

```
}

</script>
</head>
<body>
账号：<input type="text" id='user_id'><br>
姓名：<input type="text" id='name'><br>
<button id="addbtn">新　增</button>
<button id="putbtn">新增/更新</button>
<div id="message"></div>
</body>
</html>
```

执行结果如图 13-3 所示。

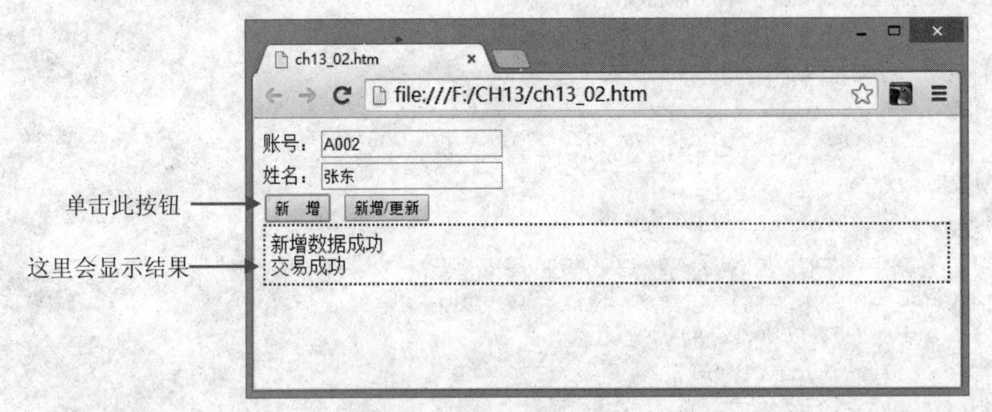

图 13-3　新增数据成功

执行完成之后，从图 13-4 可以看出数据确实已经保存到 objectStore。

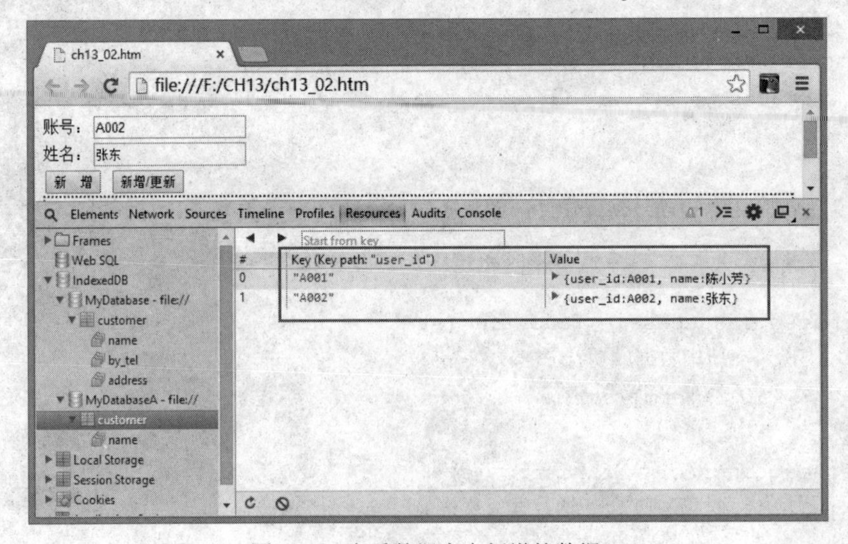

图 13-4　查看数据库中新增的数据

范例中的“新增”按钮使用的是 add 方法；“新增/更新”按钮使用的是 put 方法。前面曾经介绍过 put 方法既可以新增数据，也可以更新数据，取决于是否为唯一数据键值。

此例中的 user_id 是唯一数据键（keypath），当用户再次输入账号 A001 想改变姓名时，由于 user_id 不允许有重复的数据，因此单击“新增”按钮会显示错误信息。不过，单击“新增/更新”按钮，可以将账号为 A001 的数据更新为新数据，如图 13-5 所示。

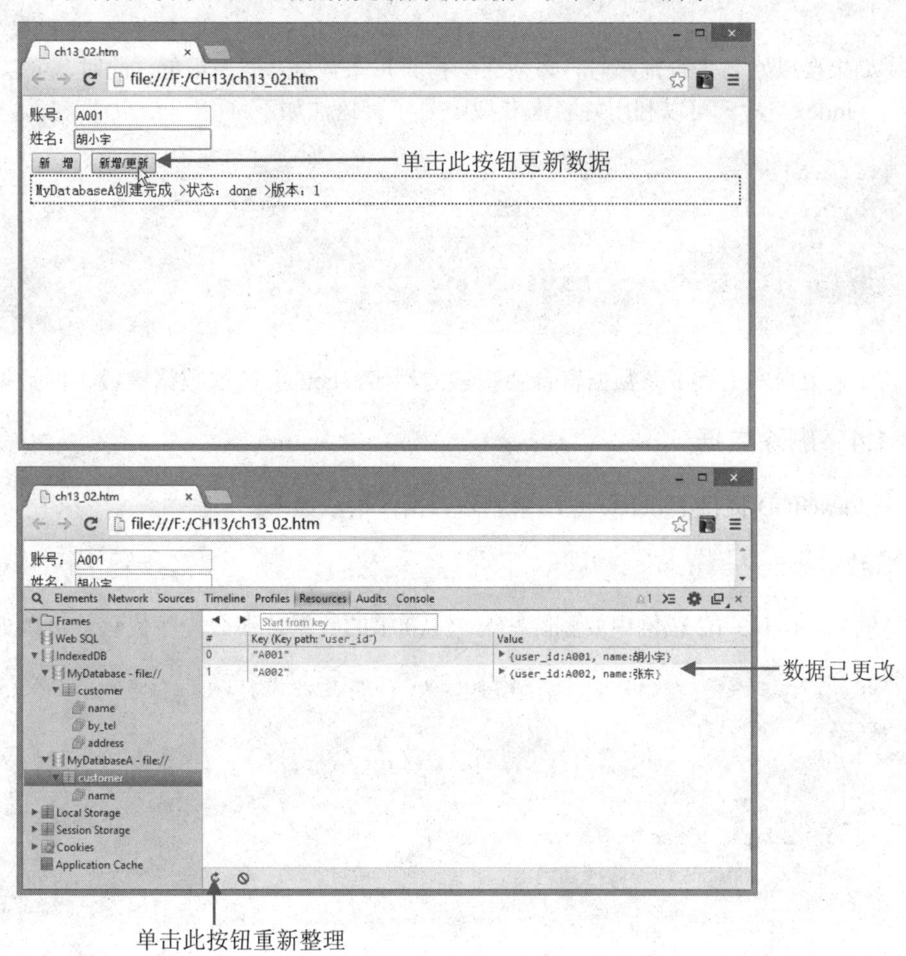

图 13-5　更新数据

13.1.3　读取数据

IndexedDB 提供了 get 方法，可以读取数据，语法如下：

```
objectStore .get (key);
```

例如，CH13_02 范例中想要读取账号为 A001 的数据，程序代码就可以如下表示：

```
var request = store.get("A001");
request.onerror = function(e) {
```

```
    $("div").html("读取数据失败"+e.target.error)
  };
  request.onsuccess = function(e) {
    str="账号："+request.result. user_id+"姓名："+request.result.name;
    $("div").html(str);
  };
```

如果要以姓名来查询账号，必须逐一检查每条数据，效率很低。此时，可以先给姓名创建索引（index），就可以利用姓名来获取账号了。语法如下：

```
  var index = store.index("name");
  var request=index.get("陈小芳");
  request.onsuccess = function(e) {
    alert(e.target.result.user_id);
  };
```

如果数据库中有多条数据符合要搜索的姓名，get()会获取数据键最小的数据。

13.1.4 删除数据

IndexedDB 提供了 delete 方法来删除数据，语法如下：

```
  objectStore .delete(key);
```

例如，CH13_02 范例中要删除账号为 A001 的数据，那么程序代码就可以如下表示：

```
  var request = store.delete("A001");
  request.onerror = function(e) {
    $("div").html("删除数据失败"+e.target.error)
  };
  request.onsuccess = function(e) {
    $("div").html("删除成功");
  };
```

调用 objectStore 的 clear 方法可以清空 objectStore 的数据，语法如下：

```
  var transaction=db.transaction(objectStore Name,'readwrite');
  var store=transaction.objectStore(objectStore Name);
  store.clear();
```

只要调用 deleteDatabase 方法就能删除 IndexedDB 的 ObjectStore，语法如下：

```
  var req = windows.indexedDB.deleteDatabase(dbName);
```

删除成功时会触发 success 事件，失败时触发 error 事件，语法如下：

```
  req.onsuccess = function () {
```

```
$("div").html ("删除成功!");
};
req.onerror = function () {
$("div").html ("删除失败!");
}
```

13.1.5 使用指针对象

get 方法只能用 key 或 index 进行读取，然而查询通常不会这么简单，特别是想要查询某个范围这类高级查询时，不要担心，objectStore 还可以利用指针对象（cursor）来获取想要的数据。指针对象通过调用 openCursor 方法来取得数据，语法如下所示。

```
objectStore.openCursor().onsuccess = function(event) {
  var cursor = event.target.result;
  if (cursor) {
    alert("账号: " + cursor.key + "姓名:" + cursor.value.name);
    cursor.continue();
  }else{
    alert("已无数据");
  }
};
```

执行成功时，指针对象会存放在 result 属性内，也就是上述程序中的 event.target.result。指针对象有两个属性：key 属性是数据键，value 属性是数据值，每次会返回一条数据。如果要继续获取下一条数据，就调用 cursor 的 continue()方法，当没有数据时，cursor 会返回 undefined。

openCursor 有两个对象可供设置：一个是 IDBKeyRange，用来限制范围；另一个是 IDBCursor，用来控制数据库浏览方向。例如，要搜索姓名符合“Eileen”的数据，代码如下。

```
var index = store.index("name");
var request = index.openCursor(IDBKeyRange.only("Eileen"),IDBCursor.NEXT);
```

当要设置搜索某个范围内的数据时，IDBKeyRange 也有 4 种方法可供使用。

- lowerBound：指定范围下限。
- upperBound：指定范围上限。
- bound：指定范围上下限。
- only：指定固定值。

其用法可以参考表 13-2。

表 13-2 IDBKeyRange 范围的用法

范围	语法
value =z	IDBKeyRange.only (z);

（续表）

范围	语法
value<=x	IDBKeyRange.upperBound(x);
value <x	IDBKeyRange.upperBound(x,true);
value >=y	IDBKeyRange.lowerBound (x);
value >y	IDBKeyRange.lowerBound (x,true);
value >=x && value <=y	IDBKeyRange.bound (x,y);
value >x && value <y	IDBKeyRange.bound (x,y,true,true);
value >x && value <=y	IDBKeyRange.bound (x,y,true,false);

第二个参数 true 和 false 是设置包含或不包含搜索值：默认值是 false，也就是包含搜索值本身；true 表示不包含搜索值本身。例如，下面是取得日期范围 2014/02/25 到 2014/03/25，包含 2014/02/25，但不包含 2014/03/25 的数据：

```
IDBKeyRange.bound("2014/02/25", "2014/03/25", false, true);
```

IDBCursor 用来设置数据库浏览方向，例如数据是从大到小还是从小到大，共有 4 个参数可供设置，如表 13-3 所示。

表 13-3　IDBCursor 的 4 个参数

参数	说明
next	从小到大
nextunique	有多条相同数据时，仅返回数据键最小的数据
prev	从大到小
prevunique	有多条相同数据时，仅返回数据键最大的数据

接下来看看 Cursor 的操作范例。

范例：CH13_03.htm

```
<!DOCTYPE html>
<html>
<head>
<meta http-equiv="Content-Type" content="text/html; charset=utf-8"/>
<title></title>
<script src="jquery-1.10.2.min.js"></script>
<style>
table{border:0;margin:0;border-collapse:collapse;}
table td{padding:3px;}
</style>
<script>
var db;
```

```
$(function () {
    window.indexedDB = window.indexedDB || window.mozIndexedDB ||
window.webkitIndexedDB || window.msIndexedDB;
    if (!window.indexedDB) {
        alert("你的浏览器不支持 indexedDB");
    }
    //打开数据库
    var req = window.indexedDB.open("MyDatabase");
    req.onsuccess = function (e) {
        db = this.result;
    };
    req.onerror = function (e) {
        $("div").html("打开数据库错误:"+e.target.errorCode);
    };
    //onupgradeneeded 事件
    req.onupgradeneeded = function(e) {
      //创建 objectStore
      var objectStore = e.target.result.createObjectStore("customer",
{ keyPath: "user_id" });
      objectStore.createIndex("name", "name", { unique: false });
      objectStore.createIndex("birthday", "birthday", { unique: false });

        //要新增的数据 Array
        const customerData = [
          {user_id:"A001",name: "Eileen",birthday: "1990/05/05" },
          {user_id:"A002",name: "Brian",birthday: "1992/08/13" },
          {user_id:"A003",name: "Andy",birthday: "1989/09/15" },
          {user_id:"A004",name: "Jennifer",birthday: "1995/01/11" },
          {user_id:"A005",name: "Mark",birthday: "1998/02/28" }
        ];
        for (var i in customerData) {
            objectStore.add(customerData[i]);
        }
    };
    $("#findbtn").click(function(){
        find_data($("#name").val(),$("#birthday_s").val(),$("#birthday_e").
val(),$("#sorting:checked").val());
    });
})

function find_data(name,births,birthe,sorting){
    $("div").empty();
```

```
    var transaction = db.transaction("customer", "readwrite");
    var store = transaction.objectStore("customer");
    //搜索姓名
        if(name != "") {
            range = IDBKeyRange.bound(name, name + '\uffff',false,false);
        }
        index = store.index("name");
        var request = index.openCursor(range,sorting);
    //搜索生日
        if(births != "" || birthe != "") {
            if(births != "" && birthe != "") {
                range = IDBKeyRange.bound(births, birthe,false,false);
            } else if(births == "") {
                range = IDBKeyRange.upperBound(birthe,false);
            } else {
                range = IDBKeyRange.lowerBound(births,false);
            }
            index = store.index("birthday");
            var request = index.openCursor(range,sorting);
        }

    var str="查询结果: <table border=1><tr><tr><th>账号</td><th>姓名</td><th>
生日</td></tr>";

    request.onsuccess = function(e) {
        var cursor = e.target.result;
        if (cursor) {
            str+="<tr><td>" + cursor.value.user_id
              + "</td><td>" + cursor.value.name
              +"</td><td>" + cursor.value.birthday
              +"</td></tr>";
            cursor.continue();
        }else{
            str+="</table>";
            $("div").html(str);
        }
    };

    request.onerror = function(e) {$("div").html(e.target.error);}
}

</script>
```

```
</head>
<body>
搜索条件：<br>
姓名：<input type="text" id='name'><br>
生日:<input type="date" id='birthday_s' value="1990/01/01">~<input type="date"
id='birthday_e' value="1995/12/01"><br>
<input type="radio" name="sorting" id="sorting" value="prev" checked>从小到大
<input type="radio" name="sorting" id="sorting" value="next">从大到小<br>
<button id="findbtn">发送查询</button>
<div id="message"></div>
</body>
</html>
```

执行结果如图13-6所示。

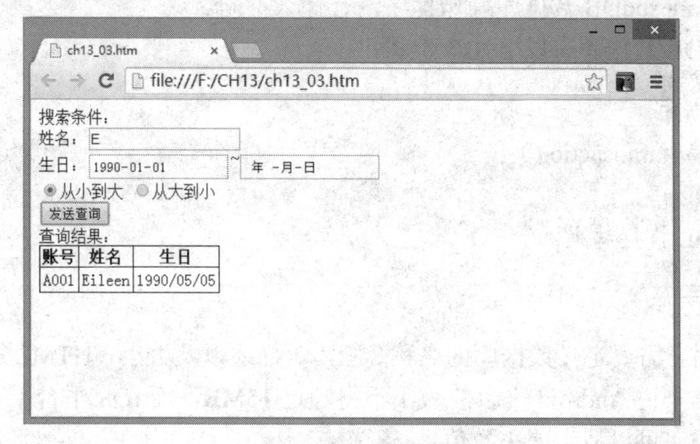

图13-6 查询结果

上述范例已经设置好数据库的数据初始值，只需在“姓名”文本框或“生日”文本框输入要搜索的条件，再单击“发送查询”按钮，就会找出符合的数据。在“姓名”文本框中可以输入完整姓名或者姓名的第一个字进行搜索，搜索的程序代码使用了IDBKeyRange的bound方法并且指定字符范围，其中“\uffff”是unicode字符的最大值，也就是z，程序代码如下：

```
range = IDBKeyRange.bound(name, name + '\uffff',false,false);
```

生日的日期搜索使用date表单组件，由于要查询某段日期范围，因此必须考虑只输入起始日或结束日的情况。当用户只输入起始日时使用lowerBound方法取得大于等于起始日的数据，只输入结束日时就可以使用upperBound方法取得小于等于结束日的数据，语法如下所示。

```
if(births != "" && birthe != "") {
    range = IDBKeyRange.bound(births, birthe,false,false); //起始~结束范围
} else if(births == "") {
    range = IDBKeyRange.upperBound(birthe,false);  //只输入结束日时
} else {
```

```
    range = IDBKeyRange.lowerBound(births,false);  //只输入起始日时
}
```

13.2 认识 Web SQL

Web SQL Database 是关系型数据库系统，使用 SQLite 语法访问数据库。对于以 SQL 为基础的关系型数据库的用户而言，学习 Web SQL 可以说是相当轻松的，而且 Web SQL Database 几乎支持各大浏览器，不必担心应用程序无法使用。虽然 W3C 已宣布将弃用 Web SQL，相信短时间内 Web SQL 仍然是开发 WebAPP 数据库的主流。

13.2.1 Web SQL 基本操作

Web SQL 就技术层面来说，仍然可以打开数据库并进行数据的新增、读取、更新与删除等相关操作，与 IndexedDB 数据库操作程序没有什么不同。

操作 IndexedDB 数据库有以下几个步骤：

01 创建数据库；

02 创建交易（transaction）；

03 执行 SQL 语法；

04 取得 SQL 执行结果。

1. 创建数据库

创建数据库时，需要定义数据库的名称、版本、描述以及大小，HTML5 Storage 的大小会因设备而异，通常来说 Android 平台的大小不得超过 15MB，而 iOS 平台不得超过 10MB。如果开发时遇到问题，可以适当调小数值。

```
db = openDatabase(dbName, dbVersion, dbDescription, dbSize);
```

为了检测是否成功创建数据库，可以检查是否为 null，例如：

```
db = openDatabase("MyDatabase", "1.0", "first DB", 2*1024*1024);
if(!db)
  alert("连接数据库失败");
```

上述语法用于打开名为 MyDatabase 的数据库，数据库版本为 1.0，描述内容为 first DB，大小是 2MB。当数据库存在时会打开数据库，不存在则创建数据库。

如果版本号码与现有数据库版本号码不相符，会无法打开数据库，建议用空白字符串代表不限定版本或者用 changeVersion 方法来更改数据库的版本，更改数据库版本的语法架构如下：

```
db.changeVersion(oldVersionNumber, newVersionNumber, callback,errorCallback,
successCallback)
```

例如：

```
db.changeVersion("", "1", function (tx) {
    // executeSql
}, function (e) {
    //失败时执行的语句
}, function () {
    //成功时执行的语句
});
```

学习小教室

数据库大小表示法

计算机的数据使用二进制的0或1，是最小的单位，也就是位（bit），内存保存数据的基本单位是字节（Byte），由8位组成。内存容量需求越来越大，开始陆续有了千字节（KB）、兆字节（MB）、千兆字节（GB）、百万兆字节（TB）等，以下是各个内存计算单位的关系：

1 Kilobyte(KB) = 1024 Bytes

1 Megabyte(MB) = 1024 KB

1 Gigabyte(GB) = 1024 MB

1 Terabyte(TB) = 1024 GB

1 Petabyte(PB) = 1024 TB

1 Exabyte(EB) = 1024 PB

1 Zettabyte(ZB) = 1024 EB

1 Yottabyte (YB) = 1024 ZB

因此，上述范例中以1024*1024来表示1MB，这样的写法比直接写1048576能更简单、更清楚地呈现数据库的大小。

2. 创建交易

创建交易时使用database.transaction()函数，其格式如下所示。

```
transaction(querysql, errorCallback, successCallback);
```

querysql是实际执行的函数，通常会定义为匿名函数，可以在函数中执行SQL语法。举例来说：

```
db.transaction(function (tx) {
   //executeSql
 }, function (e) {
    //失败时执行的语句
}, function () {
    //成功时执行的语句
});
```

3. 执行 SQL 语法

Transaction 中的 querysql 就可以使用 SQL 进行数据库的操作，创建数据表、新增/修改/删除/查询数据等，使用的就是 executeSQL 函数，格式如下：

```
executeSql(sqlStatement, arguments, callback, errorCallback);
```

各个参数说明如下。

- sqlStatement：要执行的 SQL 语法。
- arguments：如果上述 sqlStatement 使用的 SQL 语法能够动态变换，可以采用变量的方式，以问号（?）来取代变量，在 Arguments 中按照问号（?）顺序排列成一串组合，例如：

```
sqlStatement = 'update customer set name=? where id=?';
Arguments = [ 'brian', '123' ];
```

- callback：成功时获取计算结果的语句，请参考下面的内容。
- errorCallback：失败时执行的语句。

4. 取得 SQL 执行结果

当 SQL 查询执行成功之后，就可以用循环来取得执行的结果行，如下所示：

```
for(var i = 0; i < result.rows.length; i++){
    item = result.rows.item(i);
    $("div").html(item["name"] + "<br>");
}
```

结果行以 result.rows 表示，使用 result.rows.length 就能得知数据共有几条，每条数据使用 result.rows.item(index)就可以得到，index 指的是行的索引位置，从 0 开始。取得单条数据之后就可以指定字段名称，从而得到所需的数据。

13.2.2 创建数据表

大多数浏览器使用的 SQL 后台都是 SQLite，SQLite 是一个轻型嵌入式关系型数据库（embedded SQL database）。它只是一个文件，不需要特别的设置，没有服务器和配置文件，对移动设备来说是非常好用的数据库，然而它本身并不是标准语言，也没有完全遵守 SQL 标准，所以有些 SQL 语法是无法使用的。下面将进入 SQLite 语法的操作，先来看看创建数据表的语法。

```
create table table_name(
  column1 datatype PRIMARY KEY,
  column2 datatype,
  ...
);
```

table_name 是数据表的名称，column 是字段的名字，datatype 是数据类型，PRIMARY KEY 是主键，表示字段中的数据必须是唯一值，不能重复，AUTOINCREMENT 是自动编号。举例如下：

```
CREATE TABLE customer (
   id int PRIMARY KEY,
   name char(10),
   address varchar(200)
);
```

上述语句创建了 3 个字段，分别是 id、name 和 address，其中 id 字段是主键，不允许重复值，name 字段的数据类型是 10 位的 char（固定长度的字符串），address 是 200 位的 varchar（可变长度的字符串）。

SQLite 并不强制指定数据类型，数据保存时会以最适合的保存类别（Storage Class）进行保存，也就是说就算不写数据类型也没关系。例如，下面的表示法也是可行的。

```
CREATE TABLE customer ( id ,name, address);
```

即使 SQLite 允许忽略数据类型，但是为了以后更容易维护数据表以及使程序更加易读，建议最好指定数据类型，SQLite 的保存类别只有 5 种，但几乎包含了所有数据类型，其说明如下。

- text：当声明为 char、varchar、nvarchar、text、clob 等字符串类型时会被归类为 text，例如 char(10)、varchar(255)。
- numeric：当声明为 numeric、decimal(10,5)、boolean、date、datetime 时会被归类为 numeric。
- integer：当声明为 int、integer、tinyint、smallint、mediumint 等整数类型时会被归类为 integer。
- real：当声明为 real、double、float 等浮点数（具有小数点的数值）类型时会被归类为 real。
- none：不做任何数据类型转换。

当数据表已经存在时，执行 create table 命令就会出错。我们可以加上 if not exists 命令来确保 create table 命令只有在数据表不存在时才执行，语法如下所示：

```
create table if not exists customer (
   id integer primary key,
   name char(10),
   address varchar(200)
)
```

范例：CH13_04.htm

```
<!DOCTYPE html>
<html>
```

```
<head>
<meta http-equiv="Content-Type" content="text/html; charset=utf-8"/>
<title></title>
<script src="jquery-1.10.2.min.js"></script>
<script type="text/javascript">
$(function () {
//打开数据库
    var dbSize=2*1024*1024;
     db = openDatabase('firstDB', '', '', dbSize);
     //创建数据表
     db.transaction(function(tx){
         tx.executeSql("CREATE TABLE IF NOT EXISTS customer (id integer PRIMARY
KEY,name char(10),address varchar(200))",[], onSuccess,onError);
    });
    function onSuccess(tx, results)
    {
      $("div").html("打开数据库成功!")
    }
    function onError(e)
    {
      $("div").html("打开数据库错误"+e.message)
    }
})
</script>
</head>
<body>
    <div id="message"></div>
</body>
</html>
```

执行结果如图 13-7 所示。

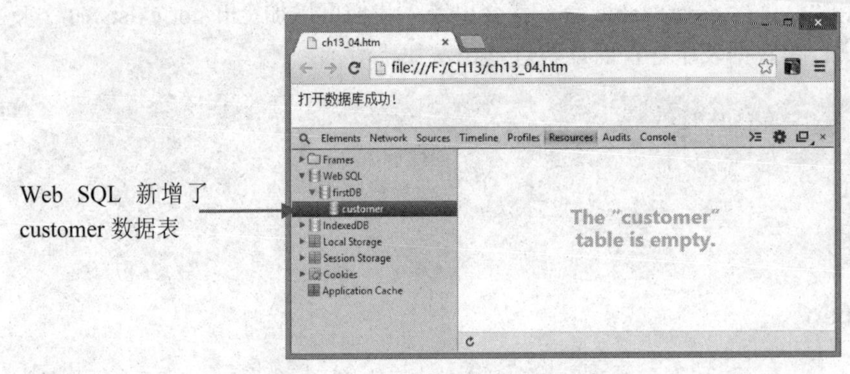

图 13-7　新增了数据表

打开 Google Chrome 的 DEV Tools，可以看到 Web SQL 数据库已经成功创建了 customer 数据表。

13.2.3 新增、修改和删除数据

数据表建好之后，就可以开始写入数据了。

1. 新增数据

新增数据的语法如下：

```
INSERT INTO tableName (column1, column2, ...) VALUES (value1, value2, ...);
```

例如：

```
INSERT INTO customer (name, address)VALUES ('brian', '上海市');
```

SQL 语法中的字符串前后只能使用单引号。

如果字段被设置为 PRIMARY KEY，当 INSERT 时没有命令字段值，会直接从字段的最大值加 1，相当于设置了 AUTOINCREMENT 自动编号。

2. 修改数据

修改数据使用的是 UPDATE 命令，语法如下：

```
UPDATE tableName SET column1=value1,column2=value2,...WHERE condition;
```

condition 是指要更新的条件，例如，要将 id 为 1 的姓名修改成 Jennifer，就可以使用下式表示：

```
UPDATE customer SET name='Jennifer' WHERE id=1;
```

如果要将资料表的某个字段一次更新，只要省略 WHERE 子句即可，例如要将地址全部改为上海市，就可以使用下式表示：

```
UPDATE customer SET address='上海市';
```

3. 删除数据

删除数据使用的是 DELETE 命令，语法如下：

```
DELETE FROM tableName WHERE condition;
```

SQL 语法相当容易理解和记忆，DELETE 语法就是从某数据表（FROM）中找出符合的数据（WHERE）并删除（DELETE）。举例来说，从 customer 数据表中删除 name 为 Jennifer 的数据，语法如下：

```
DELETE FROM customer WHERE name='Jennifer';
```

WHERE 子句指定要删除哪一条数据，如果省略 WHERE 子句，所有数据都会被删除。

UPDATE 和 DELETE 命令必须特别留意 WHERE 子句，WHERE 子句明确指出要更新或删除哪一条数据。如果省略 WHERE 子句，所有数据都会被更新或删除，使用时要特别小心。

建议输入命令时，养成先输入 WHERE 再输入 UPDATE 或 DELETE 的习惯，这样，就不会忽略 WHERE 子句。

4. 读取数据

要取出数据使用的是 SELECT 命令，语法如下：

```
SELECT column1,column2 FROM tableName WHERE condition;
```

例如：

```
SELECT id,address FROM customer WHERE name='Jennifer';
```

找到数据之后可以使用循环来获取，结果行以 result.rows 表示，用 result.rows.length 就能得知数据共有几条，每条数据使用 result.rows.item(index)就可以获取，index 指的是行的索引位置，从 0 开始。取得单行数据之后再指定字段名称，就可以取得所需的数据了，如下所示：

```
for(var i = 0; i < result.rows.length; i++){
    item = result.rows.item(i);
    $("div").html(item["name"] + "<br>");
}
```

现在就来看看完整的数据库创建和数据新增、删除的范例。

范例：CH13_05.htm

```
<!DOCTYPE html>
<html>
<head>
<meta http-equiv="Content-Type" content="text/html; charset=utf-8"/>
<title></title>
<style>
table{border-collapse:collapse;}
td{border:1px solid #0000cc;padding:5px}
#message{color:#ff0000}
</style>
<script src="jquery-1.10.2.min.js"></script>
<script type="text/javascript">
$(function () {
    //打开数据库
    var dbSize=2*1024*1024;
```

```
        db = openDatabase('firstDB', '', '', dbSize);
        db.transaction(function(tx){
            //创建数据表
            tx.executeSql("CREATE TABLE IF NOT EXISTS customer (id integer PRIMARY KEY,name char(10),address varchar(200))");
            showAll();
        });

        $( "button" ).click(function () {
            var name=$("#name").val();
            var address=$("#address").val();
            if(name=="" || address==""){
                $("#message").html("**请输入姓名和地址**");
                return false;
            }

            db.transaction(function(tx){
                    //新增数据
                    tx.executeSql("INSERT        INTO        customer(name,address) values(?,?)",[name,address],function(tx, result){
                        $("#message").html("新增数据完成!")
                        showAll();
                    },function(e){
                        $("#message").html("新增数据错误:"+e.message)
                    });
            });
        })

        $(document).on('click', ".delItem", function() {
            var delid=$(this).prop("id");
            db.transaction(function(tx){
                    //删除数据
                    var delstr="DELETE FROM customer WHERE id=?";
                    alert(delstr)
                    tx.executeSql(delstr,[delid],function(tx, result){
                        $("#message").html("删除数据完成!")
                        showAll();
                    },function(e){
                        $("#message").html("删除数据错误:"+e.errorCode);
                    });
            });
        })
```

```
        function showAll(){
            $("#showData").html("");
            db.transaction(function(tx){
                //显示 customer 数据表全部数据
                tx.executeSql("SELECT   id,name,address   FROM   customer",[],
function(tx, result){
                    if(result.rows.length>0){
                        var str="现有数据：<br><table><tr><td>id</td><td>姓名
</id><td>地址</id><td> </id></tr>";
                        for(var i = 0; i < result.rows.length; i++){
                            item = result.rows.item(i);
                            str+="<tr><td>"+item["id"]    +    "</td><td>"    +
item["name"] + "</td><td>" + item["address"] + "</td><td><input type='button'
id='"+item["id"]+"' class='delItem' value='删除'></td></tr>";
                        }
                        str+="</table>";
                        $("#showData").html(str);
                    }
                },function(e){
                    $("#message").html("SELECT 语法出错了！"+e.message)
                });
            });
        }

    })
    </script>
    </head>
    <body>
    //新增
    <table>
    <tr>
        <td>姓名：</td>
        <td><input type="text" id="name"></td>
    </tr>
    <tr>
        <td>地址：</td>
        <td><input type="text" id="address"></td>
    </tr>
    </table>
    <button id='new'>发送</button>
    <p>
    <div id="message"></div>
```

```
    <div id="showData"></div>
</body>
</html>
```

执行结果如图 13-8 所示。

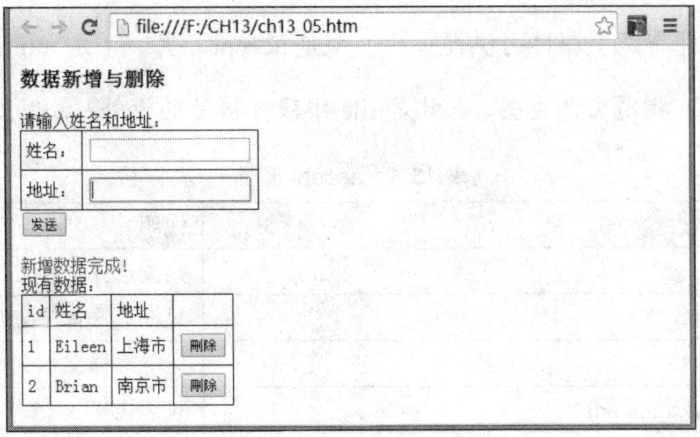

图 13-8　新增与删除数据

用户输入数据并单击“发送”按钮就可以新增一条记录，单击“删除”按钮来删除记录。其中，要读者留意的是范例中“发送”按钮以及“删除”按钮绑定事件使用的是 jQuery 语法，“发送”按钮一开始就存在，所以事件可以直接绑定在按钮中，下面两种语句都可行。

```
$( "button" ).click(function () {..});
$( "button" ).on( "click", function () {..});
```

然而，“删除”按钮是动态产生的，网页加载时并不存在，就不能采用上面的语法直接绑定在“删除”按钮上，而必须绑定在“删除”按钮的父节点，也就是声明将事件绑定在父节点中所有 class 是 delItem 的组件。这样，不管“删除”按钮如何动态产生，都会自动绑定事件，如下所示：

```
$("#showData").on('click', ".delItem", function() {});
```

13.3　读取文本文件

HTML5 搭配 JavaScript 就可以轻易读取文件的内容，并显示文件属性（例如大小、文件类型、创建日期等）。经常读取的文件是文本文件，下面将以读取文本文件来说明读取文件的方法。

13.3.1　选择文件

选择文件最简单的方式就是使用 input 元素，只要将 input 元素的 type 属性指定为 file，就能够轻轻松松地选择文件。语法如下：

```
<input type="file" name="file_name">
```

以上程序代码执行之后，将显示如图 13-9 所示的“选择文件”按钮。

选择文件 未选择文件

图 13-9　显示“选择文件”按钮

Input 的 file 组件有两个属性可供设置：一个是 accept，另一个是 multiple。

- **accept 属性**：指定文件类型，也就是 file 字段可接受的附件，常用文件如表 13-4 所示。

表 13-4　accept 属性

语法	说明
accept="video/*"	只能选择影片文件
accept=" audio/*"	只能选择音频文件
accept="text/*"	只能选择文本文件
accept="application/pdf"	只能选择 pdf 文件

如果支持多种文件类型，也可以用逗号（,）隔开，例如 accept="audio/*,video/*,image/*"。

- **multiple 属性**：可以让用户在选择文件的对话框中选择一个以上的文件。

Input 的 file 组件绑定 change 事件，并设置匿名函数接收返回的 File 对象。当一次选择多个对象时返回的就是一个 Filelist 对象，结构上类似于数组，可以使用 length 属性获取文件个数，也可以用 item[n]方法获得列表中的第 n 个文件，语法如下所示。

```
$( "input:file").on("change", function (event) {
  for (var i = 0; i < event.target.files.length; i++) {
  var file = event.target.files[i];
  …
  }
})
```

File 对象可以通过 size、type、name 来取得文件信息。

- name：取得文件名称。
- size：取得文件大小（bytes）。
- type：取得文件类型，当遇到无法识别的文件类型时会返回空白。

下面的范例是单击“选择文件”按钮选择文件之后，将选好的文件名显示出来。

范例：CH13_06.htm

```
<!DOCTYPE html>
<html>
```

```
<head>
<meta http-equiv="Content-Type" content="text/html; charset=utf-8"/>
<title></title>
<style>
#outline {border:5px #666600 outset;padding:10px;}
</style>
<script src="jquery-1.10.2.min.js"></script>
<script type="text/javascript">
$(function () {
     $( "input:file" ).on('change', function (event) {
      for (var i = 0; i < event.target.files.length; i++) {
        var file = event.target.files[i];
         $('#message').append(file.name+"<br>");
      }
    });
})
</script>
</head>
<body>
<div id="outline">
<h1>选择文件</h1>
    <input type="file" accept="image/*" multiple/>
    <div id="message"></div>
</div>
</body>
</html>
```

执行结果如图 13-10 所示。

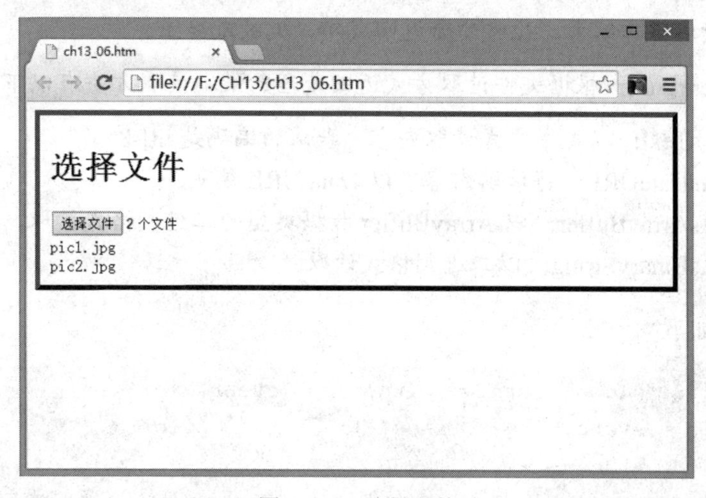

图 13-10　选择文件

范例中 Input 的 file 组件添加了 multiple 属性，可以一次选择多个文件。因此，范例中使用 name 属性就可以获取文件名。

13.3.2 读取文件

File 对象只能取得文件信息，并不能读取文件内容。要想读取内容，就必须使用 FileReader。创建 FileReader 对象的语法如下：

```
var r = new FileReader();
```

FileReader 读取文件时会触发相关的事件，如表 13-5 所示，我们可以注册事件处理器来获取这些事件加以处理。

表 13-5 事件处理器

事件	说明
FileReader.onabort	使用 abort()中断读取操作时触发
FileReader.onerror	读取操作失败时触发
FileReader.onload	读取操作成功时触发
FileReader.onloadstart	读取操作开始时触发
FileReader.onloadend	读取操作结束时触发
FileReader.onprogress	读取内容时触发

读取文件时，有以下 3 种属性可供使用。

- FileReader.error：返回错误代码。
- FileReader.readyState：返回文件读取状态。
  - 0：FileReader 对象刚创建尚未读入数据。
  - 1：数据正确读入。
  - 2：读取操作结束，此时才会返回成功、失败或终止。
- FileReader.result：根据文件读取方式返回处理结果。读取方法有以下 4 种。
  - readAsText：以文字方式读取内容，默认的编码是 utf-8。
  - readAsDataURL：将读取内容，以 Data URL 编码。
  - readAsArrayBuffer：以 ArrayBuffer 数据类型的二进制格式读取。
  - readAsBinaryString：以二进制格式读取。

程序的结构如下：

```
$( "input:file" ).on('change', function (event) {
    var file = event.target.files[0];     //获取 file 对象
   if (file) {
     var r = new FileReader();  //创建 FileReader 对象
     r.onload = function(e) {
```

```
        var contents = e.target.result;  //获取文件内容
        …
      }
      r.readAsDataURL(file);  //指定文件读取方式
    } else {
      alert("选择文件失败");
    }
});
```

下面的范例读取文件信息，并将图片文件内容显示出来。

范例：CH13_07.htm

```
<!DOCTYPE html>
<html>
<head>
<meta http-equiv="Content-Type" content="text/html; charset=utf-8"/>
<title></title>
<style>
#outline {border:5px #666600 outset;padding:10px;}
</style>
<script src="jquery-1.10.2.min.js"></script>
<script type="text/javascript">
$(function () {
  $( "input:file" ).on('change', function (event) {
      $('#fileContentList').empty();
      for (var i = 0; i < event.target.files.length; i++) {
        var file = event.target.files[i];
        if (file) {
          var r = new FileReader();
          r.file = file;
          r.readAsDataURL(file);
          r.onload = function(e) {
            var contents = e.target.result;
            var thisfile = this.file;
            $('#fileContentList').append("文件名: " + thisfile.name + "<br>文件类型: " + thisfile.type + "<br>文件大小: " + thisfile.size + " bytes<br><img src='"+contents+"'><br>");
          }
        } else {
          alert("选择文件失败");
        }
      }
```

```
 });

})
</script>
</head>
<body>
<div id="outline">
<h1>选择文件</h1>
   <input type="file"  multiple="multiple"  accept="image/*" />
   <div id="fileContentList"></div>
</div>
</body>
</html>
```

执行结果如图 13-11 所示。

图 13-11　显示文件属性

第 14 章　插件的使用

由于 jQuery 被广泛使用，因此扩展出许多共享的插件，这些插件大部分都可以供非商业性质（Non-commercial）使用，不管是表格、图片、日期菜单或日历等都有相当多的插件可以下载使用，本章将介绍几个好用的插件。

14.1　表格排序插件——tablesorter

表格是呈现数据不可缺少的工具，通过 tablesorter 插件能够轻松地美化表格，甚至对表格的排序只要设置一些参数就可以简单完成，让表格能够更灵活地呈现。

14.1.1　下载与套用

tablesorter 的下载地址为 http://tablesorter.com/docs/。

打开网址之后，你会看到如图 14-1 所示的页面，网页上通常都会注明插件的作者（Author）、版本（Version）、许可协议（Icense）以及赠送方式（Donate）等信息，并且会有插件的完整使用说明。

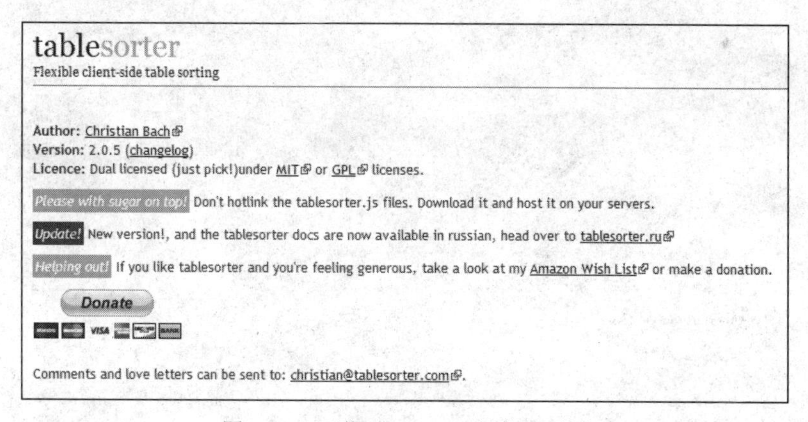

图 14-1　下载 tablesorter 插件的页面

找到并单击 Download 链接，下载 jquery.tablesorter.zip 文件并解压缩，解压缩之后的文件夹中会包含多个文件夹和 tablesorter 的 js 文件，其中 docs 文件夹是说明文件，themes 文件夹中有 blue 和 green 两种主题样式。通常只需使用 jquery.tablesorter.js 和 themes 文件夹，可以将它们复制到 html 文件的相同路径下。接下来我们看看如何套用 tablesorter plugin。

tablesorter 是 jQuery 的 plugin，因此仍然要加载 jQuery library，再加载 tablesorter plugin，表格的颜色可以套用 themes 文件夹中提供的主题样式。下面的语法使用了 blue 的主题样式，只要将下列语法添加到<head></head>标记之间即可。

```
<link rel="stylesheet" href="tablesorter/blue/style.css" type="text/css" />
<script src="http://code.jquery.com/jquery-1.10.2.min.js"></script>
<script  type="text/javascript"  src="tablesorter/jquery.tablesorter.js">
</script>
```

如果.js 文件、.css 文件与 html 文件位于不同文件夹，必须指定路径。

其使用的方式非常简单，首先制作一个基本的表格，tablesorter 必须套用在标准的 HTML 表格中，表格必须有表头标记<thead><th>和表身标记<tbody>，并且指定 table 的 id 名称和 class 名称，id 名称可自定义，class 必须指定为 tablesorter，如下所示。

```
<table id="myTable" class="tablesorter">
<thead>
<tr>
    <th>学号</th>
    <th>姓名</th>
    <th>数学</th>
    <th>英语</th>
    <th>语文</th>
</tr>
</thead>
<tbody>
<tr>
    <td>A001</td>
    <td>陈小芳</td>
    <td>100</td>
    <td>100</td>
    <td>100</td>
</tr>
<tr>
    <td>A002</td>
    <td>胡大宇</td>
    <td>85</td>
    <td>90</td>
    <td>80</td>
</tr>
<tr>
    <td>A003</td>
    <td>林小凤</td>
    <td>75</td>
    <td>65</td>
    <td>86</td>
```

```
    </tr>
    <tr>
        <td>A004</td>
        <td>黄小金</td>
        <td>72</td>
        <td>86</td>
        <td>62</td>
    </tbody>
    </table>
```

接着，只要在网页加载完成时，告诉 tablesorter 将哪一个表格排序就可以了。语法如下所示：

```
$(function () {
    $("#myTable").tablesorter();
})
```

这样，就可以完成如图 14-2 所示的表格。

学号	姓名	数学	英语	语文
A001	陈小芳	100	100	100
A002	胡大宇	85	90	80
A003	林小凤	75	65	86
A004	黄小金	72	86	62

单击此按钮就可以排序

图 14-2　创建并排序表格

可以看到表头右方多了一个排序按钮，只要单击它就可以对表格进行排序，非常方便。

14.1.2　高级应用

tablesorter 提供了一些高级功能，只要设置相关参数就可以完成，例如，默认排序、奇偶行分色等，下面看看如何进行默认排序和奇偶行分色。

1. 默认排序

默认排序只要设置 sortList 参数即可，格式如下所示。

```
sortList:[[columnIndex, sortDirection], ... ]
```

columnIndex 指定要排序的字段，左边起第一列为 0，从左到右；sortDirection 是排序方式，0 是升序排列（从小到大），1 是降序排列（从大到小）。例如，要将第一列从大到小排序，第二列由小到大排序，可以如下表示：

```
$("#myTable").tablesorter({sortList: [[0,1], [1,0]]});
```

当一进入网页时就会看到第一列和第二列分别以降序和升序排列，如图 14-3 所示。

学号 ▼	姓名 ▲	数学 ◆	英语 ◆	语文 ◆
A004	黄小金	72	86	62
A003	林小凤	75	65	86
A002	胡大宇	85	90	80
A001	陈小芳	100	100	100

图 14-3　表格的第一列和第二列排序

当然，还可以设置某一列不允许排序，只要在 headers 参数中指定字段不排序就可以了，语法如下。

```
headers: { 0: { sorter: false}, 1: {sorter: false} }
```

2. 奇偶行分色

为了让表格更容易阅读，会在奇数行和偶数行分别用不同的颜色进行分隔，tablesorter 提供了 widgets 参数，只要将 widgets 指定为 zebra 就可以完成奇偶行分色的效果，语法如下：

```
$("#myTable").tablesorter({widgets: ['zebra']});
```

奇数行与偶数行会分别采用不同的颜色显示，如图 14-4 所示。

学号 ◆	姓名 ◆	数学 ◆	英语 ◆	语文 ◆
A001	陈小芳	100	100	100
A002	胡大宇	85	90	80
A003	林小凤	75	65	86
A004	黄小金	72	86	62

图 14-4　奇偶行采用不同的颜色显示

下面看看将上述参数整合起来的实际范例。

范例：CH14_01.htm

```
<!DOCTYPE html>
<html>
  <head>
<meta http-equiv="Content-Type" content="text/html; charset=utf-8"/>
<title></title>
<link rel="stylesheet" href="tablesorter/blue/style.css" type="text/css" />
<script src="http://code.jquery.com/jquery-1.10.2.min.js"></script>
<script  type="text/javascript"  src="tablesorter/jquery.tablesorter.js">
</script>

<script type="text/javascript">
$(function () {
```

```
    $("#myTable").tablesorter( {
         sortList: [[0,1]],
         headers: {1: {sorter: false} },
         widgets: ['zebra']
        } );
})
</script>
</head>
<body>
<table id="myTable" class="tablesorter">
<thead>
<tr>
    <th>学号</th>
    <th>姓名</th>
    <th>数学</th>
    <th>英语</th>
    <th>语文</th>
</tr>
</thead>
<tbody>
<tr>
    <td>A001</td>
    <td>陈小芳</td>
    <td>100</td>
    <td>100</td>
    <td>100</td>
</tr>
<tr>
    <td>A002</td>
    <td>胡大宇</td>
    <td>85</td>
    <td>90</td>
    <td>80</td>
</tr>
<tr>
    <td>A003</td>
    <td>林小凤</td>
    <td>75</td>
    <td>65</td>
    <td>86</td>
</tr>
<tr>
```

```
        <td>A004</td>
        <td>黄小金</td>
        <td>72</td>
        <td>86</td>
        <td>62</td>
    </tr>
    </tbody>
    </table>
    </body>
    </html>
```

执行结果如图 14-5 所示。

学号	姓名	数学	英语	语文
A004	黄小金	72	86	62
A003	林小凤	75	65	86
A002	胡大宇	85	90	80
A001	陈小芳	100	100	100

图 14-5　显示表格结果

14.2　日期选择器——Datepicker

表单数据少不了日期选择器，凡是生日、订购日、出货日等数据都需要输入日期。HTML5 提供了 input 的 date 组件，可以做到日期选择器的功能，可惜 HTML5 在各个浏览器中的兼容性都不相同，因此可以改用 jQueryMobile 的 Datepicker plugin 制作日期菜单，不仅美观而且应用方式更加多样化。

14.2.1　下载与套用

Datepicker 下载地址为 https://github.com/arschmitz/jquery-mobile-datepicker-wrapper。jquery-mobile-datepicker-wrapper 程序是放在 GitHub 网站中的，进入网页后在右下方找到 Download ZIP 按钮，就可以下载程序了。

Datepicker 是 jQueryMobile 的 plugin，因此仍然要加载 jQueryMobile library 后再加载 Datepicker plugin，这个 Datepicker plugin 只支持 jQuery Mobile 1.4+版本。

```
    <link  rel="stylesheet"    href="http://code.jquery.com/mobile/git/jquery.
mobile-git.css" /> -->
      <link rel="stylesheet" href="datepicker/jquery.mobile.datepicker.css" />
      <script src="http://code.jquery.com/jquery-1.9.1.js"></script>
      <script src="https://rawgithub.com/jquery/jquery-ui/1-10-stable/ui/jquery.
ui.datepicker.js"></script>
```

```
    <script     src="http://code.jquery.com/mobile/git/jquery.mobile-git.js">
</script>
    <script src="datepicker/jquery.mobile.datepicker.js"></script>
```

接着，我们在 content 区块新增一个 input 组件，如下所示：

```
<input type="text" id="date-input" data-inline="false" data-role="date">
```

这样，input 文字组件就能够自动套用 Datepicker 的日期菜单了。当光标移到文本框中时，就会自动显示日期菜单，如图 14-6 所示。

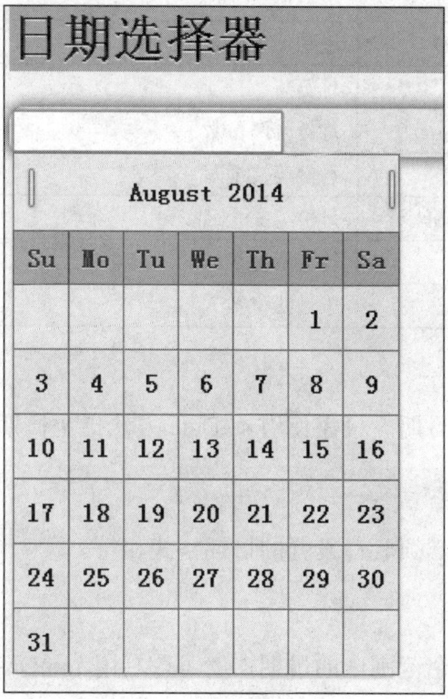

图 14-6　日期选择器菜单

如果不想套用默认的样式表，还可以将 CSS 文件换成自定义的样式表，只要将下一行的 CSS 文件改成个人的 CSS 文件就可以了。

```
<link rel="stylesheet" href="http://code.jquery.com/mobile/git/jquery.mobile
-git.css" />
```

14.2.2　高级应用

套用的日期菜单格式可能不符合我们的要求，Datepicker 提供了一些参数可以进行修改。

1. 调整日期格式

默认的日期格式是“月/日/年”，如果想要修改为“年-月-日”，可以如下表示：

```
$( "#date-input" ).datepicker( "option", "dateFormat", "yy-mm-dd" );
```

常用的 dateFormat 格式如表 14-1 所示。

表 14-1　常用 dateFormat 格式

格式	说明
d	每月的第几天
dd	每月的第几天(两位数)
o	一年中的第几天
oo	一年中的第几天(三位数)
D	星期英文缩写
DD	星期英文全名
m	月份
mm	月份（两位数）
M	月份英文缩写
MM	月份英文全名
y	年（两位数）
yy	年（四位数）

2. 设置初始日期

如果要设置日期字段的日期，只需使用 setDate 方法指定日期就可以了，语法如下：

```
$( "#date-input" ).datepicker( "setDate", "2014-03-01" );
```

这里所输入的日期格式必须要与设置的日期格式相符。

3. 设置起始日与结束日

如果希望让用户选择一个范围内的日期，就可以利用 minDate 方法与 maxDate 方法来设置日期菜单，让用户可以选择起始与结束日，语法如下：

```
$( "#date-input" ).datepicker("option", "minDate", "2014-03-03");
$( "#date-input" ).datepicker("option", "maxDate", "2014-03-25");
```

显示的日期选择器将如图 14-7 所示，用户只能选择 2014/3/3~2014/3/25 之间的日期，其余日期都会变灰而无法选择。

图 14-7 选择某个范围内的日期

范例：CH14_02.htm

```
<!DOCTYPE html>
<html>
<head>
<title></title>
<meta name="viewport" content="width=device-width, initial-scale=1">
  <link rel="stylesheet" href="themes/mytheme.min.css" />
  <link rel="stylesheet" href="datepicker/jquery.mobile.datepicker.css" />
  <script src="http://code.jquery.com/jquery-1.9.1.js"></script>
  <script src="https://rawgithub.com/jquery/jquery-ui/1-10-stable/ui/jquery.
ui.datepicker.js"></script>
  <script  src="http://code.jquery.com/mobile/git/jquery.mobile-git.js">
</script>
  <script src="datepicker/jquery.mobile.datepicker.js"></script>
  <script language="javascript">
   $(function() {
        $( "#date-input" ).datepicker("option", "dateFormat", "yy-mm-dd");
        $( "#date-input" ).datepicker("setDate", "2014-03-10" );
        $( "#date-input" ).datepicker("option", "minDate", "2014-03-03");
        $( "#date-input" ).datepicker("option", "maxDate", "2014-03-25");
   });
</script>
</head>
```

```
<body>
 <div data-role="page">
  <div data-role="header">
    <h1>日期选择器</h1>
  </div>
  <div data-role="content">
    <input type="text" id="date-input" data-inline="false" data-role="date">
  </div>
   <div data-role="footer">
    <h4>Footer</h4>
  </div>
</div>
</body>
</html>
```

执行结果如图 14-7 所示。

14.3 日历插件——FullCalendar

FullCalendar 是一款功能强大的 jQuery 日历插件，能够通过 Ajax 来取得数据配置成自己的日历，也可以让用户以单击或拖曳的方式触发事件，我们只要撰写事件处理函数，就可以达到所需的效果或功能。

14.3.1 下载与套用

FullCalendar 下载地址为 http://arshaw.com/fullcalendar/。下载 FullCalendar 插件之后，只需将 FullCalendar 文件夹和 lib 文件夹中的文件复制到 html 文件所在的文件夹即可。

HTML 文件中同样需要导入 jQuery 程序和 FullCalendar 程序，通常只需导入 fullcalendar.css 和 fullcalendar.js 文件即可，想使用 Google 日历时才需要导入 gcal.js。语法如下：

```
<link href='fullcalendar/fullcalendar/fullcalendar.css' rel='stylesheet' />
<link href='fullcalendar/fullcalendar/fullcalendar.print.css' rel='stylesheet' 
media='print' />
<script src='fullcalendar/lib/jquery.min.js'></script>
<script src='fullcalendar/lib/jquery-ui.custom.min.js'></script>
<script src='fullcalendar/fullcalendar/fullcalendar.min.js'></script>
```

接下来，需要创建用来放置日历的 div 组件，并指定 id 名称。

```
<div id='calendar'></div>
```

最后，只要将 FullCalendar 套用在 div 组件中即可，格式如下：

```
$(function() {
```

```
    $('#calendar').fullCalendar();
});
```

这样，就创建了一个如图 14-8 所示的日历。

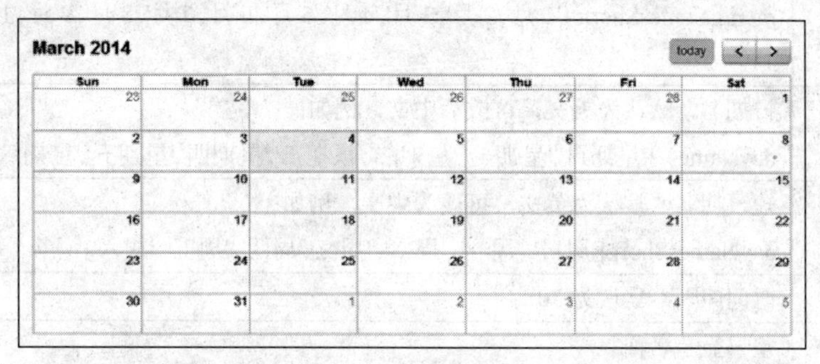

图 14-8 创建日历

以前想自己制作日历非常麻烦，现在只要加入几行程序就可以轻松完成。

14.3.2 高级应用

只要加入一些参数就能够改变日历的外观与功能，还可以加载事件，让日历具有记事的功能。

1. 常用参数

表 14-2 整理了常用的参数供用户参考。

表 14-2 日历插件的常用参数

参数	说明
editable	日程是否可以编辑，默认值为 true
draggable	日程是否可以拖曳，默认值为 true
weekends	是否显示假日，值为 true/flase，默认值为 true
defaultView	默认显示的模式，值有 month（月）、basicWeek（周）、basicDay（日）、agendaWeek（周）、agendaDay（日），默认值为 month
height	日历高度
header	设置标题样式
buttonText	设置按钮文字
aspectRatio	设置日历高度比例（比例越小，高度越高）
weekMode	周显示模式，值有 fixed（固定六周）、liquid（实际周数）、variable（整体以实际周数统一高度）
titleFormat	标题格式，timeFormat: 'H(:mm)'
monthNames	月份名，默认为英文，可改成中文，例如： monthNames: ['一月','二月','三月','四月','五月','六月','七月','八月','九月','十月','十一月','十二月']

（续表）

参数	说明
monthNamesShort	短月份名，默认为英文，可改成中文，例如： monthNamesShort: ['1 月','2 月','3 月','4 月','5 月','6 月','7 月','8 月','9 月','10 月','11 月','12 月'],
dayNames	日期名，默认为英文，可改为中文，例如： dayNames: ['星期日','星期一','星期二','星期三','星期四','星期五','星期六']
dayNamesShort	短日期名，默认为英文，可改为中文，例如： dayNamesShort:['周日', '周一', '周二', '周三','周四', '周五', '周六']
slotMinutes	时间间隔，默认为 30
allDayText	整日显示名称
minTime	开始时间，默认值为 0，例如：从 5 点开始显示，可输入 5；从 5:30 开始，可输入 5:30 或 5:30am
maxTime	结束时间，默认值为 24，例如：输入 22 表示时间只显示到晚上 10 点，也可以输入 '22:30'、'10:30pm'

下面看看实际套用参数的完整范例。

范例：CH14_03.htm

```
<!DOCTYPE html>
<html>
<head>
<link href='fullcalendar/fullcalendar/fullcalendar.css' rel='stylesheet' />
<link href='fullcalendar/fullcalendar/fullcalendar.print.css' rel='stylesheet'
media='print' />
<script src='fullcalendar/lib/jquery.min.js'></script>
<script src='fullcalendar/lib/jquery-ui.custom.min.js'></script>
<script src='fullcalendar/fullcalendar/fullcalendar.min.js'></script>
<script>

    $(document).ready(function() {

        $('#calendar').fullCalendar({
            editable: true,
            aspectRatio: 3,
            defaultView:"agendaWeek",
            height: 600,
            draggable: true,
            weekends: true,
            slotMinutes:30,
```

```
            allDayText:"整日",
            minTime:'9',
            maxTime:'18',
            monthNames:['一月','二月', '三月', '四月', '五月', '六月', '七月','
八月', '九月', '十月', '十一月', '十二月'],
            monthNamesShort: ['1月','2月','3月','4月','5月','6月','7月','8
月','9月','10月','11月','12月'],
            dayNames:['星期日', '星期一', '星期二', '星期三','星期四', '星期五', '
星期六'],
            header:{
                left: 'month,agendaWeek,agendaDay',
                center: 'title',
                right: 'prevYear,prev,today,next,nextYear'
            },
            buttonText:{
                prevYear: '去年',
                nextYear: '明年',
                today: '今天',
                month: '月',
                week: '周',
                day: '日'
            },
            dayNamesShort:['周日', '周一','周二','周三','周四','周五','周六'],
            titleFormat:{
                month: 'MMMM yyyy',
                week: "MMM d[yyyy]{'-'[ MMM] d yyyy}",
                day: 'dddd, MMM d, yyyy'
            },
            weekMode:'fixed'
        });

    });

</script>
<style>

    body {
        margin-top: 40px;
        text-align: center;
        font-size: 14px;
        font-family: "Lucida Grande",Helvetica,Arial,Verdana,sans-serif;
        }
```

```
    #calendar {
        width: 900px;
        margin: 0 auto;
        }

</style>
</head>
<body>
<div id='calendar'></div>
</body>
</html>
```

执行结果如图 14-9 所示。

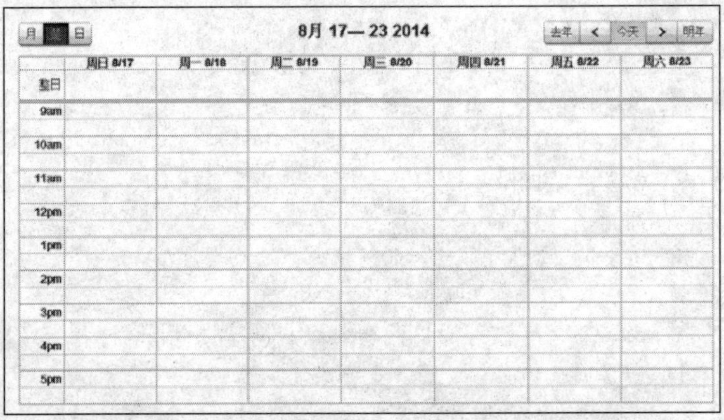

图 14-9　日历套件

2. 指定数据来源

要想将日程显示在日历上，必须使用 event 对象指定数据来源，数据可以是 array、JSON 以及 XML 格式，只要利用 events 参数来指定要使用的属性就可以了，例如：

```
events: [
{
    title: '研讨会',
    start: '2014-03-10'
},
{
    title: '旅游',
    start: '2014-03-11 10:30:00',
    end: '2014-03-13 12:30:00',
    allDay : false
}]
```

表 14-3 列出了常用的 Event 对象属性。

表 14-3 常用的 Event 对象属性

属性	说明
allDay	是否为整日事件，值为 true/false
start	事件的开始日期时间
end	事件的结束日期时间
color	背景和边框颜色
borderColor	边框颜色
backgroundColor	事件的背景颜色
textColor	事件的文字颜色
title	事件显示的标题
url	用户单击事件时要打开的 url
editable	是否可拖曳

范例：CH14_04.htm

```
<!DOCTYPE html>
<html>
<head>
<link href='fullcalendar/fullcalendar/fullcalendar.css' rel='stylesheet' />
<link href='fullcalendar/fullcalendar/fullcalendar.print.css' rel='stylesheet'
media='print' />
<script src='fullcalendar/lib/jquery.min.js'></script>
<script src='fullcalendar/lib/jquery-ui.custom.min.js'></script>
<script src='fullcalendar/fullcalendar/fullcalendar.min.js'></script>
<script>

    $(document).ready(function() {
        var date = new Date();
        var d = date.getDate();
        var m = date.getMonth();
        var y = date.getFullYear();

        $('#calendar').fullCalendar({
            editable: true,
            aspectRatio: 3,
            defaultView:"month",
            height: 600,
            draggable: true,
            weekends: true,
```

```
            slotMinutes:30,
            allDayText:"整日",
            minTime:'9',
            maxTime:'18',
            monthNames:['一月','二月', '三月', '四月', '五月', '六月', '七月','
八月', '九月', '十月', '十一月', '十二月'],
            monthNamesShort: ['1 月','2 月','3 月','4 月','5 月','6 月','7 月','8
月','9 月','10 月','11 月','12 月'],
            dayNames:['星期日', '星期一', '星期二', '星期三','星期四', '星期五', '
星期六'],
            header:{
                left: 'month,agendaWeek,agendaDay',
                center: 'title',
                right: 'prevYear,prev,today,next,nextYear'
            },
            buttonText:{
                prevYear: '去年',
                nextYear: '明年',
                today: '今天',
                month: '月',
                week: '周',
                day: '日'
            },
            dayNamesShort:['周日','周一','周二','周三','周四','周五','周六'],
            titleFormat:{
                month: 'MMMM yyyy',
                week: "MMM d[yyyy]{'—'[ MMM] d yyyy}",
                day: 'dddd, MMM d, yyyy'
            },
            weekMode:'fixed',
            events: [
                {
                    title: '例行会议',
                    start: '2014-03-15 2:00'
                },
                {
                    title: '韩国旅游',
                    start: '2014-03-28',
                    end: '2014-03-31'
                },
                {
```

```
                title: '聚餐',
                start: new Date(y, m, d-3, 16, 0),
                allDay: false
            },
            {

                title: '棒球比赛',
                start: new Date(y, m, d+2, 16, 0),
                allDay: false
            },
            {
                title: '链接到搜狐',
                start: new Date(y, m, 10),
                url: 'http://www.sohu.com/'
            }
        ]

    });

});

</script>
<style>

    body {
        margin-top: 40px;
        text-align: center;
        font-size: 14px;
        font-family: "Lucida Grande",Helvetica,Arial,Verdana,sans-serif;
        }

    #calendar {
        width: 900px;
        margin: 0 auto;
        }
</style>
</head>
<body>
<div id='calendar'></div>
</body>
</html>
```

执行结果如图 14-10 所示。

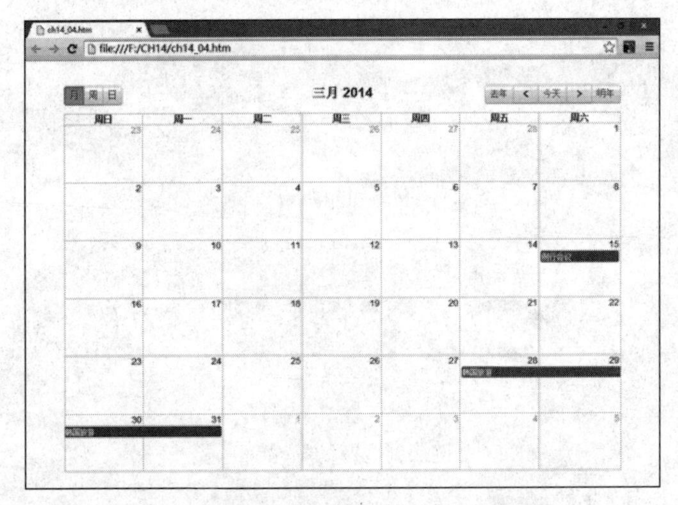

图 14-10　在日历中添加日程

范例中的 event 事件使用了多种属性的用法，其中“链接到搜狐”事件加入了 URL，因此只要单击事件就会打开搜狐页面。

start 与 end 参数必须指定日期时间，如果想指定今天的日期或者加减天数、月数或年数，就必须通过日期对象来取得日期时间，格式如下：

```
Var date=new Date(年, 月, 日, 时, 分, 秒, 毫秒)
```

如果没有指定参数，例如 new Date()，就会返回目前的日期，我们可以利用 date 对象的方法来取得个别日期与时间信息，请参考表 14-4 的说明。

表 14-4　利用 date 对象取得日期与时间信息

方法	说明
getYear()	取得年份
getMonth()	取得月份，值为 0~11，0 是一月，11 是十二月
getDate()	取得一个月的一天
getDay()	取得一个星期的一天，值为 0~6，0 是星期日，6 是星期六
getHours()	取得钟头，值为 0~23
getMinutes()	取得分钟，值为 0~59
getSeconds()	取得秒数，值为 0~59
getTime()	取得时间（单位：微秒）

取得了年月日之后，想要增减天数、月数或年数都没有问题。范例中所使用的 3 种方法分别用于取得 3 天前的日期、两天后的日期和当月 10 日的日期，如下所示。

```
start: new Date(y, m, d-3, 16, 0)
start: new Date(y, m, d+2, 16, 0)
start: new Date(y, m, 10)
```

第
04
篇
打包与测试

jQuery
mobile
HTML
5

第 15 章　下载与安装 Apache Cordova

制作好的程序需要放到移动设备上运行，本书采用 Cordova 和 Ant 将网页封装成 Android APP，Cordova 是免费并且开放源代码的移动开发框架（framework），现在介绍如何利用 Cordova 将写好的网页程序封装成 Android APP。

15.1　下载与安装 Cordova

Cordova 的前身是 PhoneGap，PhoneGap 核心捐给了 Apache 基金会，改名为 Apache Cordova。下面将介绍以 Cordova 创建 Android APP 的方法。

Cordova 可以将 HTML5+JavaScript+CSS3 开发的程序代码包装成跨平台的 APP，Cordova 包含许多移动设备的 API 接口，通过调用这些 API，就能够让 HTML5 制作出来的 Mobile APP 也像原生应用程序（Native APP）一样具有使用相机、扫描/浏览影片或者听音乐等功能。Cordova 有多种安装方式，笔者使用的是 Apache Cordova 官网提供的 NPM（Node Package Manage）安装方式，使用 NodeJS 的 NPM 套件通过 Command-Line Interface（命令行接口，简称 CLI）输入安装命令，下面介绍安装的必要工具以及安装方法。

15.1.1　安装必要的工具

Cordova 除了必须安装 NodeJS 之外，还必须安装以下 3 项工具：

- JAVA 的 JDK;
- Android 的 SDK;
- Apache Ant。

现在看看这 3 项工具的下载地址以及安装方式。

1. 安装 JAVA 的 JDK

JAVA JDK 的下载地址为 http://www.oracle.com/technetwork/java/javase/downloads/index.html。进入网页之后，请单击左边的 Java Platform(JDK)按钮，如图 15-1 所示。

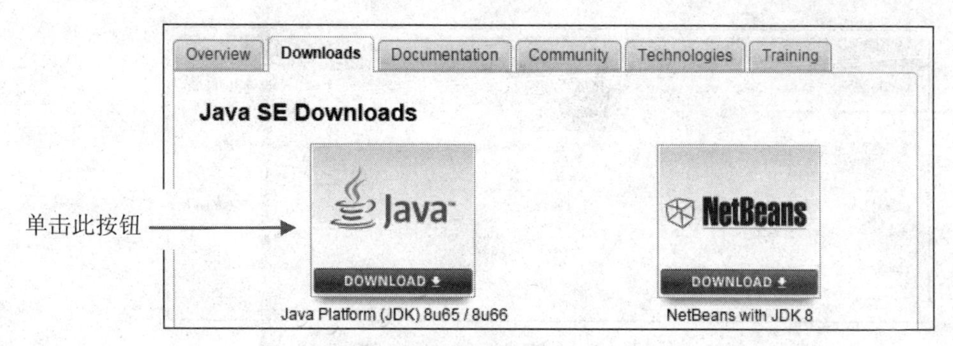

图 15-1　单击 Java Platform(JDK)按钮

进入下载页面之后，先勾选 Accept License Agreement 单选按钮，再根据你的操作系统单击要下载的版本。例如，笔者计算机为 32 位 Windows 系统，就单击 jdk-8u65-windows-x64.exe 来下载文件，如图 15-2 所示。

Java SE Development Kit 8u65

You must accept the Oracle Binary Code License Agreement for Java SE to download this software.

选中此单选按钮 → ○ Accept License Agreement　◉ Decline License Agreement

Product / File Description	File Size	Download
Linux ARM v6/v7 Hard Float ABI	77.69 MB	jdk-8u65-linux-arm32-vfp-hflt.tar.gz
Linux ARM v8 Hard Float ABI	74.66 MB	jdk-8u65-linux-arm64-vfp-hflt.tar.gz
Linux x86	154.67 MB	jdk-8u65-linux-i586.rpm
Linux x86	174.84 MB	jdk-8u65-linux-i586.tar.gz
Linux x64	152.69 MB	jdk-8u65-linux-x64.rpm
Linux x64	172.86 MB	jdk-8u65-linux-x64.tar.gz
Mac OS X x64	227.14 MB	jdk-8u65-macosx-x64.dmg
Solaris SPARC 64-bit (SVR4 package)	139.71 MB	jdk-8u65-solaris-sparcv9.tar.Z
Solaris SPARC 64-bit	99.01 MB	jdk-8u65-solaris-sparcv9.tar.gz
Solaris x64 (SVR4 package)	140.22 MB	jdk-8u65-solaris-x64.tar.Z
Solaris x64	96.74 MB	jdk-8u65-solaris-x64.tar.gz ← 单击版本下载
Windows x86	181.24 MB	jdk-8u65-windows-i586.exe
Windows x64	186.57 MB	jdk-8u65-windows-x64.exe

图 15-2　下载不同的版本

只要按照提示步骤操作就可以完成安装。安装时请留意安装路径，默认路径是 C:\Program Files\Java\jdk1.8.0_20\。

Java JDK 安装完成后，还必须在系统环境变量中指定 JDK 路径。由于其他两项工具 Android SDK 和 Apache Ant 也必须设置变量，等到 3 项工具都安装完成之后，一次设置好变量就可以了。有关变量的设置方式稍后进行说明。

2. 安装 Android SDK

Android SDK 的下载地址为 http://developer.android.com/sdk/index.html。进入网页之后，单击“其他下载选项”链接，再单击 installer_r24.4.1-windows.exe 下载并安装，如图 15-3 所示。

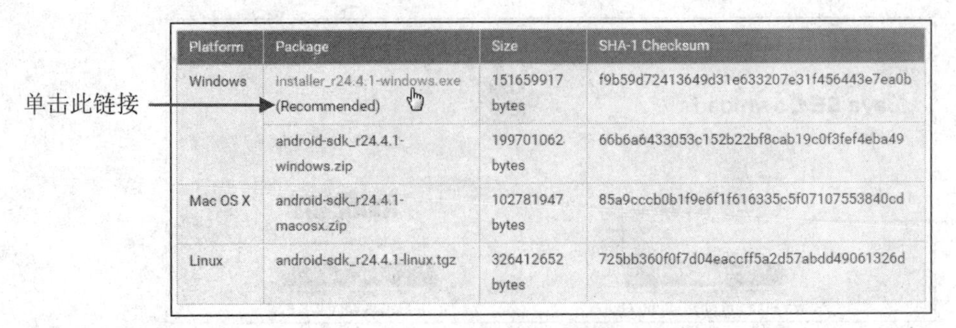

Platform	Package	Size	SHA-1 Checksum
Windows	installer_r24.4.1-windows.exe (Recommended)	151659917 bytes	f9b59d72413649d31e633207e31f456443e7ea0b
	android-sdk_r24.4.1-windows.zip	199701062 bytes	66b6a6433053c152b22bf8cab19c0f3fef4eba49
Mac OS X	android-sdk_r24.4.1-macosx.zip	102781947 bytes	85a9cccb0b1f9e6f1f616335c5f07107553840cd
Linux	android-sdk_r24.4.1-linux.tgz	326412652 bytes	725bb360f0f7d04eaccff5a2d57abdd49061326d

图 15-3　下载链接

安装时请注意安装路径，默认安装在 C:\Program Files (x86)\Android\android-sdk。

安装完成之后，默认会打开 SDK Manager（还可以在 android-sdk 文件夹中找到 SDK Manager.exe 文件），弹出 Android SDK Manager 对话框。你会看到 Android SDK Tools 复选框已被安装，Android SDK Platform-tools、Android SDK Build-tools 和 Android 4.4.2（API 19）复选框已被勾选，这些项目是默认安装的。如果你还想安装其他版本项目，可以一起勾选之后再单击 Install * packages 按钮，如图 15-4 所示。

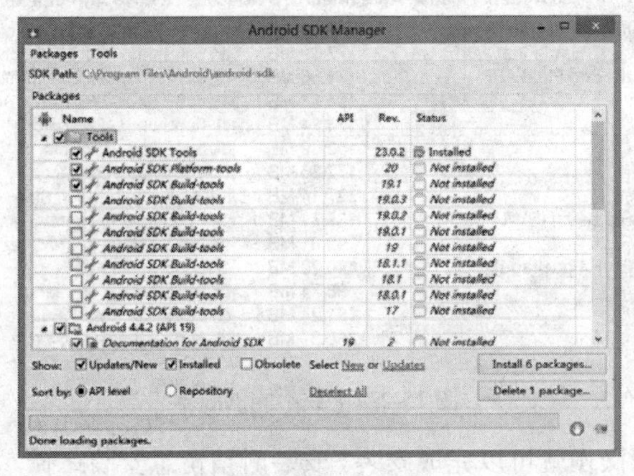

图 15-4　安装 SDK

接着，会出现选择的项目让你核对安装项目是否正确，如图 15-5 所示。如果正确无误请单击 Accept License，单击 Install 按钮就会开始安装。

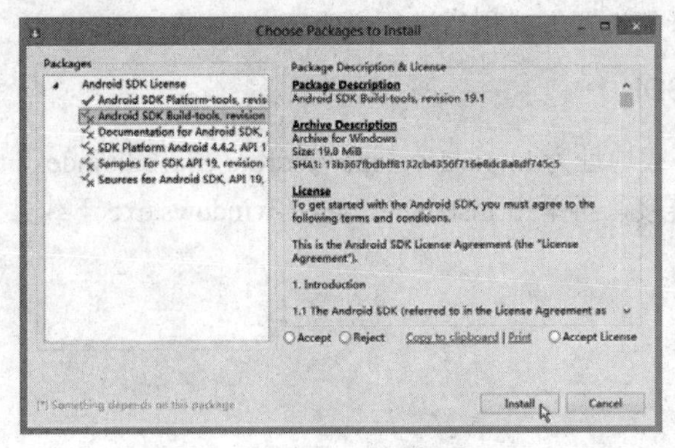

图 15-5　确认要安装的项目

安装需要一点时间，请不要关闭安装中的对话框，安装完成后会弹出如图 15-6 所示的对话框，表示已安装完成。单击 Close 按钮将对话框关闭，再关闭 Android SDK Manager 对话框。

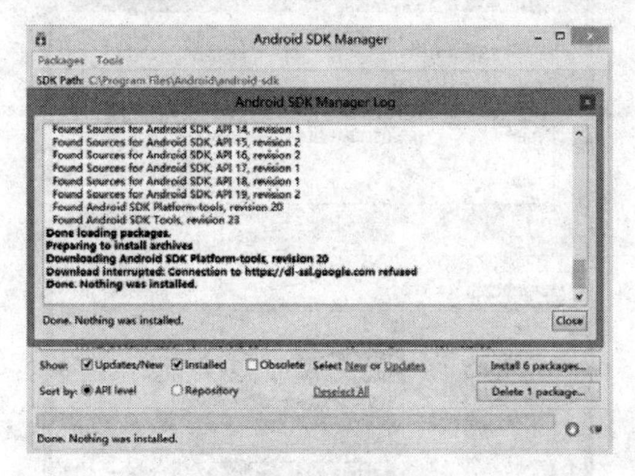

图 15-6　安装成功

3. 安装 Apache Ant

Apache Ant 下载地址为 http://ant.apache.org/bindownload.cgi。进入网页之后，单击 apache-ant-1.9.6-bin.zip 链接就可以下载文件。

最新的 Ant 版本可能与书中不同，请下载最新版即可。下载之后解压缩会得到 apache-ant-1.9.6 文件夹，Apache Ant 不需要安装，只要将 ant.bat 所在的路径加入到系统的 Path 变量中，让程序在运行时能够找到所需的文件即可。为了方便管理，笔者将 apache-ant-1.9.6 文件夹与 android SDK 放在同一个文件夹下，也就是 C:\Program Files\Android\。

4. 设置用户变量

Java JDK、Android SDK 和 Apache Ant 安装完成之后，必须在系统环境变量中指定工具的路径。请执行“控制面板/系统”功能，单击“高级系统设置”按钮，再单击“环境变量”按钮，如图 15-7 所示。

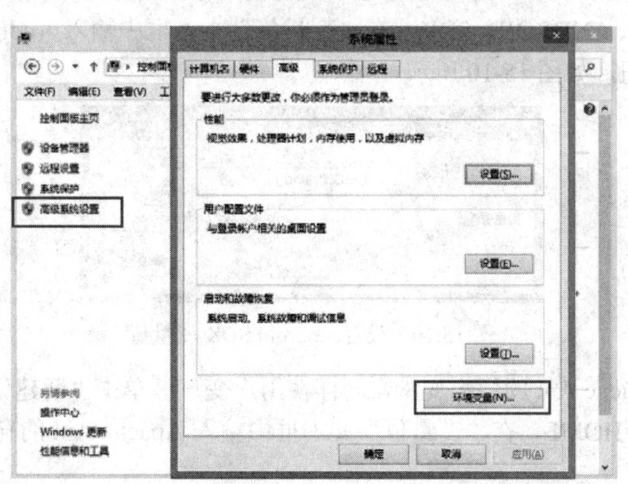

图 15-7　单击“环境变量”按钮

在用户变量区单击“新建”按钮，如图 15-8 所示。

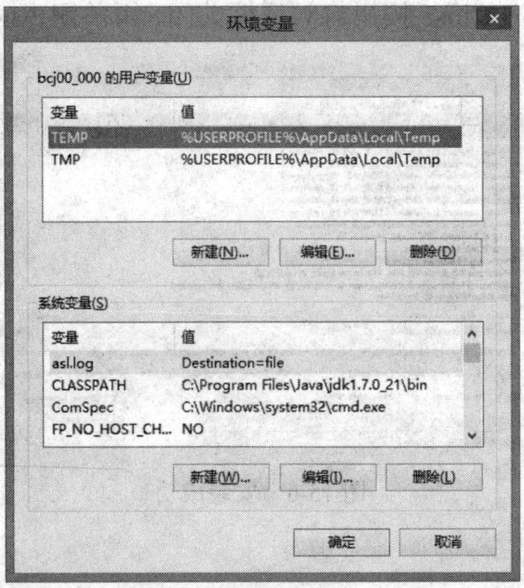

图 15-8 “环境变量”对话框

在“变量名”文本框中输入 JAVA_HOME，在“变量值”文本框中输入 JDK 存放路径，再单击“确定”按钮，如图 15-9 所示。

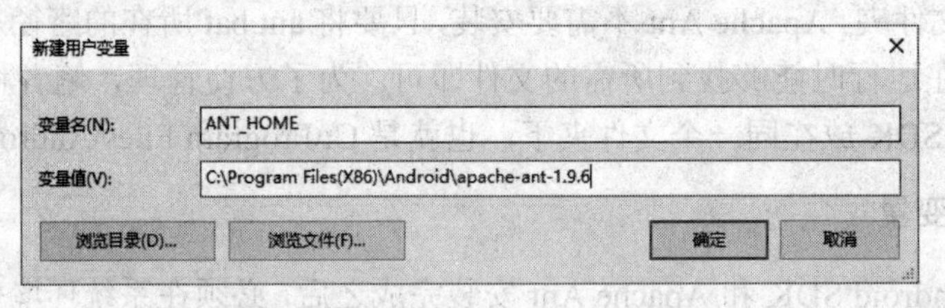

图 15-9 “新建用户变量”对话框

接着，设置 Android SDK 的用户变量，请在用户变量区再次单击“新建”按钮，在“变量名”文本框中输入 ANDROID_SDK，在“变量值”文本框中输入 Android SDK 存放路径，再单击“确定”按钮，如图 15-10 所示。

图 15-10 设置 Android SDK 变量值

接着，设置 Apache Ant 的用户变量，同样在用户变量区单击“新建”按钮，在“变量名”文本框中输入 ANT_HOME，在“变量值”文本框中输入 Apache Ant 的存放路径，如图 15-11 所示。

图 15-11　设置 ANT 变量值

接着，必须设置用户变量区中 Path 变量的变量值，请注意用户变量区有没有 Path 变量，如图 15-12 所示。

bcj00_000 的用户变量(U)

变量	值
ANT_HOME	C:\Program Files\Android\apache-ant-1....
JAVA_HOME	C:\Program Files\Java\jdk1.8.0_20
Path	C:\Program Files\Java\jdk1.7.0_51\bin\;C...
TEMP	%USERPROFILE%\AppData\Local\Temp

图 15-12　Path 变量

如果没有 Path 变量，请单击“新建”按钮来新建 Path 变量；如果已经存在 Path 变量，请单击“编辑”按钮，保留原来的变量值，直接添加要新增的变量。

在“变量名”文本框中输入 Path，在“变量值”文本框中输入如下 4 个路径，每个路径变量之间以分号（;）分隔。

- %JAVA_HOME%\bin\
- %ANT_HOME%\bin\
- %ANDROID_SDK%\tools\
- %ANDROID_SDK%\platform-tools\

输入完成后界面将如图 15-13 所示，单击“确定”按钮完成设置。

图 15-13　新建 Path 变量

如果是编辑原来的 Path 变量，别忘了新变量与原来的变量之间同样要以分号（;）分隔。

至此，3 个必要工具都已经安装完成，我们可以在“命令提示符”窗口（以下简称 CMD 窗口）测试工具是否安装成功，执行“开始/所有程序/附件/命令提示符”命令，就会打开 CMD 窗口。

输入如下测试命令：

```
C:\> java -version
C:\> ant -version
C:\> adb version
```

执行上述命令后，若安装成功会显示版本信息；若失败会显示“不是内部或外部命令，也不是可运行的程序或批处理文件”。

通常找不到命令的原因大多是变量设置的路径不正确，请再次检查用户变量的设置是否有错误或遗漏。

15.1.2 通过 npm 安装 Cordova

首先安装 NodeJS，下载地址为 http://nodejs.org/。进入网页之后单击 INSTALL 按钮，下载并安装 NodeJS，如图 15-14 所示。

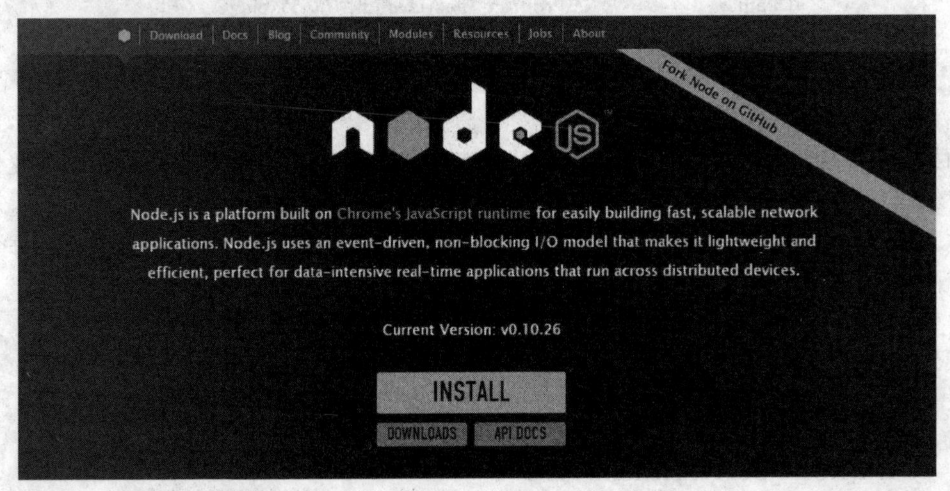

图 15-14 安装 NodeJS

NodeJS 安装完成之后，就可以使用 npm 命令安装 Cordova 了，由于命令都是在命令行（Command Line）输入与执行的，所以要先打开 CMD 窗口。

为了避免安装出现错误，建议以管理员身份打开“命令提示符”窗口，操作步骤如下：

01 执行“开始/所有程序/附件”命令。

02 在“命令提示符”命令上单击鼠标右键，单击“以管理员身份运行”，就会打开“命令提示符”窗口，如图 15-15 所示。

如图 15-16 所示是打开的“命令提示符”窗口。

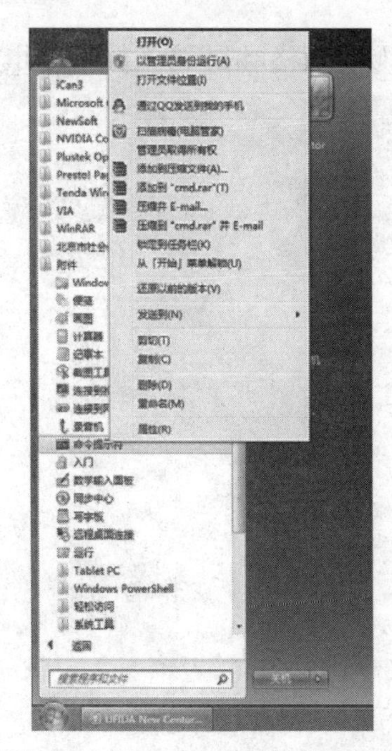

图 15-15 选择“以管理员身份运行”

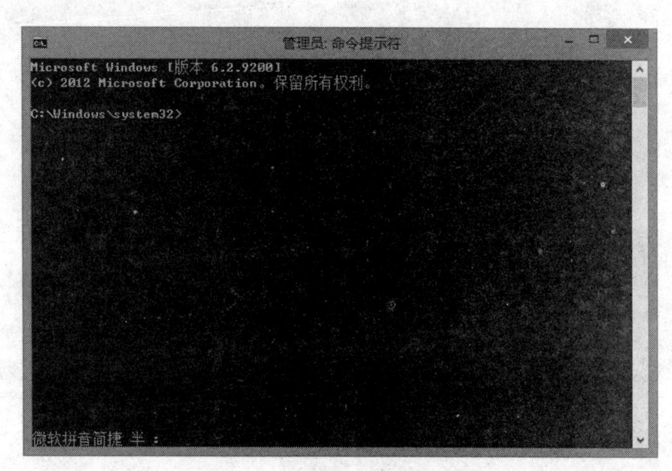

图 15-16 “命令提示符”窗口

输入下列语法安装 Cordova。

```
npm install -g cordova
```

NodeJS 安装完成时会自动增加环境变量。如果上述命令无法执行，请检查用户变量或系统变量的 Path 变量是否已经设置好正确路径，默认为 C:\Program Files\nodejs\。

15.1.3 设置 Android 模拟器

Android 模拟器（Android Virtual Device）用来模拟移动设备，大部分移动设备的功能都可以模拟操作。请在 android-sdk 文件夹中找到 AVD Manager.exe 文件并运行，出现如图 15-17 所示的对话框，单击 Create 按钮。

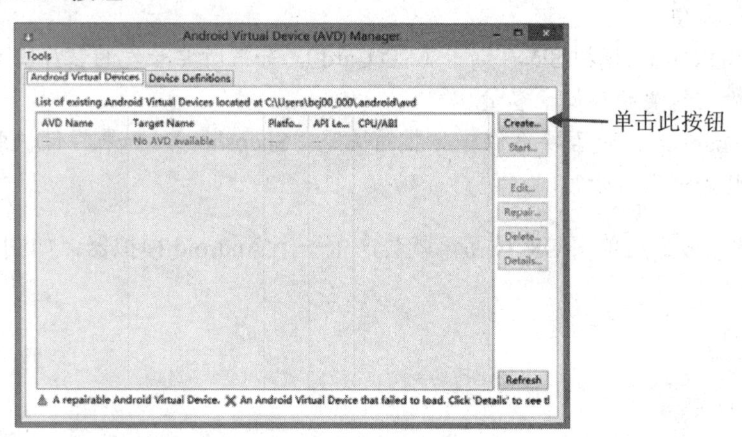

图 15-17 Android Virtual Device Manager

在出现如图 15-18 所示的对话框后，设置模拟设备所需的软硬件规格，请参考下面的说明。

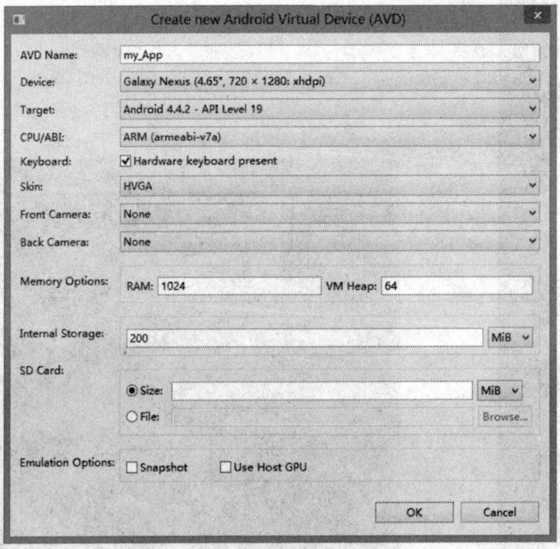

图 15-18　设置模拟设备

- AVD Name：自定义模拟器的名称，便于识别。
- Device：选择想要模拟的设备。
- Target：模拟器的 Android 操作系统版本。这里会显示 SDK Manager 已安装的版本，如果找不到想要的版本，只需打开 SDK Manager 并下载之后再进行设置就可以了。
- CPU/ABI：处理器规格。
- Keyboard：是否显示键盘。
- Skin：设置模拟设备的屏幕分辨率。
- Front Camera：模拟前镜头照相功能，设置为 None 表示不具备前镜头照相功能，还有 Emulated（虚拟）、webCam（取用计算机的摄像头，当然必须计算机安装了摄像头）。
- Back Camera：模拟后镜头照相功能，设置为 None 表示不具后镜头照相功能。
- Memory Options：RAM 用于设置内存大小，VM Heap 是限制 APP 运行时分配的内存最大值。
- SD Card：模拟 SD 存储卡（SD Card），如果所要开发的程序有可能用到存储卡，可以输入需要的存储卡容量。
- Snapshot：是否要存储模拟器的快照（Snapshot），如果存储快照，下次打开模拟器时就能缩短打开时间。

设置完成之后单击 OK 按钮，就会产生一个 Android 模拟器，如图 15-19 所示。

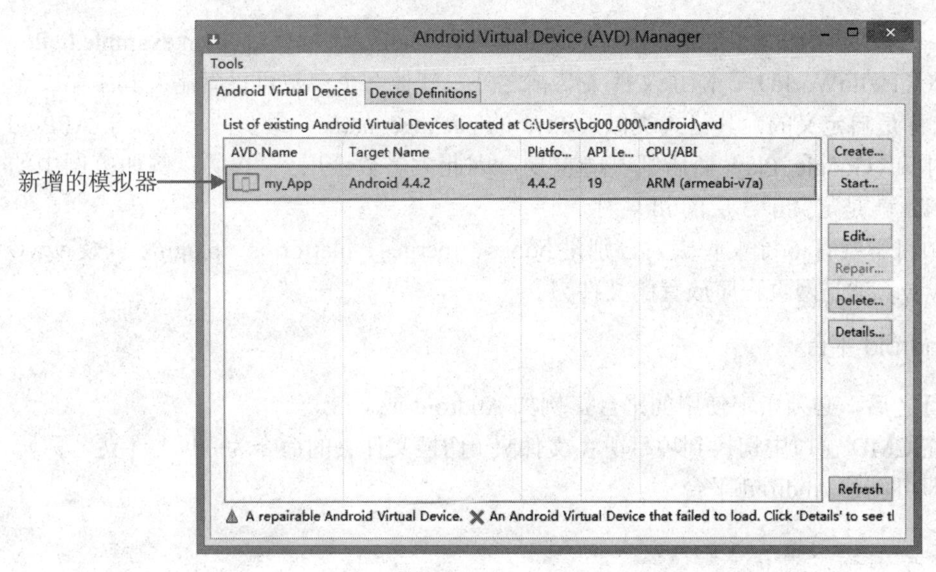

图 15-19 新增的模拟器

15.2 将网页转换成 Android APP

相关的工具安装和设置完成之后，就可以在“命令提示符”窗口下使用命令调用 Cordova 把网页转换成 APP 了。

发布 Android APP

Android 操作系统的软件安装文件必须是 APK 文件，也就是 Android 安装包（Android Package）的缩写，只要将 APK 文件加入 Android 模拟器或者在 Android 移动设备中运行就可以进行安装。

利用 Cordova Command-line Interface（CLI），只需要以下 4 个步骤就能将网页程序包装成 APK：

01 创建项目；
02 添加 Android 平台；
03 导入网页程序；
04 创建 APP。

下面看看如何输入这 4 个步骤的命令。

1. 创建项目

```
cordova create hello com.example.hello HelloWorld
```

上述命令用于创建名为 HelloWorld 的项目。请在“命令提示符”窗口中切换到要放置项目的文件夹，例如 D:\，再执行上述命令，就会创建 HelloWorld 项目，D 盘会生成 HelloWorld 文件夹。

cordova create 后面添加 3 个参数，分别是文件夹名称（hello），APP id（com.example.hello）以及 APP 名称（HelloWorld）。除了文件夹名称之外，其他两个参数可以省略，其中第二个参数 APP id 名称是自定义的，其格式类似于 Java 的 package name，最少两层。由于 APP id 在同一个手机中和 Google Play 商店都不能重复，因此大多数会用到 3 层，例如范例中的 com.example.hello 就是定义了 3 层的 id 名称。

创建好的项目下共有 6 个文件夹，分别是.hooks、merges、platforms、plugins 以及 www 文件夹。其中 www 就是网页程序放置的文件夹。

2. 添加 Android 平台

创建了项目之后，必须指定使用的平台，例如 Android 或 iOS。

首先必须在 CMD 窗口中切换到项目所在文件夹（切换文件夹的命令为 cd 文件夹名称），输入下列语法即可创建 Android 平台。

```
cordova platform add android
```

3. 导入网页程序

接着，就可以将我们制作好的网页文件，包含 HTML 文件、图形文件等所有相关文件，复制到 www 文件夹中，首页文件名默认为 index.html。用户可以使用记事本之类的文本编辑器打开项目文件夹中的 config.xml 文件，找到以下语句，将 index.html 改为首页文件名。

```
<content src="index.html" />
```

4. 创建 APP

在 CMD 窗口中先切换到项目所在文件夹（切换文件夹命令为 cd 文件夹名称），执行下面的命令创建 APP，并在模拟器中运行 APP。

```
cordova run android
```

上述程序语句包含“创建 APP”和“模拟器预览”两个操作，还可以分开运行。如果你只想创建 APP，不想从模拟器预览的话，可以只执行下列命令。

```
cordova build
```

运行完成之后，在项目文件夹下的 platforms/android/ant-build 文件夹中就可以找到“APP 名称-debug.apk”文件，例如 HelloWorld-debug.apk 文件，将它放到移动设备运行就会进行安装了。

如果创建 APP 之后想修改项目名称和 APK 文件名，可以打开项目文件夹下 platforms/android 文件夹下的 build.xml 文件以及 www 文件夹下的 config.xml 文件进行修改。

学习小教室

CMD 窗口的 DOS 命令

Cordova 的安装是在 CMD 窗口的命令行输入命令，因此必须熟悉一些基本的 DOS 命令，下面简单列出几个常用的 DOS 命令供用户参考。

- **切换文件夹**：cd 文件夹名称，例如输入 cd myapp/test，表示切换到 myapp 文件夹中的 test 文件夹。
- **回到上一层文件夹**：cd..
- **切换磁盘驱动器**：C:\>X:，例如输入 D:，表示从 C 盘切换到 D 盘。
- **查看文件**：dir

我们试着将 CH15 中的网页文件创建为项目 First-app，并封装成 APK 文件，放置到智能手机上运行。

下面复习一下封装 APK 的 4 个步骤。

01 创建项目。

在 CMD 窗口中输入命令：

```
cordova create First-app com.example.First-app First
cd First-app  //切换到项目文件夹
```

02 添加 Andorid 平台。

在 CMD 窗口中输入命令：

```
cordova platform add android
```

03 导入网页程序。

将制作好的网页放入 www 文件夹，首页文件名必须为 index.html。

04 创建 APP。

在 CMD 窗口输入命令：

```
cordova run android
```

或者

```
cordova build
```

将 platforms/android/ant-build/ First-debug.apk 发送到智能手机进行安装就完成了。当 APK 文件在智能手机运行并安装之后，就会像普通的原生 APP 一样，创建程序图标，单击图标就会打开程序，如图 15-20 所示。

图 15-20　创建程序图标

第 16 章　百度地图 API 和谷歌地图 API

云计算是当前的热门话题，知名的云计算平台有百度公司和谷歌（Google）公司，它们不断推出各种云技术，用户在平常上网时不经意间就会享受它们提供的便利服务。例如，谷歌提供的 Gmail 服务、谷歌云盘（Google 文件）、谷歌地图，百度提供的百度云盘、百度地图等功能。更棒的是，它们开放了不少 API，用户不仅可以在线使用这些服务，还能够借助 API 将这些服务放入自己的网页中。

本章主要介绍如何利用百度地图 API 或者谷歌地图 API 将地图服务内嵌到网页中。

16.1　百度地图 API 和谷歌地图 API

百度地图 API 和谷歌地图 API 可以应用在很多地方，例如，按地址显示地图或者获取两地之间的距离等。看过这章的介绍后，你会发现这些功能都不难，只要搭配一点简单的 JavaScript 语法就可以实现。除了本章所介绍的范例，相信读者可以制作出更多创意应用喔！

16.1.1　简易的百度地图和谷歌地图

百度地图 API 的 Web 版本的最新版本为 JavaScript 2.0，谷歌地图 API 的最新的版本是 Google Maps JavaScript API 3.0。

百度地图 API 免费对外开放，自 v1.5 版本起，使用前需先到百度网站申请密钥（ak）才可以使用，该 API 接口（除发送短信功能外）无使用次数限制。申请 API 密钥的网址为：http://lbsyun.baidu.com/。

谷歌地图 API 的旧版在使用之前，也必须先到谷歌网站申请密钥（API keys），而谷歌地图 API V3.0 则不需要密钥，直接就可以使用，更加简单方便。

使用百度地图需要以下 3 个步骤：

1. 加载百度地图 API（注意：下面范例程序中“您的密钥”即为开发者在百度申请的使用百度地图 API 的密钥。若要运行本章提供的百度地图范例程序，请将您申请的密钥填入范例程序标记为“您的密钥”的位置）；

2. 指定地图 DOM 元素（使用 div 标记）；

3. 设置地图属性，建立地图。

同步加载百度地图的范例程序如下。

范例：ch16_01_同步加载地图_百度.html

```
<!DOCTYPE html>
```

```
<html>
  <head>
    <meta name="viewport" content="initial-scale=1.0, user-scalable=no" />
    <meta http-equiv="Content-Type" content="text/html; charset=utf-8" />
    <style type="text/css">
      html { height: 100% }
      body { height: 100%; margin: 0px; padding: 0px }
      #map_canvas { height: 100% }
    </style>
    <script type="text/javascript" src="http://api.map.baidu.com/api?v=2.0
&ak=您的密钥">
//请替换成您申请的百度地图 API 密钥，方可运行。
    //v1.4 及 V1.4 以下版本的引用方式：src="http://api.map.baidu.com/api?v
=1.4&key=您的密钥&callback=initialize"
    </script>
  </head>

  <body>
    <!--地图 DOM 元素-->
    <div id="map_canvas" style="width: 100%; height: 100%;"></div>
    <script type="text/javascript">
      var map = new BMap.Map("map_canvas");     // 创建地图实例
      var point = new BMap.Point(116.404, 39.915);  // 创建点坐标
      map.centerAndZoom(point, 18);   // 初始化地图，设置中心点坐标和地图级别
    </script>
  </body>
</html>
```

运行结果如图 16-1 所示。

如果使用谷歌地图，则是下列 3 个步骤：

01 加载谷歌地图 API;

02 指定地图 DOM 元素（使用 div 标记）；

03 设置地图属性，建立地图。注意：谷歌设置地图经纬度的次序和百度是反过来的。

图 16-1　范例程序 ch16_01_同步加载地图_百度.html 的运行结果

同步加载谷歌地图的范例程序如下。

范例：ch16_01_同步加载地图_谷歌.htm

```
<!DOCTYPE html>
<html>
 <head>
   <meta name="viewport" content="width=device-width, initial-scale=1">
   <style type="text/css">
     html { height: 100% }
     body { height: 100%; margin: 0px; padding: 0px }
     #map_canvas { height: 100% }
   </style>

   <script type="text/javascript">

     //加载谷歌地图 API
     window.onload = loadScript;
     function loadScript() {
       var script = document.createElement("script");
       script.type = "text/javascript";
```

```
    script.src = "http://maps.google.com/maps/api/js?sensor=false&
callback=initialize";
          document.body.appendChild(script);
        }

        // 谷歌地图初始化
        function initialize() {
        //设置地图属性，建立地图
          var myLatlng = new google.maps.LatLng(39.915, 116.404);
        //Google Map 初始化
          var myOptions = {
            zoom: 18,
            center: myLatlng,
            mapTypeId: google.maps.MapTypeId.ROADMAP
          }
          var map = new google.maps.Map(document.getElementById("map_canvas"),
myOptions);
        }
      </script>
    </head>

    <body>
      <!--地图 DOM 元素-->
      <div id="map_canvas" style="width: 100%; height: 100%;"></div>
    </body>
  </html>
```

谷歌范例程序的运行结果与图 16-1 大同小异。

接下来，就按序来说明一下地图加载流程的程序代码。

1. 加载百度地图 API 和加载谷歌地图 API

百度地图 API 或者谷歌地图 API 可以让我们使用 JavaScript 将地图嵌入自己的网页，首先必须把 JavaScript 函数库加载进来，加载方式有两种，一种是通过 HTTPS 加载 API，另一种是以异步方式加载 JavaScript API。通过 HTTPS 加载 API 的语法如下：

百度地图 API 的同步加载方式（需要填入申请的密钥）：

```
  <script  type="text/javascript"  src="http://api.map.baidu.com/api?v=2.0&ak=
您的密钥">
```

谷歌地图 API 的同步加载方式（无须使用密钥）：

```
  <script
src="https://maps-api-ssl.google.com/maps/api/js?v=3&sensor=true_or_false"
```

```
    type="text/javascript"></script>
```

以此方式嵌入 API，优点是可以让数据受到 HTTPS（HTTP over SSL）通信协议的保护，对于地图上标示了用户重要数据的网页，建议以此方式来嵌入 API。缺点是网页一打开就会立刻开始执行地图的加载，浏览器在解析 JavaScript 期间，可能就无法处理网页上的其他内容，因此可能会造成延迟的现象。

以异步方式加载 JavaScript API 的语法如下：

百度地图 API 的异步加载方式（需要填入申请的密钥）：

```
    function loadJScript() {
    var script = document.createElement("script");
        script.type = "text/javascript";
    script.src = "http://api.map.baidu.com/api?v=2.0&ak=您的密钥
&callback=init";
    //请替换成您申请的百度地图 API 密钥，方可运行。
        document.body.appendChild(script);
    }
    function init() {
        var map = new BMap.Map("allmap");        // 创建 Map 实例
        var point = new BMap.Point(116.404, 39.915); // 创建点坐标
            map.centerAndZoom(point,18);
            map.enableScrollWheelZoom();          //启用滚轮放大缩小
        }
    window.onload = loadJScript;  //异步加载地图
```

谷歌地图 API 的异步加载方式（无须使用密钥）：

```
    function loadScript() {
     var script = document.createElement("script");  //创建 script 对象
     script.type = "text/javascript";
    script.src                                                              =
"http://maps.google.com/maps/api/js?sensor=false&callback=initialize";
     document.body.appendChild(script);
     }
     window.onload = loadScript;
```

window.onload 事件在网页加载完成时才执行，并且将 Maps Javascript API 写入<script>标记内，在网址利用 callback 参数指定要在 API 加载完成之后才调用 initialize()函数。

对于百度地图 API，我们提供了同步和异步加载方式的范例（ch16_01_同步加载地图_百度.html 和 ch16_01_异步加载地图_百度.html，百度异步加载范例程序的完整程序未在本书中列出，请参考下载的范例程序源码）。

对于谷歌地图 API，我们只提供了异步加载地图的范例（ch16_01_异步加载地图_谷歌.htm，注意谷歌范例程序的文件名是.htm 而不是.html，这只是为了区别没有特别含义）。另外，谷

歌的同步加载方式只需要替换一下加载语句就可以了。

2. 指定地图 DOM 元素（使用 div 标记）

使用<div>标记在网页上指定地图放置的区域，DIV 的大小也就是地图显示的范围，所以在一开始创建 DIV 标记的时候就可以先把高和宽设定好，如下所示。百度和谷歌范例程序这条语句是一样的。

```
<div id="map_canvas" style="width: 100%; height: 100%"></div>
```

3. 设置地图属性，建立地图

BMap.Point 对象是百度地图专用的坐标对象，以经度（longitude）和纬度（latitude）两个参数来定出位置，而 google.maps.LatLng 对象是谷歌地图 API 专用的坐标对象，以纬度（latitude）和经度（longitude）两个参数来定出位置。注意：百度和谷歌这两个参数的次序是反过来的。它们的语句如下：

百度对应的语句：

```
var point = new BMap.Point(Longitude, Latitude)
```

谷歌对应的语句：

```
var myLatlng = new google.maps.LatLng(Latitude, Longitude)
```

例如，下式所指定的位置是北京天安门。

```
var point = new BMap.Point(116.404017, 39.915073);
```

我们怎么知道某个地点的经纬度呢？很简单，对于百度而言，只要打开百度地图拾取坐标系统（http://api.map.baidu.com/lbsapi/getpoint/index.html），在搜索框中输入关键字（这里输入北京天安门），单击“百度一下”进行搜索，在打开的地图上找到天安门，将鼠标指针指向该地点，下方就会动态显示出这个地点的经纬度，再用鼠标单击该地点，在网页上方的“当前坐标点如下”栏中即会出现经纬度的数据，可以供用户复制，如图 16-2 所示。

而在谷歌地图上用鼠标单击所选地点，再单击鼠标右键调出快捷菜单，从中选择“这儿有什么？”选项就可以查询出经纬度，如图 16-3 所示。

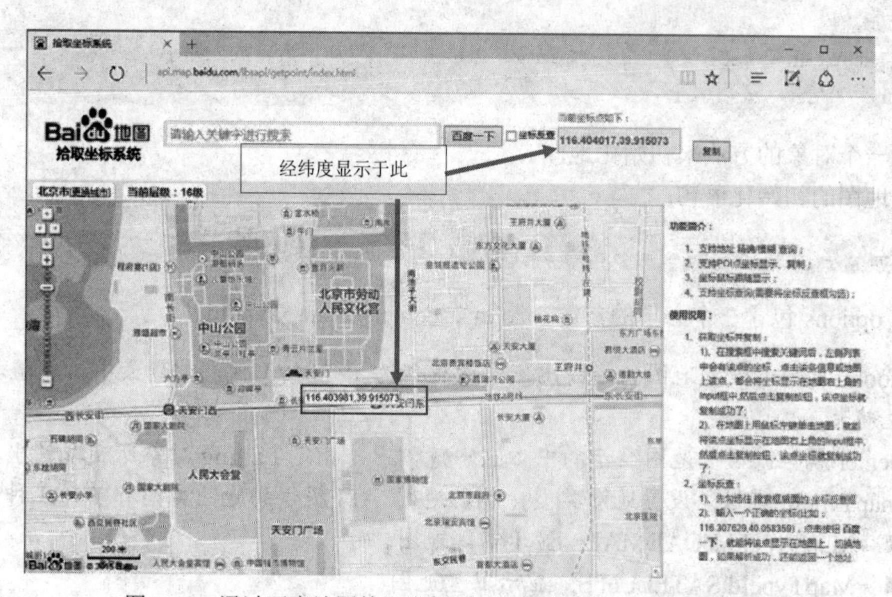

图 16-2　通过百度地图拾取坐标系统可以获取指定地点的经纬度

图 16-3　在谷歌地图中获取指定地点的经纬度

接着需要设置初始化的信息，包括缩放比例、中心点及地图类型，并指定给网页上的<div>组件，百度地图和谷歌地图的初始化语句分别如下：

百度地图的初始化语句：

```
function init() { //
  var map = new BMap.Map(DIV组件);    // 创建Map实例
  var point = new BMap.Point(经度, 纬度); // 创建点坐标
  map.centerAndZoom(point,18);
```

```
        map.enableScrollWheelZoom();          //启用滚轮放大缩小
    }
```

通过一个对象的方法来初始化地图。

谷歌地图的初始化语句：

```
var map = new google.maps.Map(DIV组件, Options);
```

其中 options 包含 3 个必填的参数，zoom、center 及 mapTypeId。

- zoom 属性：设置地图的缩放比例，设置值为 0~20，0 代表缩到最小，数值越大比例也越大。
- center 属性：设置地图显示的中心点，范例中是指定 LatLng 对象所获取的坐标。
- mapTypeId 属性：设置地图类型，谷歌地图 API 提供的地图类型有下列几种：
  - MapTypeId.ROADMAP：显示常规地图。
  - MapTypeId.SATELLITE：显示卫星地图。
  - MapTypeId.HYBRID：显示地图与卫星地图混合。
  - MapTypeId.TERRAIN：显示地形图。

您可以参考范例中所使用的参数值，如下所示。

```
//Google Map 初始化
var myOptions = {
        zoom: 18,
        center: myLatlng,
        mapTypeId:google.maps.MapTypeId.ROADMAP
    }
    var  map  =  new  google.maps.Map(document.getElementById("map_canvas"),
myOptions);
```

16.1.2 地图控件

百度地图和谷歌地图上通常都会有一些控件，可以让用户缩放地图或是使用街景服务等等，我们也可以设置它们是否显示。

百度地图的主要控件包括：NavigationControl、OverviewMapControl、ScaleControl、MapTypeControl、CopyrightControl 以及 GeolocationControl，如图 16-4 所示。

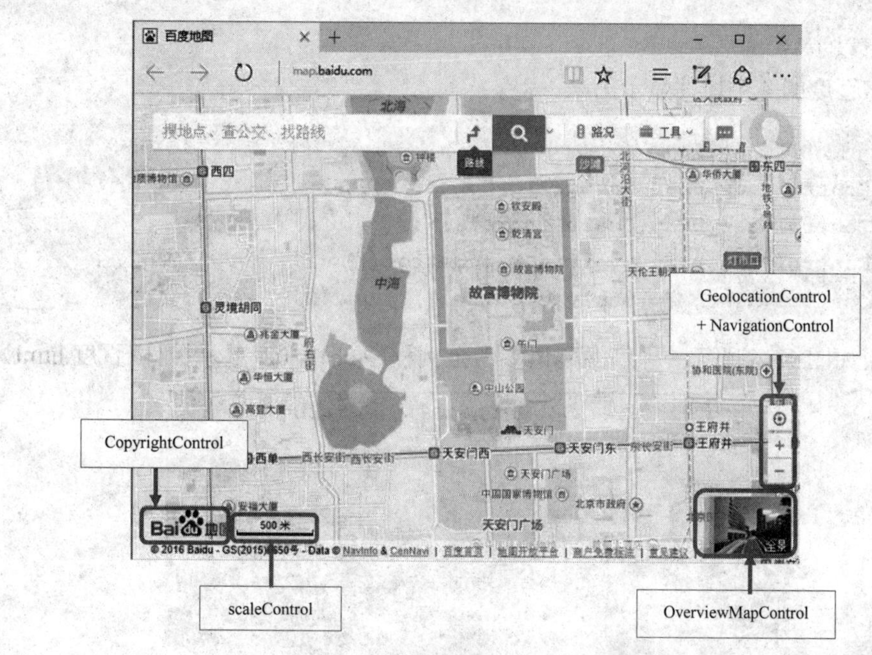

图 16-4　百度地图中的主要控件

谷歌地图的主要控件包括：mapTypeControl、navigationControl、scaleControl 以及 streetViewControl，如图 16-5 所示。

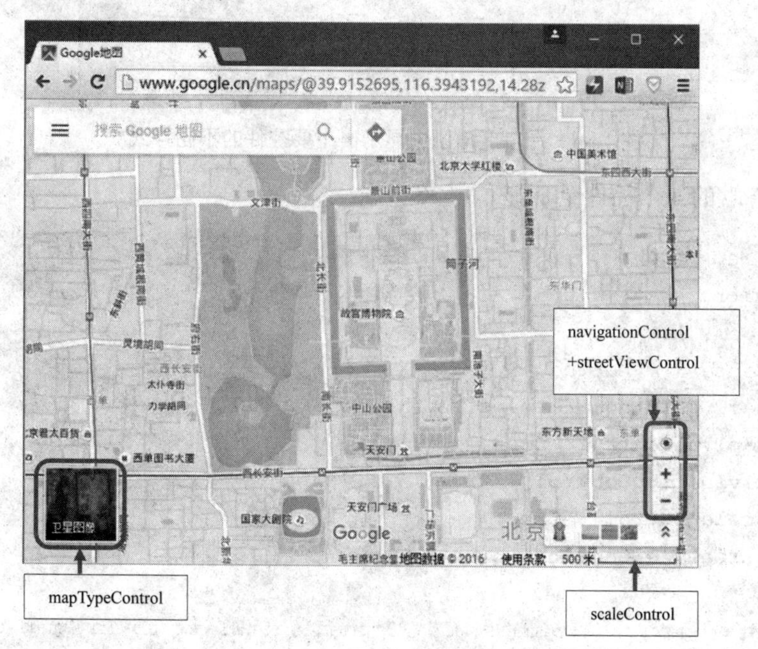

图 16-5　谷歌地图中的主要控件

在百度地图中，只要创建这些控件就可以把它们显示出来，并且可以通过丰富的参数来控制它们显示的外观和位置。在谷歌地图中，这些控件除了 scaleControl 默认不显示外，其他默认都会显示出来，不想显示的控件可以将其属性值设为 false；想显示出来的控件，将其属性设为 true 就可以了。

下例是将百度的 4 个控件显示出来。

```
//显示四个控件初始化
map.addControl(new BMap.NavigationControl());
map.addControl(new BMap.ScaleControl());
map.addControl(new BMap.OverviewMapControl());
map.addControl(new BMap.MapTypeControl());
```

运行结果如图 16-6 所示（程序源码请参考范例程序 ch16_02_显示控件_百度.html）。

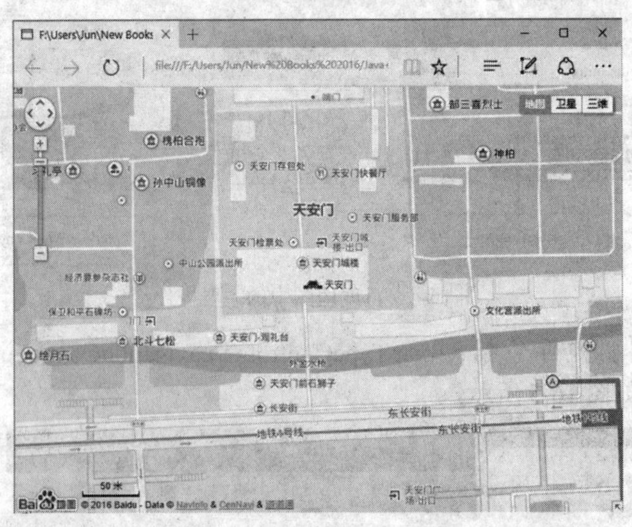

图 16-6　在百度地图中显示出主要控件的不同样式

下例是将谷歌的 4 个控件全部显示出来。

```
//Google Map 初始化
var myOptions = {
        zoom: 18,
        center: myLatlng,
        mapTypeId:google.maps.MapTypeId.ROADMAP,
        mapTypeControl: true,
        navigationControl : true,
        scaleControl : true,
        streetViewControl: true
    }
    var map = new google.maps.Map(document.getElementById("map_canvas"),
myOptions);
```

运行结果如图 16-7 所示（程序源码请参考范例程序 ch16_02_显示控件_谷歌.htm）。

图 16-7　在谷歌地图中把主要控件显示出来

16.2　按地址显示地图

现在我们已经学习了简单的地图显示方法，再来学习如何自动检测网页上的地址，当用户单击网页上的地址之后，百度或谷歌地图就会显示该地址的位置与地图。

16.2.1　地址定位

在谷歌中，地址定位使用的是 google.maps.Geocoder 对象来存取谷歌地图 API 的地理编码服务，再使用 Geocoder.geocode()方法向地理编码服务发出请求，将地址转换成坐标（经度和纬度），语句如下：

```
Geocoder.geocode(GeocodeRequest, GeocoderResults)
```

GeocodeRequest 对象常用的两个参数如下：

- Address：地址转换成地图位置。
- LatLng：地图位置转换成地址（反向地理编码）。

简单来说，就是用 address 参数来返回我们想要查询的地址，写法如下：

```
{'address' : address}
```

引号括起的 address 是 geocode 的参数，后面所带的值就是要查询的地址，也可以输入经纬度。

GeocoderResults 使用返回函数来传送两个参数 results（结果）和 status（状态），如下行所示：

```
geocoder.geocode( { 'address': address}, function(results, status) {…})
```

返回的结果会是一个数组，这是因为返回值可能不止一个，例如我们输入查询地点是“天安门”，查询结果可能会有“天安门”以及“天安门广场”，Geocoder 会将最相符的排在第一个，因此我们只要取数组第一个值就可以了，语句如下：

```
results[0].geometry.location
```

geometry.location 是 GeocoderResults 的编码处理结果之一，您也可以用 formatted_address 来获取完整的地址，语句如下：

```
results[0].formatted_addres
```

当编码成功，status 会返回 google.maps.GeocoderStatus.OK。

status 的返回可能有下列几种状态：

- google.maps.GeocoderStatus.OK：表示编码成功。
- google.maps.GeocoderStatus.ZERO_RESULTS: 表示编码成功，但是并未返回任何结果。
- google.maps.GeocoderStatus.OVER_QUERY_LIMIT：表示您已超过配额。
- google.maps.GeocoderStatus.REQUEST_DENIED：表示编码要求被拒绝。
- google.maps.GeocoderStatus.INVALID_REQUEST：通常表示数据无效。

Google Geocoding API （地理编码）是免费的服务，但是有配额限制，这是为了避免滥用 Geocoding API，造成服务器负担，因此限制每天最多只能查询 2500 个地址，需付费的专业版则每天可查询 100000 个地址。

整段的程序代码如下：

```
geocoder = new google.maps.Geocoder();   //定义一个 Geocoder 对象
if (geocoder) {
      geocoder.geocode( { 'address': address},function(results, status) {
        if (status == google.maps.GeocoderStatus.OK) {
          map.setCenter(results[0].geometry.location);  //获取坐标
        } else {
          alert("编码失败，原因: " + status);
}
        });
      }
}
```

我们来看看这个完整的范例：

范例：ch16_03_谷歌.htm

```
<!DOCTYPE html>
<html>
```

```
    <head>
      <meta name="viewport" content="width=device-width, initial-scale=1">
       <meta http-equiv="Content-Type" content="text/html; charset=utf-8" />
      <style type="text/css">
        html { height: 100% }
         body { height: 100%; margin: 0px; padding: 0px }
         #map_canvas {border:5px #ff0000 dashed;}
         table{margin: 0px auto;}
       </style>

       <script type="text/javascript">
      var map;
      //加载 Google Maps API
      window.onload = loadScript;
      function loadScript() {
        var script = document.createElement("script");
        script.type = "text/javascript";
        script.src = "http://maps.google.com/maps/api/js?sensor=false&
callback=initialize";
        document.body.appendChild(script);
      }

      function initialize() {
      //设置地图属性，建立地图
        var myLatlng = new google.maps.LatLng(39.915, 116.404);
         var myOptions = {
             zoom: 18,
            center: myLatlng,
            mapTypeId: google.maps.MapTypeId.ROADMAP
          }
    map = new google.maps.Map(document.getElementById
("map_canvas"), myOptions);
      }
      function searchAddr(b){
        if(window.event.keyCode==13 || b=="button"){
          //地图编码
          var address=document.getElementById("address").value;
          geocoder = new google.maps.Geocoder();   //定义一个 Geocoder 对象
           if (geocoder) {
               geocoder.geocode( { 'address': address},function(results, status)
{
                    if (status == google.maps.GeocoderStatus.OK) {
```

```
                    map.setCenter(results[0].geometry.location);  //获取坐标
                } else {
                    alert("编码失败，原因: " + status);
                }
            });
        }
    }
  }
  </script>
</head>

<body>
  <table>
    <tr><td>
      <div id="map_canvas" style="width: 500px; height: 300px;"></div>
    </td></tr>
    <tr><td>
      <input type="text" id="address" value="" size=65 onkeypress=
"searchAddr();">
      <input type="button" value="查地图" onclick="searchAddr('button');">
    </td></tr></table>
</body>
</html>
```

运行结果如图 16-8 所示。

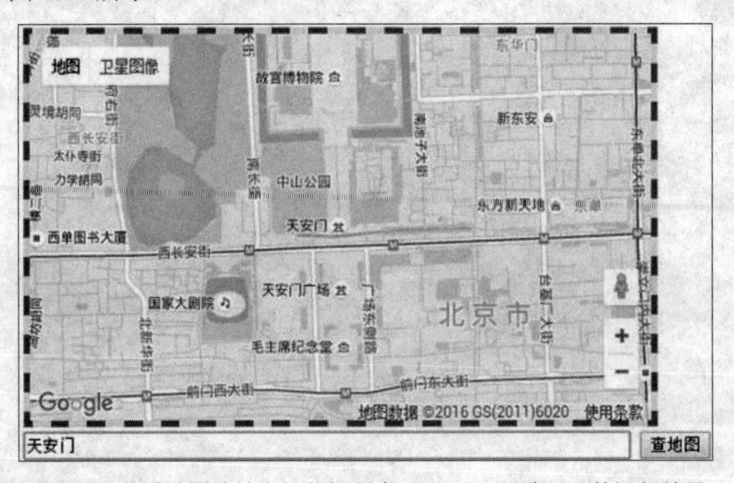

图 16-8　谷歌地图地址定位范例程序 ch16_03_谷歌.htm 的运行结果

只要在文本框输入地址或经纬度之后，按下“Enter”键或单击“查地图”按钮，都会执行 searchAddr()函数，地图就会显示出地址或经纬度所代表的位置。

注意：若要用百度地图 API 实现同样的功能，需要对上述程序进行改写，百度地图 API

中类和方法的实现与谷歌地图中类和方法的实现有差异，改写时请参考百度公司在“百度地图开放平台”网页提供的 JavaScript API 服务类的开发指南，网址为：

http://lbsyun.baidu.com/index.php?title=jspopular/guide/service。

把上述谷歌地图地址定位的范例程序改写到百度地图程序，主要涉及的是如何使用百度的 Geocoder 构造函数，Geocoder 主要功能就是地址解析，提供将地址信息转换为坐标点位置信息的服务。

16.2.2　图标标记

当我们在百度或者谷歌地图查询某个地点时，除了显示地图之外，还会在地点插上个像图钉一样的图标标记，我们可以在实现的地图服务中加入这项功能。

图标标记是 google.maps.Marker 对象，可以把图标叠加在地图上。我们可以叠加图标标记，当然也可以删除它。Marker 对象有以下 3 个参数。

- position（必要，即必须提供此参数）：用来指定一个 LatLng 对象的识别标记位置。
- map（可选参数）：用来指定要将标记放到哪一个 Map 对象上。
- title（可选参数）：用来指定提示文字。

用法如下所述：

```
var marker = new google.maps.Marker({
    position: myLatlng,
   map:map,
    title:"我在这!!"
});
```

只要加上这段语句，地图上就会以图标来标记位置，如图 16-9 所示。

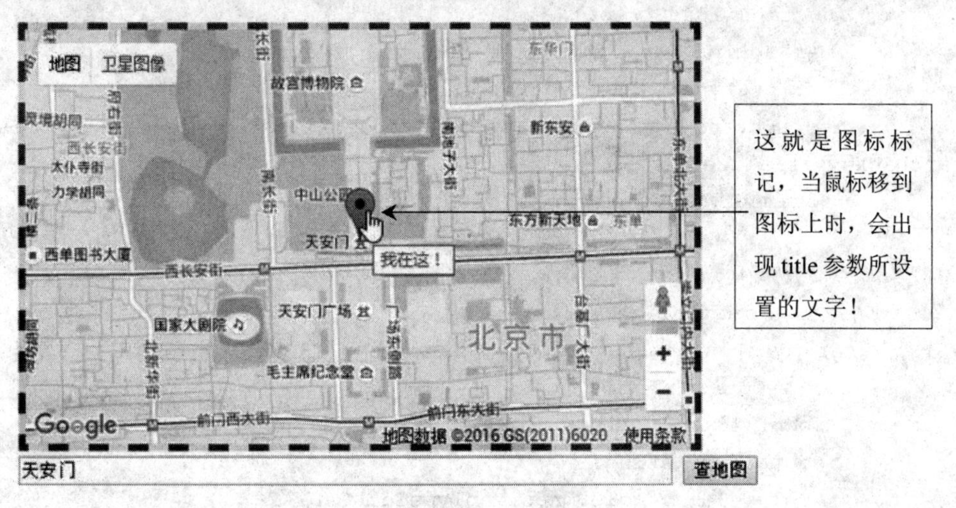

图 16-9　在指定的地址位置显示图标和设置的文字

Marker 函数必须要指定将图标标记加到哪一个地图上。如果不指定 map 这个参数，即便建立了图标标记，也不会显示在地图上。

您也可以调用图标标记的 setMap()方法来指定标记加到哪一个图层，要删除图标标记，可以将 setMap()指定为 null，语句如下：

```
marker.setMap(map);  //添加图标标记
marker.setMap(null);   //删除图标标记
```

范例：ch16_04_谷歌.htm

```
<!DOCTYPE html>
<html>
  <head>
    <meta name="viewport" content="width=device-width, initial-scale=1">
    <meta http-equiv="Content-Type" content="text/html; charset=utf-8" />

     <style type="text/css">
      html { height: 100% }
      body { height: 100%; margin: 0px; padding: 0px }
      #map_canvas {border:5px #ff0000 dashed;}
      table{margin: 0px auto;}
    </style>

     <script type="text/javascript">
       var map;
      //加载 Google Maps API
      window.onload = loadScript;

       function loadScript() {
        var script = document.createElement("script");
        script.type = "text/javascript";
        script.src = "http://maps.google.com/maps/api/js?sensor=false
&callback=initialize";
        document.body.appendChild(script);
  }
     //地图初始化——设置地图属性，建立地图
    function initialize() {
      var myLatlng = new google.maps.LatLng(39.915, 116.404);
       var myOptions = {
        zoom: 18,
        center: myLatlng,
        mapTypeId: google.maps.MapTypeId.ROADMAP
      }
      map = new google.maps.Map(document.getElementById("map_canvas"),
```

```
myOptions);
        }

        function searchAddr(b){
        //地图编码
          var address=document.getElementById("address").value;
          geocoder = new google.maps.Geocoder();   //定义一个 Geocoder 对象
           if (geocoder) {
             geocoder.geocode( { 'address': address},function(results, status) {
                  if (status == google.maps.GeocoderStatus.OK) {
                       map.setCenter(results[0].geometry.location);  //获取坐标
                       //先清除现有的图标标记
                        if(marker != null){
                        marker.setMap(null);
                     }
                  //图标标记
                  var marker = new google.maps.Marker({
                    position : results[0].geometry.location,
                    map : map,
                    // title:"我在这！"}
                       title : results[0].formatted_address}
                  )} else {
                       alert("编码失败，原因：" + status);
                     }
              });
           }
        }
        </script>
      </head>

      <body>
        <table>
        <tr><td>
            <div id="map_canvas" style="width: 500px; height: 300px;"></div>
        </td></tr>

         <tr><td>
     <input type="text" id="address" value="" size=65 onkeypress=
"searchAddr();">
          <input type="button" value="查地图" onclick="searchAddr('button');">
        </td></tr></table>
      </body>
```

```
</html>
```

运行结果如图 16-10 所示。

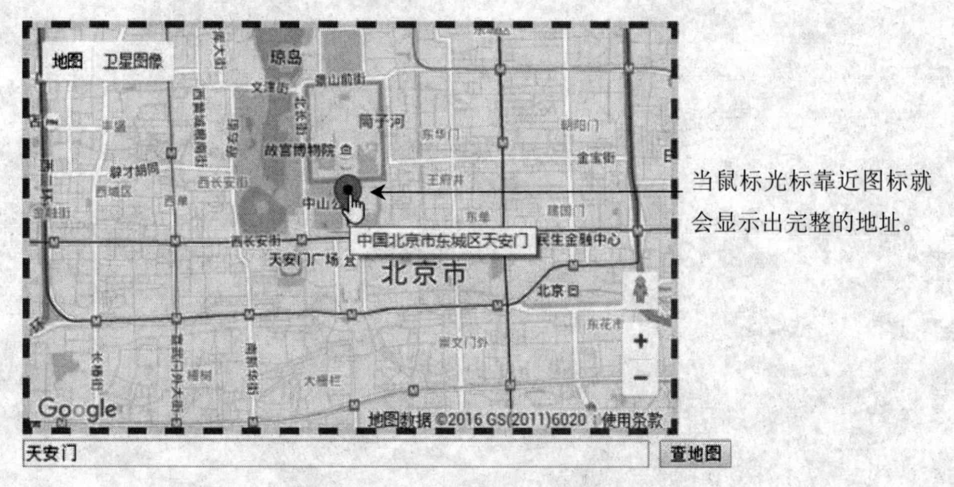

图 16-10　输入关键词定位后，显示图标标记和完整的地址

当用户输入地址或关键词之后，单击“查地图”按钮或按下“Enter”键就会显示出地图和图标。从这个范例您可以发现 Geocoder 地图编码对象并不是只能输入地址或经纬度才能定位，您还可以输入关键词来查询，诸如主要道路名称、单位或公司名称、知名的建筑物或是著名的景点等等，例如“长安街 天安门”“故宫”等都可以直接输入关键词就能在地图上定位到。

同理，也可以将上述谷歌地图程序改写成百度地图的程序，注意用到百度地图 API 中的 Marker 类即可。

第 17 章　甜点坊订购系统实战

又到了验收学习成果的时候，本章我们将制作移动设备版网站，以甜点的在线订购为主题，包括产品列表、分店列表和找店家等功能，并以 localStorage 模拟在线订购及查询订单。

17.1　网站架构

本章将练习 jQuery Mobile 并利用之前学习的 localStorage 来做订单的暂存。整个网站的架构如图 17-1 所示。

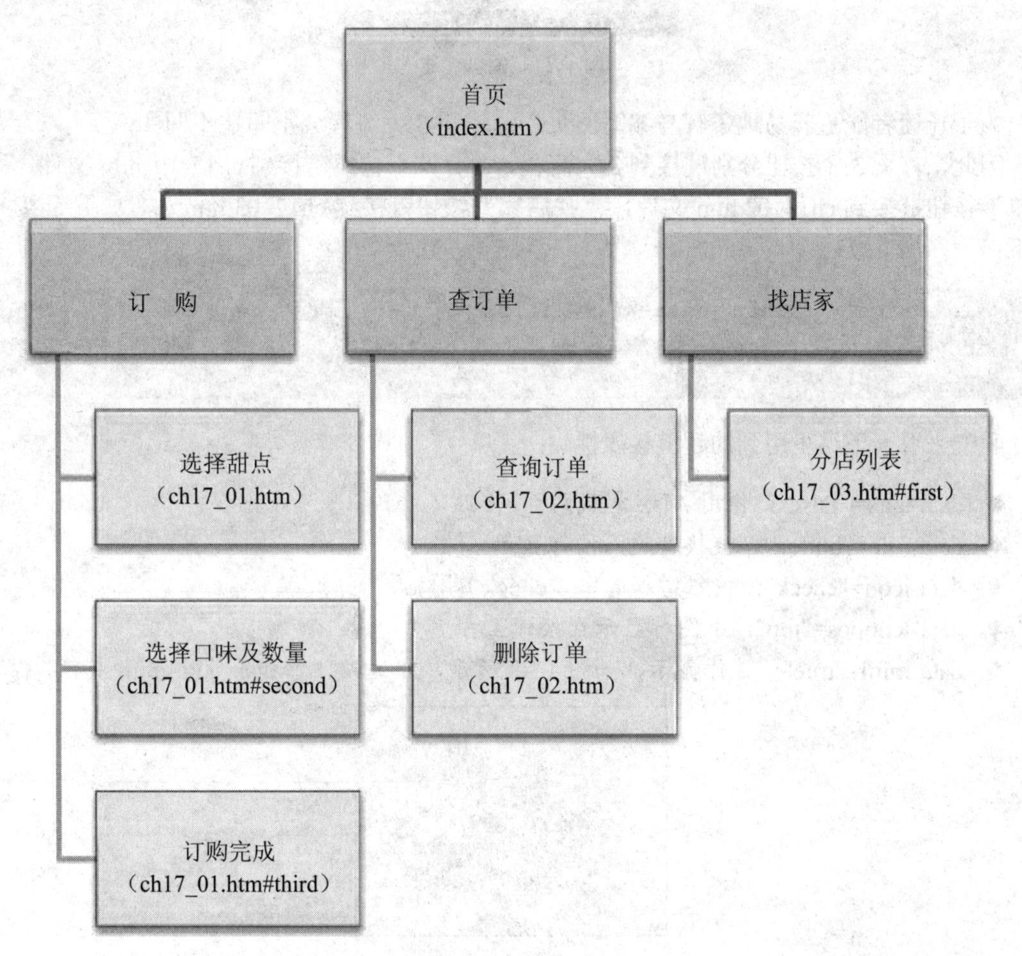

图 17-1　网站架构

范例中所使用的图片文件都可以在 ch17/images 文件夹中找到。

首先看看如何制作首页，首页完成效果如图 17-2 所示。

图 17-2　网站首页

为了让读者能更容易地了解与编写网页，这里将 3 大流程分别写在不同的网页中。

因此，首页 3 个按钮分别链接到 3 大流程，“订购”按钮链接到 ch17_01.htm 文件，“查订单”按钮链接到 ch17_02.htm 文件，“找店家”按钮链接到 ch17_03.htm 文件，超链接语法如下：

```
<a href="ch17_01.htm" data-ajax="false" data-role="button" data-icon="check" data-iconpos="top" data-mini="true" data-inline="true"><img src="images/food.png"><br>订　购</a>
```

我们来看一下这里用到的超链接属性。

- data-ajax="false"：停用 Ajax 加载网页。
- data-role="button"：链接外观以按钮显示。
- data-icon="check"：按钮增加选中（check）图标。
- data-iconpos="top"：小图标显示在按钮上方。
- data-mini="true"：迷你显示，如图 17-3 所示，左边按钮添加了 data-mini 属性。

图 17-3　迷你显示按钮

● data-inline="true"：以最小宽度显示（不与网页同宽），如图 17-4 所示，上方的按钮添加了 data-inline 属性，会以最小宽度进行显示。

图 17-4 以最小宽度显示按钮

为了让页脚能够一直维持在网页的最下方，在 footer 区将 data-position 属性设为 fixed 即可。

```
<div data-role="footer" data-position="fixed" style="text-align:center"></div>
```

jQuery Mobile 是制作移动设备网页的基础，相信你还记忆犹新，包括声明 HTML5 文件以及引用 JavaScript 函数库（.js）、CSS 样式表（.css）和 jQuery 函数库等。下面将针对重点进行说明，对引用文件这部分不再赘述，请读者操作时别忘了引用这些函数库。

首页的完整程序代码如下：

```
<!DOCTYPE html>
<html>
<head>
<title>移动设备在线订购实例</title>
<meta http-equiv="Content-Type" content="text/html; charset=utf-8" />
<!--引用 jQuery Mobile 函数库  应用 ThemeRoller 制作的样式-->
<link rel="stylesheet" href="themes/mytheme.min.css" />
<link rel="stylesheet" href="http://code.jquery.com/mobile/1.1.1/jquery.mobile.structure-1.1.1.min.css" />
<script src="http://code.jquery.com/jquery-1.7.1.min.js"></script>
<script src="http://code.jquery.com/mobile/1.1.1/jquery.mobile-1.1.1.min.js"></script>

<!--最佳化屏幕宽度-->
<meta name="viewport" content="width=device-width, initial-scale=1">
```

```
<style type="text/css">
body{font-family:Arial, Helvetica,  sans-serif,微软雅黑;}
#content{
font-size:15px;
padding:0px;
margin:0px;
}
.firstcontent{text-align:center;}
#logo{padding:30px;}
img{margin:0px;padding:0px;}
</style>
</head>
<body>
<div data-role="page" data-title="Happy" id="first" data-theme="a">
<div data-role="header">
<h1>甜点坊订购系统</h1>
</div>
<div data-role="content" id="content" class="firstcontent">
    <img src="images/index.png" id="logo"><br/>
    <a href="ch17_01.htm" data-ajax="false" data-role="button" data-icon=
"check" data-iconpos="top" data-mini="true" data-inline="true"><img src="images/
food.png"><br>订  购</a>
    <a href="ch17_02.htm" data-ajax="false" data-role="button" data-icon=
"star" data-iconpos="top" data-mini="true" data-inline="true"><img src="images/
check.png"><br>查订单</a>
    <a href="ch17_03.htm" data-ajax="false" data-role="button" data-icon=
"home" data-iconpos="top" data-mini="true" data-inline="true"><img src="images/
store.png"><br>找店家</a>
</div>
<div data-role="footer" data-position="fixed" style="text-align:center">
  订购专线：45454545
</div>
</div>
</body>
</html>
```

17.2 订购流程

订购流程包括“选择甜点”“选择口味及数量”以及“订购完成”等，这些流程我们将在同一个网页中完成。单击首页中的“订购”按钮，就会进入如图 17-5 所示的“甜点”列表网页（ch17_01.htm）。

图 17-5 “甜点列表”网页

Ch17_01.htm 共包含 3 个 page，id 分别是 first、second 和 third，下面列出 first 页面的程序代码，second 及 third 页面架构都与其相同。

```
    <div data-role="page" data-title=" 选 择 甜 点 " id="first" data-theme="a"
data-add-back-btn="true">
    <!--页首-->
    <div data-role="header">
    <a href="index.htm" data-icon="arrow-l" data-iconpos="left" data-ajax=
"false"> Back</a> <h1>选择甜点</h1>
    </div>
    <!--主要内容-->
    <div data-role="content" id="content">
    </div>
    <!--页脚-->
    <div data-role="footer" style="position:absolute; bottom: 0; left:0; width:
100%;text-align:center">
      订购专线：45454545
    </div>
    </div>
```

1. 回上页按钮

可以看到在这 3 个页面上有回上页（Back）按钮，语法却不相同。first 页面是直接在页首添加回上页代码，如下所示。

```
    <a href="index.htm" data-icon="arrow-l" data-iconpos="left" data-ajax=
"false">Back</a>
```

同一网页中的 page 可以利用 jQuery Mobile 提供的回上页代码，如下所示，将 **data-add-back-btn** 属性设为 true 就行了。

```
<div data-role="page" data-title="选择甜点" id="second" data-theme="a"
data-add-back-btn="true">
```

2. 甜点列表

甜点列表的部分是第一个 page，id 是 first，主要是利用 listview 控件来完成列表功能，代码如下：

```
<ul data-role="listview" data-inset="true" data-filter="true">
        <li>
              <a href="#second">
              <img src="images/chocolat.png" />
              <h3>巧克力</h3>
              <p>巧克力采顶级可可粉制作，韵味浓厚，入口即化</p>
              </a>
              <a href="#second" data-icon="gear"></a>
        </li>
        <li>
             <a href="#second">
               <img src="images/cookie.png" />
               <h3>饼干</h3>
               <p>饼干低糖、低脂，香气迷人</p>
             </a>
             <a href="#second" data-icon="gear"></a>
        </li>
        <li>
             <a href="#second">
               <img src="images/cake.png" />
               <h3>蛋糕</h3>
               <p>蛋糕精选高级巧克力奶油搭配绵密海绵蛋糕，绝佳口感</p>
             </a>
             <a href="#second" data-icon="gear"></a>
        </li>
        <li>
             <a href="#second">
               <img src="images/bread.png" />
               <h3>面包</h3>
               <p>面包纯手工制作天然不含任何添加物</p>
             </a>
             <a href="#second" data-icon="gear"></a>
```

```
        </li>
    </ul>
```

上述程序将产生如图 17-6 所示的甜点列表，最上方有一行搜索栏，下面是商品列表。

图 17-6　甜点列表

甜点列表上方增加了搜索栏，可以让用户输入关键字查询想要的甜点，例如，如图 17-7 所示，输入“可可”，则会找出列表中所有含有“可可”两个字的商品。

图 17-7　查询含有“可可”的商品

这个搜索功能相当好用，不需要编写任何程序，只要将 listview 的 data-filter 属性设为 true 就可以了，语法如下：

```
<ul data-role="listview" data-inset="true" data-filter="true">
```

将 data-inset 属性设为 ture 是让 listview 不要与屏幕同宽并加上圆角。

单击甜点列表中的任意一个按钮都会链接到“选择甜点”功能。

3. 选择甜点

选择甜点功能是第二个 page，id 是 second，主要是让用户设置包装方式、口味和数量，如图 17-8 所示。

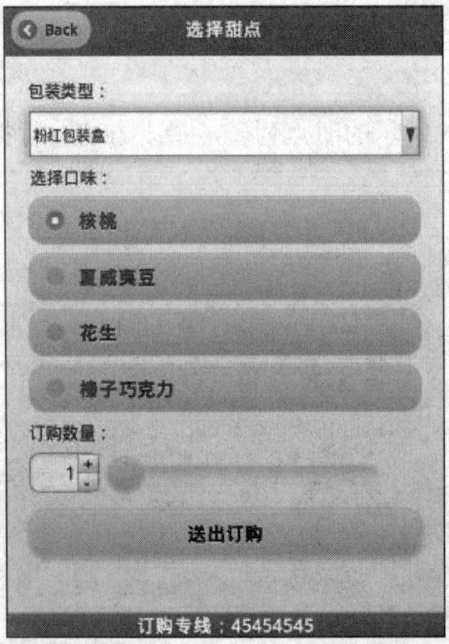

图 17-8　选择甜点

选择甜点页面主要包含选择菜单（Select menu）、单选按钮组件（Radio button）、范围滑块（range Slider）、按钮组件（button）。

（1）选择菜单

其代码如下所示：

```
<select name="selectitem" id="selectitem">
       <option value="粉红包装盒">粉红包装盒</option>
       <option value="一般盒装">一般盒装</option>
       <option value="铁盒精致包装">铁盒精致包装</option>
</select>
```

执行结果如图 17-9 所示。

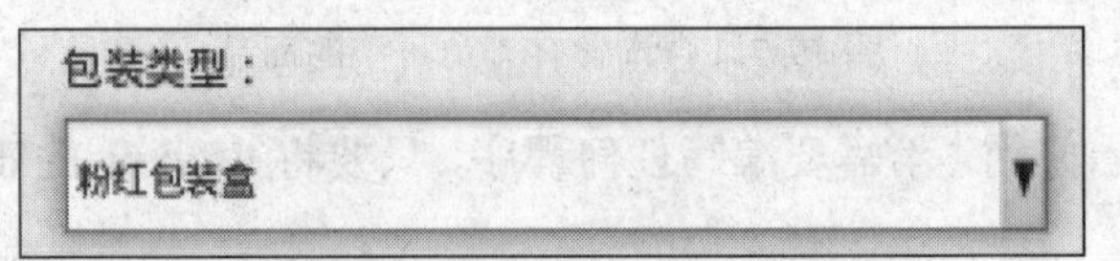

图 17-9　选择菜单

（2）单选按钮组件

其代码如下所示：

```
<fieldset data-role="controlgroup">
        <legend>选择口味：</legend>
            <input type="radio" name="flavoritem" id="radio-choice-1" value="
核桃" checked />
```

```
            <label for="radio-choice-1">核桃</label>
            <input type="radio" name="flavoritem" id="radio-choice-2" value="
夏威夷豆" />
            <label for="radio-choice-2">夏威夷豆</label>
            <input type="radio" name="flavoritem" id="radio-choice-3" value="
花生" />
            <label for="radio-choice-3">花生</label>
            <input type="radio" name="flavoritem" id="radio-choice-4" value="
榛子巧克力" />
            <label for="radio-choice-4">榛子巧克力</label>
    </fieldset>
```

执行结果如图 17-10 所示。

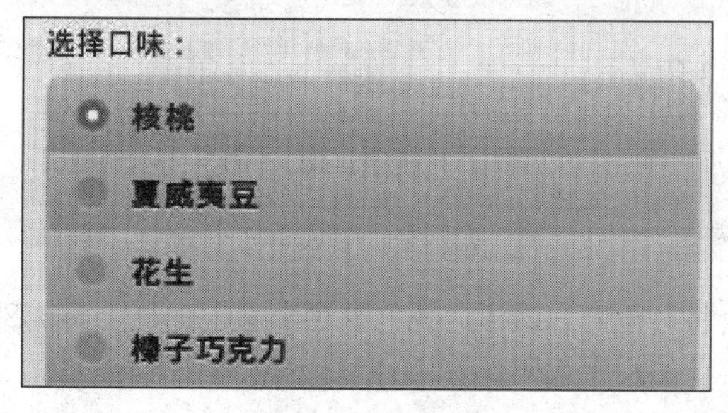

图 17-10 单选按钮

要想把同一组组件放在一起，可以用<fieldset>标记创建组，这样各个组件仍保持自己的功能，而样式可以统一，在<fieldset>标记中添加 data-role="controlgroup"属性，jQuery Mobile 就会让它们看起来像一个组合，外观很有整体性，效果非常好。如图 17-11 所示是没加入 data-role="controlgroup"时的外观，可以比较一下两者的差别。

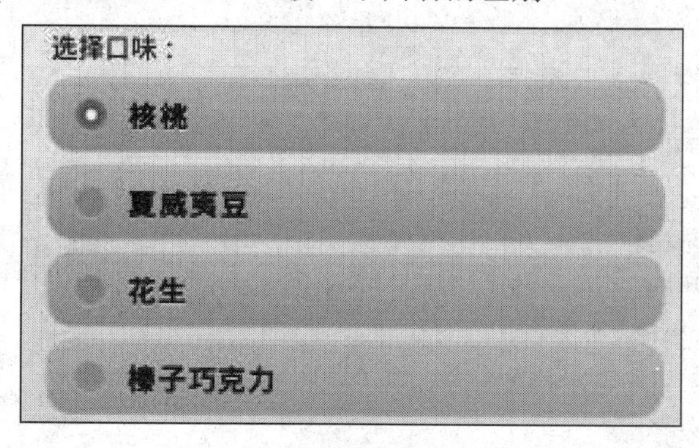

图 17-11 没有组合的单选按钮

（3）范围滑块

其代码如下所示：

```
订购数量：<br />
```

```
<input type="range" name="num" id="num" value="1" min="0" max="100"
data-highlight="true" />
```

执行结果如图 17-12 所示。

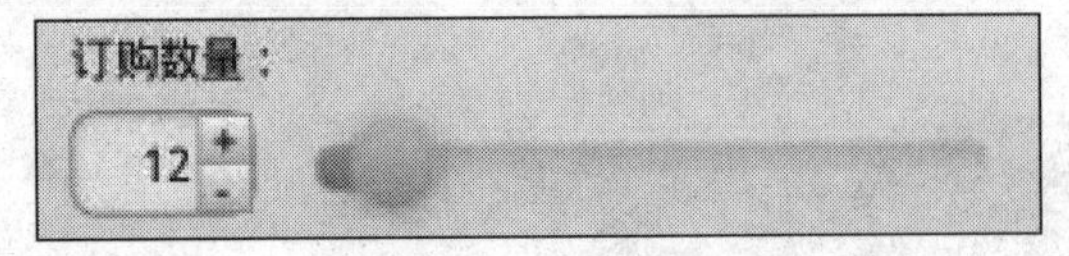

图 17-12　范围滑杆

（4）按钮组件

其代码如下所示：

```
<input type="button" id="addToStorage" value="送出订购" />
```

执行结果如图 17-13 所示。

送出订购

图 17-13　按钮组件

当单击按钮时就会将订购内容送出，我们在这个操作中利用 localStorage 模拟接收订单的效果。下面查看接收订单的程序代码。

4. 接收订单

接收订单的部分必须使用 JavaScript 语法，下面我们先来看看范例中接收订单的语法，再逐一进行说明。

```
$('#second').live('pagecreate', function() {
    $('#addToStorage').click(function() {
//将订购数据存入 localStorage
        localStorage.orderitem=$("select#selectitem").val();
        localStorage.flavor=$('input[name="flavoritem"]:checked').val();
        localStorage.num=$('#num').val();
//转换到第 3 个页面 third
        $.mobile.changePage($('#third'), {transition: 'slide'});
    });
});
```

当 id 为 second 的页面发生 pagecreate 事件时，就执行 callback function 中的程序代码。

```
$('#second').live('pagecreate', function() {…});
```

callback function 中的程序代码在单击“送出订购”按钮时将订购数据存入 localStorage，并转到第 3 个页面（id 为 third），程序代码如下：

```
$('#addToStorage').click(function() {  //“送出订购”按钮的 id=addToStorage
//将订购数据存入 localStorage
        localStorage.orderitem=$("select#selectitem").val();
        localStorage.flavor=$('input[name="flavoritem"]:checked').val();
         localStorage.num=$('#num').val();
//转换到第 3 个页面 third
         $.mobile.changePage($('#third'), {transition: 'slide'});
});
```

pagecreate 事件是页面初始化会产生的事件之一，当页面初始化时会先产生 pagebeforecreate 事件，接着产生 pagecreate 事件，然后产生 pageinit 事件。范例中有甜点种类使用的 select 组件、口味使用的 radion 组件以及数量使用的 Slider 组件，这里分别介绍 jQuery 3 种对组件取值的不同写法，供用户参考，如下所示：

- 取出组件名称（name）为 selectitem 的 select 组件被选择的值

```
$("select[name='selectitem']").val();
```

- 取出组件名称（name）为 flavoritem 的 radio 组件被单击的值

```
$('input[name="flavoritem"]:checked').val();
```

- 取出组件名称（name）为 flavoritem 的 radio 组件被单击的值

```
$('#num').val();
```

订购内容存入 localStorage 之后，就要将订购结果显示在下一页，所以做法是将网页导向第 3 个页面。

```
$.mobile.changePage($('#third'),{transition: 'slide'});
```

$.mobile.changePage 格式如下：

```
$.mobile.changePage(toPage, [options])
```

[Options]是选填的属性，例如，要想更改页面时有转场特效可以加上 transition 属性，范例中 transition 属性值为 slide，表示页面是从右到左滑入。如果要反向从左到右滑入，可以添加 reverse: 'true'，如下所示。

```
$.mobile.changePage($('#third'),{transition: 'slide',reverse: 'true'});
```

浏览器导向第 3 个页面之后，就会显示订购成功的信息并将订购内容显示出来。

学习小教室

jQuery 语法应该使用单引号（'）还是双引号（"）？

一般来说，jQuery 与 JavaScript 一样，可以使用单引号也可以使用双引号，例如，范例中这 3 行语法（如下所示），第一行使用双引号，第二行同时使用单引号与双引号，第 3 行使用单引号，浏览器在编译时都认为是合法的。

```
localStorage.orderitem=$（"select#selectitem"）.val（）;
localStorage.flavor=$（'input[name="flavoritem"]:checked'）.val（）;
localStorage.num=$（'#num'）.val（）;
```

只不过使用时要特别注意以下 3 点：

1. 引号必须成对出现。例如$（'#num'）是合法的，写成$（"#num"）也是合法的，但写成$（"#num'）或$（'#num"）就会出现 Unexpected identifier 或者 Unexpected token ILLEGAL 错误信息。

2.如果在双引号中还要用引号，必须要用单引号；单引号中还要用引号，则必须要用双引号。例如，$（'input[name="flavoritem"]:checked'）。

3. 如果必须要在单引号或双引号中包含同类型的引号，就必须在前面加反斜线（\）。例如，$（'input[name=\'flavoritem\']:checked'）。

5. 显示订购结果

显示订购结果的界面如图 17-14 所示。

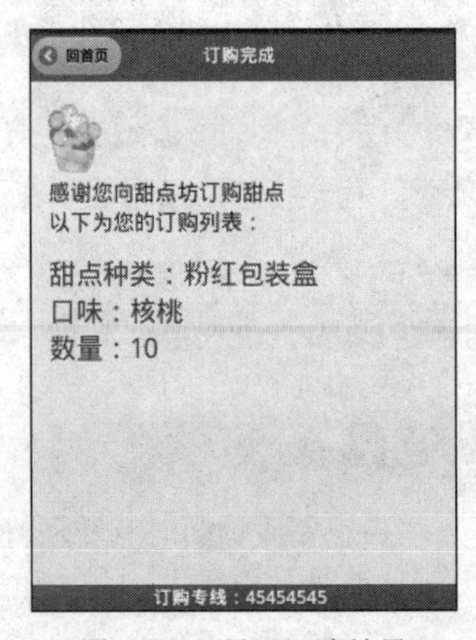

图 17-14　显示订购结果

显示订购结果的做法是在加载第 3 页时，将 localStorage 存放的内容取出并显示在 id 为 message 的<div>组件中。

```
$（'#third'）.live（'pageinit', function（） {
    var itemflavor = "甜点种类："+ localStorage.orderitem+"<br>口味："+localStorage.flavor+"<br>数量："+localStorage.num;
```

```
    $('#message').html(itemflavor);   //在<div>组件中显示内容
});
```

其中$('#message').html(itemflavor)；这句语法与下面的JavaScript语法作用是一样的，都是用itemflavor字符串取代<div>标记中的内容。

```
document.getElementById("message").innerHTML= itemflavor;
```

17.3 查订单

查订单链接的网页是ch17_02.htm，查询订单的功能很简单，只要将localStorage的数据取出并以列表方式显示在网页上即可，如图17-15所示。

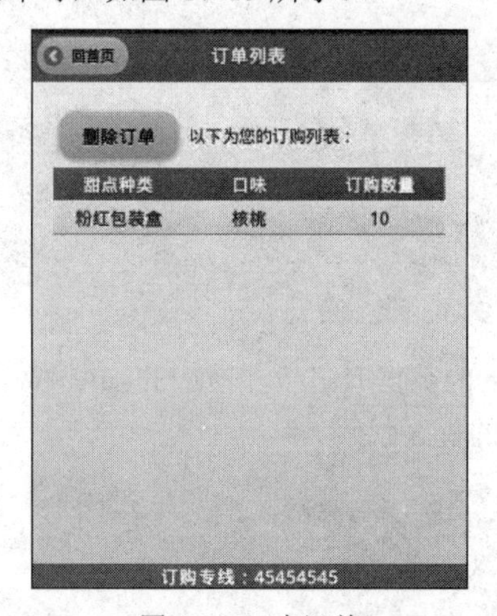

图17-15 查订单

可以利用表格<table>标记来制作订单的列表，范例中是以<div>标记搭配jQuery Mobile的ui-grid在class中指定样式来产生表格效果。首先定义<div>标记的class名称，如下所示。

```
<div class="ui-grid-b">
  <div class="ui-block-a ui-bar-a">甜点种类</div>
  <div class="ui-block-b ui-bar-a">口味</div>
  <div class="ui-block-c ui-bar-a">订购数量</div>
  <div class="ui-block-a ui-bar-b" id="orderitem"></div>
  <div class="ui-block-b ui-bar-b" id="flavor"></div>
  <div class="ui-block-c ui-bar-b" id="num"></div>
</div>
```

jQuery Mobile定义一组ui-grid共有4种配置，可以让我们自由应用产生表格一样的列与行效果，父层<div>的class属性必须指定列数，例如要想有3列效果则class必须设为ui-grid-b，子层<div>的class属性有3种选择，分别是ui-block-a、ui-block-b和ui-block-c，如表17-1所示。

表 17-1　父层与子层的属性

父层<div>	子层<div>
ui-grid-a	两列 ui-block-a/b
ui-grid-b	3 列 ui-block-a/b/c
ui-grid-c	4 列 ui-block-a/b/c/d
ui-grid-d	5 列 ui-block-a/b/c/d/e

表格的列与行产生之后，就可以利用 jQuery Mobile 的 CSS 样式美化表格了，这里应用的是 ui-bar-a 和 ui-bar-b 样式。这两个样式也许不符合需求，我们还可以自己来更改它的样式，例如范例中希望列高 30px，文字居中，与边框距离 5px，而且有下划线，那么我们就可以在 CSS 中加入下列语法。

```
.ui-block-a, .ui-block-b, .ui-block-c {
     height : 30px;
     text-align : center;
     padding-top : 5px;
      border-bottom:1px solid;
}
```

最后，只要将 localStorage 的数据取出放在对应的<div>中显示出来即可。

下面是 ch17_02.htm 完整的程序代码。

```
<!DOCTYPE html>
<html>
<head>
<title>ch17_02 移动设备在线订购实例</title>
<meta http-equiv="Content-Type" content="text/html; charset=utf-8" />
<!--引用 jQuery Mobile 函数库  应用 ThemeRoller 制作的样式-->
<link rel="stylesheet" href="themes/mytheme.min.css" />
<link  rel="stylesheet"  href="http://code.jquery.com/mobile/1.1.1/jquery.
mobile.structure-1.1.1.min.css" />
<script src="http://code.jquery.com/jquery-1.7.1.min.js"></script>
<script
src="http://code.jquery.com/mobile/1.1.1/jquery.mobile-1.1.1.min.js"></script>

<!--最佳化屏幕宽度-->
<meta name="viewport" content="width=device-width, initial-scale=1">
<style type="text/css">
#content{
font-size:15px;
padding:20px;
margin:0px;
```

```
}
.ui-block-a, .ui-block-b, .ui-block-c {
     height : 30px;
     text-align : center;
     padding-top : 5px;
      border-bottom:1px solid;
}
</style>
<script type="text/javascript">
$('#first').live('pageinit', function() {
    $('#orderitem').html(localStorage.orderitem);
    $('#flavor').html(localStorage.flavor);
    $('#num').html(localStorage.num);
});
function deleteOrder() {
    localStorage.clear();
    $(".ui-grid-b").html("已取消订单!");
}
</script>
</head>
<body>
<div data-role="page" data-title="订单列表" id="first" data-theme="a">
<div data-role="header">
<a href="index.htm" data-icon="arrow-l" data-iconpos="left" data-ajax=
"false">回首页</a><h1>订单列表</h1>
</div>
<div data-role="content" id="content">
<a href="#" data-role="button" data-inline="true" onclick="deleteOrder();">
删除订单</a>

以下为您的订购列表:
<div class="ui-grid-b">
  <div class="ui-block-a ui-bar-a">甜点种类</div>
  <div class="ui-block-b ui-bar-a">口味</div>
  <div class="ui-block-c ui-bar-a">订购数量</div>
  <div class="ui-block-a ui-bar-b" id="orderitem"></div>
  <div class="ui-block-b ui-bar-b" id="flavor"></div>
  <div class="ui-block-c ui-bar-b" id="num"></div>
</div>
</div>
<div data-role="footer" data-position="fixed" style="text-align:center">
  订购专线: 45454545
```

```
</div>
</body>
</html>
```

17.4 找店家

“找店家”的功能是让用户浏览商店的分店信息，完成的网页界面如图 17-16 所示。

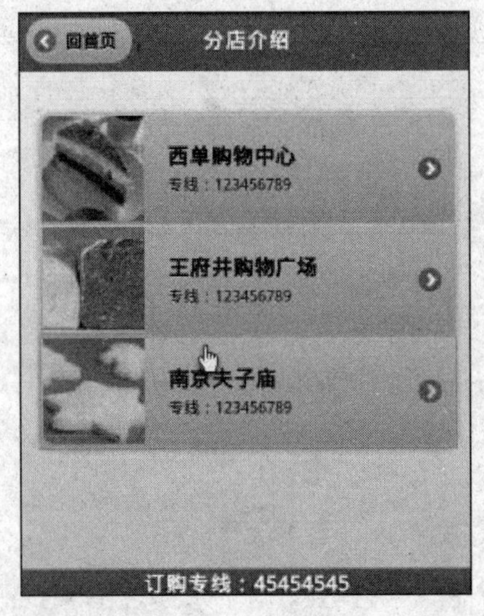

图 17-16　分店页面

第 18 章　记事本 Note APP 实战

记事本这一类软件相信是许多智能手机必装的软件之一，必备需求不外乎新增、修改、查询和删除等，很适合拿来进行初学练习。本章将要制作简易的记事本软件，数据库采用 Web SQL，功能包含新增记事、删除记事、快速搜索和显示细节等功能，希望大家都能制作出专用的记事本。

18.1　记事本的结构

记事本的外观如图 18-1 所示，功能包括新增、删除、快速搜索和记事列表。

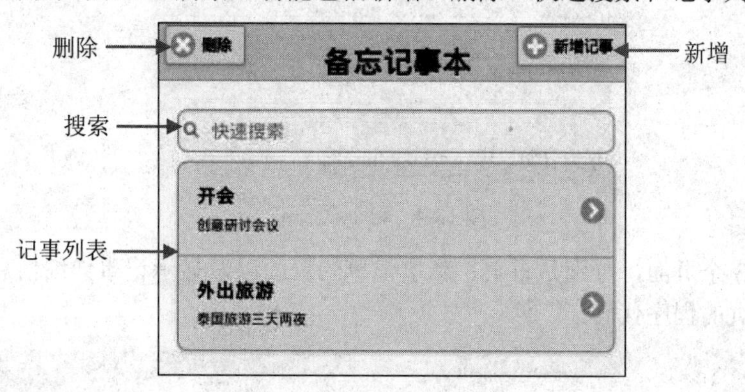

图 18-1　记事本结构

单击“新增记事”按钮会弹出新增记事的对话框，如图 18-2 所示。

图 18-2　新增记事

单击“删除”按钮会在各个记事前方显示 Delete 按钮，单击 Delete 按钮就可以删除该条记事，如图 18-3 所示。

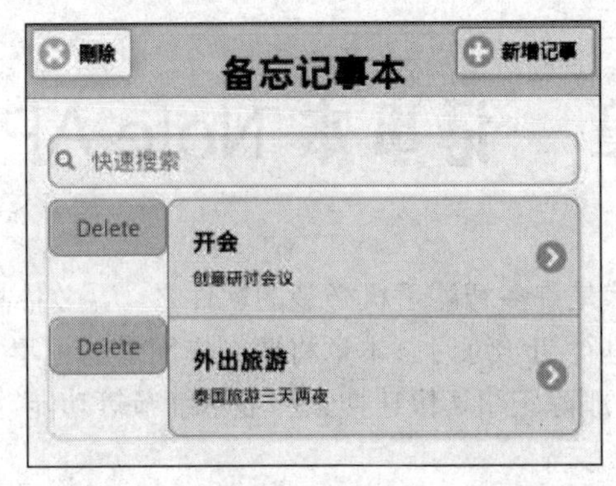

图 18-3　删除页面

可以单击每条记事，单击记事会弹出对话框并显示该条记事的详细信息，如图 18-4 所示。

图 18-4　记事页面

我们共需要 3 个页面，分别是首页、新增记事的页面以及显示记事详细信息的页面。

首先查看首页的程序代码。

```
<div data-role="page" id="home">
  <div data-role="header" id="header">
  <a href="#" data-icon="delete" id="del">删除</a>
    <h1>备忘记事本</h1>
    <a href="#" data-icon="plus" class="ui-btn-right" id="new">新增记事</a></div>
  <div data-role="content">
     <ul id="list" data-role="listview" data-inset="true" data-filter="true" data-filter-placeholder="快速搜索"></ul>
  </div>
</div>
```

记事列表使用的是 listview 组件，将 data-filter 属性设为 true，就会在列表上方显示搜索框，data-filter-placeholder 属性用于将搜索框中的默认文字改为“快速搜索”。

首页上有“新增记事”按钮、“删除”按钮，分别绑定 click 事件去触发对应的处理函数。

```
$("#new").on("click",addnew);
```

```
    $('#list').on('click', 'li',show);
    $("#del").on("click",showdelbtn);
```

记事数据库使用的是 Web SQL，首先必须创建数据库和数据表，数据库名称为 todo，数据表为 notes，共有 4 个字段，如表 18-1 所示。

表 18-1　数据表中的 4 个字段

字段名称	数据类型	主键	字段说明
id	integer	是	自动编号
title	char(50)	否	记事标题
inputMemo	text	否	记事内容
last_date	datetime	否	创建日期

程序代码如下：

```
    var dbSize=2*1024*1024;
    db = openDatabase('todo', '', '', dbSize);
    db.transaction(function(tx){
        //创建数据表
        tx.executeSql("CREATE TABLE IF NOT EXISTS notes (id integer PRIMARY
KEY,title char(50),inputMemo text,last_date datetime)");
    });
```

下面来看新增数据、删除数据和数据列表的程序。

18.2　新增记事

当单击首页的“新增记事”按钮时，就触发 addnew 函数来转换页面到 id 名为 addNote 的页面，由于 addNote 页面的 data-role 属性设为 dialog，因此会以对话框的方式来打开页面。转换到 addNote 页面时先将标题和内容清空，为了方便用户输入数据，可以将插入点置于标题栏中，程序代码如下：

```
    $("#new").on("click",addnew);
    function addnew(){
        $.mobile.changePage("#addNote",{});  //打开页面
    }
    $("#addNote").on("pageshow",function(){
        $("#title").val("");
        $("#inputMemo").val("");
        $("#title").focus();
    });
```

新增记事（id 为 addNote）窗口的 HTML 程序代码如下：

```
<div data-role="dialog" id="addNote">
  <div data-role="header">
    <h1>新增记事</h1>
  </div>
  <div data-role="content">
     <input type="text" id="title">
    <textarea cols="40" rows="8" id="inputMemo"></textarea>
    <hr>
    <a href="#" data-role="button" id="save">保存</a> </div>
</div>
```

新增记事页面使用对话框的方式，窗口的 id 名称为 addNote，并且加入一个用户输入记事标题的 text 单行文本框(id 为 title)，让用户输入记事内容的 textarea 文本框(id 为 inputMemo)，以及一个保存按钮（id 为 save），界面如图 18-5 所示。

图 18-5　新增记事页面

当单击“保存”按钮之后，必须将用户输入的数据存入 notes 数据表，再将 dialog 对话框关闭，并调用 noteList 函数将记事数据显示在首页中，程序代码如下：

```
$("#save").on("click",save);
        function save(){
                var title = $("#title").val();
                var inputMemo = $("#inputMemo").val();
                db.transaction(function(tx){
                    //新增数据
                   tx.executeSql("INSERT INTO notes(title,inputMemo, last_date)
values(?,?,datetime('now','localtime'))",[title,inputMemo],function(tx,
result){
                         $('.ui-dialog').dialog('close');
                         noteList();
```

```
                    },function(e){
                        alert("新增数据错误:"+e.message)
                    });
                });
            }
```

这里利用 last_date 字段来记录每条记事创建的日期，通过 SQLite 的 datetime('now', 'localtime')方法，让程序自动抓取系统现在的时间并存入 last_date 字段。

SQLite 还提供了以下操作日期与时间的方法，以供用户参考。

```
datetime('now', 'localtime')  //取得现在的日期时间
date('now');  //取得今天的日期
time('now', 'localtime');   //取得现在的时间
date('now', '-1 days');  //取得昨天的日期
date('now', 'weekday 2');  //取得最近的星期二的日期
```

18.3 删除记事

除了新增功能之外，还要让用户能够删除记事，当单击“删除”按钮时，动态在每个记事前方添加 Delete 按钮，单击 Delete 按钮之后再弹出确认对话框，确认无误之后就将它删除，如图 18-6 所示。

图 18-6 删除页面

现在看看“删除”按钮的程序代码。

```
        $("#del").on("click",showdelbtn);
        function showdelbtn(){
            if($("button").length<=0){    //避免重复单击删除按钮
                    var DeleteBtn = $("<button>Delete</button>").prop({
                        'class': 'css_btn_class'
                    });
                $("li:visible").before(DeleteBtn);
```

```
        }
    }
```

程序中下面这两行语句是利用 prop 方法命令按钮的 class 名称。

```
$("<button>Delete</button>").prop({'class': 'css_btn_class'});
```

还可以直接将 class 写在<button>中，如下所示：

```
$("<button class='css_btn_class'>Delete</button>");
```

我们希望 Delete 按钮显示在<li>标记前面，就可以用 before 方法将按钮插入在<li>组件前方。

```
$("li:visible").before(DeleteBtn);
```

由于 listview 添加了 data-filter 属性，提供了搜索的功能，用户有可能做了搜索之后才单击“删除”按钮，所以我们可以限制 Delete 按钮仅加在可见（visible）的<li>组件前方。

除了 before 方法之外，jQuery 动态添加 HTML 的方法如表 18-2 所示，供用户参考。

表 18-2 jQuery 动态添加 HTML 的方法

函数方法	说明
$(selector).append(content)	向被选元素内部的后方添加 HTML 内容
$(selector).prepend(content)	向被选元素内部的开头添加 HTML 内容
$(selector).after(content)	在被选元素之后添加 HTML 内容
$(selector).before(content)	在被选元素之前添加 HTML 内容

当单击 Delete 按钮之后，先弹出确认对话框询问用户是否确定要执行删除操作，单击“确定”按钮之后再删除数据表中的数据。

```
$("#home").on('click','.css_btn_class', function(){
    if(confirm("确定要执行删除?")){
        var value=$(this).next("li").attr("id");
        db.transaction(function(tx){
        //显示 customer 数据表全部数据
        tx.executeSql("DELETE FROM notes WHERE id=?",[value], function(tx,
result){
            noteList();
        },function(e){
            alert("DELETE 语法出错了!"+e.message)
            $("button").remove();
        });
        });
    }
});
```

我们在动态显示列表<li>组件时，指定了<li>组件的 id 等于每条记事的 id（程序代码请见下一节“记事列表”），执行删除时就可以抓取<li>的 id 来删除该条数据，程序代码如下所示。

```
$(this).next("li").attr("id");
```

$(this)指的是 Delete 按钮，利用 jQuery 选择器的 next 方法来取得下一个<li>组件中的 id 属性，Delete 按钮与<li>组件的关系如图 18-7 所示。

图 18-7　Delete 按钮与<li>组件的关系

如果对 jQuery 选择器的用法还不熟悉，可以回顾 10.2.3 小节“jQuery 选择器”中的说明。

如果上述程序中删除命令成功，会调用 noteList 函数显示所有的记事，当失败时就显示错误信息，并将 Delete 按钮删除。

学习小教室

使用“CSS 按钮生成器”来制作按钮

Delete 按钮的样式是由 CSS 设置的，用户查看本章最后的完整程序代码，就能够看到套用的 CSS 样式代码。网络上提供了许多的 CSS 按钮生成器，只要稍加设置外观、颜色和字体，再将 CSS 代码复制到 HTML 文件中，即可轻松快速地制作出独一无二的按钮。下面提供几个 CSS 按钮生成器网址供用户参考：

- CSS Button Generator

```
http://css-button-generator.com/
```

- Button Maker

```
http://css-tricks.com/examples/ButtonMaker
```

- i2style-CSS3 Style Generator

```
http://www.sciweavers.org/i2style
```

18.4　记事列表

记事列表的功能就是将数据库中的数据显示在首页上，程序代码如下：

```
function noteList(){
    $("ul").empty();
    var note="";
    db.transaction(function(tx){
        //显示 notes 数据表全部数据
        tx.executeSql("SELECT  id,title,inputMemo,last_date  FROM  notes",[],
```

```
function(tx, result){
                if(result.rows.length>0){
                    for(var i = 0; i < result.rows.length; i++){
                        item = result.rows.item(i);
                        note+="<li    id="+item["id"]+"><a    href='#'><h3>"+item
["title"]+"</h3><p>"+item["inputMemo"]+"</p></a></li>";
                    }
                }
                $("#list").append(note);
                $("#list").listview('refresh');
            },function(e){
                alert("SELECT 语法出错了!"+e.message)
            });
        });
    }
```

执行 select 命令成功找出数据之后，用<li>组件来显示数据，并且将每条数据的 id 字段值直接指定给<li>的 id 属性，如下面的程序代码所示。

```
    note+="<li id="+item["id"]+"><a href='#'><h3>"+item["title"]+"</h3><p>"+item
["inputMemo"]+"</p></a></li>";
    …
    $("#list").append(note);  ..// <ul>组件的 id=list
```

由于<li>组件是动态生成的，虽然程序已添加到<ul>组件中，但是 jQueryMobile 的 listview 组件并没有呈现出来，如图 18-8 左图所示。因此，必须加入下一行程序让 listview 组件更新，结果如图 18-8 右图所示。

```
    $("#list").listview('refresh');
```

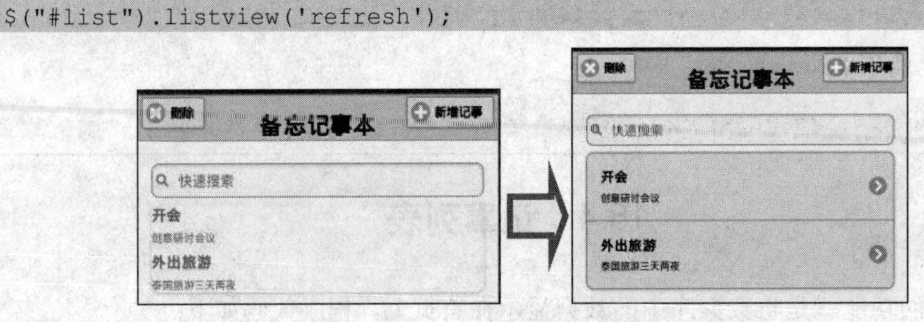

图 18-8　更新 listview 组件

程序编写完成之后，可以将它封装成 APK 文件，放到移动设备上安装，本书下载程序包中也提供了完整的程序代码以及 todonote.apk 文件。完整程序代码如下：

```
    <!DOCTYPE html>
    <html>
    <head>
```

```
    <title>记事本 NoteApp 实战</title>
    <!--最佳化屏幕宽度-->
    <meta name="viewport" content="width=device-width, initial-scale=1">
    <meta http-equiv="Content-Type" content="text/html; charset=utf-8" />
    <meta http-equiv="X-UA-Compatible" content="IE=Edge,chrome=1">
    <!--引用 jQuery Mobile 函数库  套用 ThemeRoller 制作的样式-->
    <link rel="stylesheet" href="themes/sweet.min.css" />
    <link rel="stylesheet" href="themes/jquery.mobile.icons.min.css" />
    <link rel="stylesheet" href="jquery/jquery.mobile.structure-1.4.2.min.css"/>
    <script src="jquery/jquery-1.9.1.min.js"></script>
    <script src="jquery/jquery.mobile-1.4.0.min.js"></script>
    <style>
    #header{height:50px;font-size:25px;font-family:"微软雅黑"}
    .css_btn_class {
        float: left;
        padding: 0.6em;
        position:relative;
        display:block;
        z-index:10;
        font-size:16px;
        font-family:Arial;
        font-weight:normal;
        -moz-border-radius:8px;
        -webkit-border-radius:8px;
        border-radius:8px;
        border:1px solid #e65f44;
        padding:9px 18px;
        text-decoration:none;
        background:-moz-linear-gradient( center top, #f0c911 5%, #f2ab1e 100% );
        background:-ms-linear-gradient( top, #f0c911 5%, #f2ab1e 100% );
        filter:progid:DXImageTransform.Microsoft.gradient(startColorstr='#f0c9
11', endColorstr='#f2ab1e');
        background:-webkit-gradient( linear, left top, left bottom, color-stop(5%,
#f0c911), color-stop(100%, #f2ab1e) );
        background-color:#f0c911;
        color:#c92200;
        text-shadow:1px 1px 0px #ded17c;
        -webkit-box-shadow:inset 1px 1px 0px 0px #f9eca0;
        -moz-box-shadow:inset 1px 1px 0px 0px #f9eca0;
        box-shadow:inset 1px 1px 0px 0px #f9eca0;
    }.css_btn_class:hover {
        background:-moz-linear-gradient( center top, #f2ab1e 5%, #f0c911 100% );
```

```
        background:-ms-linear-gradient( top, #f2able 5%, #f0c911 100% );
        filter:progid:DXImageTransform.Microsoft.gradient(startColorstr='#f2ab
le', endColorstr='#f0c911');
        background:-webkit-gradient( linear, left top, left bottom, color-stop(5%,
#f2able), color-stop(100%, #f0c911) );
        background-color:#f2able;
    }.css_btn_class:active {
        position:relative;
        top:1px;
    }
    </style>
    <script type="text/javascript">
    var db;
    $(function(){

            //打开数据库
             var dbSize=2*1024*1024;
             db = openDatabase('todo', '', '', dbSize);
            db.transaction(function(tx){
                //创建数据表
                tx.executeSql("CREATE TABLE IF NOT EXISTS notes (id integer
PRIMARY KEY,title char(50),inputMemo text,last_date datetime)");

            });
        //显示列表
        noteList();
        //显示新增页面
        $("#new").on("click",addnew);
        function addnew(){
            $.mobile.changePage("#addNote",{});
        }
        $("#addNote").on("pageshow",function(){
            $("#inputMemo").val("");
            $("#title").val("");
            $("#title").focus();
        });
        //新增
        $("#save").on("click",save);
        function save(){
                var title = $("#title").val();
                var inputMemo = $("#inputMemo").val();
                db.transaction(function(tx){
```

```
                        //新增数据
                        tx.executeSql("INSERT    INTO    notes(title,inputMemo,
last_date) values(?,?,datetime('now', 'localtime'))",[title,inputMemo],function
(tx, result){
                            $('.ui-dialog').dialog('close');
                            noteList();
                        },function(e){
                            alert("新增数据错误:"+e.message)
                        });
                    });
            }
            //显示细节
            $('#list').on('click', 'li',show);
            function show(){
                $("#viewTitle").html("");
                $("#viewMemo").html("");
                var value=parseInt($(this).attr('id'));
                db.transaction(function(tx){
                    //显示 customer 数据表全部数据
                    tx.executeSql("SELECT id,title,inputMemo,last_date FROM notes
where id=?",[value], function(tx, result){
                        if(result.rows.length>0){
                            for(var i = 0; i < result.rows.length; i++){
                                item = result.rows.item(i);
                                $("#viewTitle").html(item["title"]);
                                $("#viewMemo").html(item["inputMemo"]);
                                $("#last_date").html("创建日期:"+item["last_date"]);
                            }
                        }
                        $.mobile.changePage("#viewNote",{});
                    },function(e){
                        alert("SELECT 语法出错了!"+e.message)
                    });
                });

            }
            //显示 list 删除按钮
            $("#del").on("click",showdelbtn);
            function showdelbtn(){
                if($("button").length<=0){
                        var DeleteBtn = $("<button class='css_btn_class'>Delete</
button>");
```

```
                    $("li:visible").before(DeleteBtn);
                }
            }
            //单击 list 删除按钮
            $("#home").on('click','.css_btn_class', function(){
                if(confirm("确定要执行删除?")){
                    var value=$(this).next("li").attr("id");
                    db.transaction(function(tx){
                        //显示 customer 数据表全部数据
                        tx.executeSql("DELETE  FROM  notes  WHERE  id=?",[value],
function(tx, result){
                            noteList();
                        },function(e){
                            alert("DELETE 语法出错了!"+e.message)
                             $("button").remove();
                        });
                    });
                }
            });
        //列表
            function noteList(){
                $("ul").empty();
                var note="";
                db.transaction(function(tx){
                    //显示 notes 数据表全部数据
                    tx.executeSql("SELECT id,title,inputMemo,last_date FROM notes",
[], function(tx, result){
                        if(result.rows.length>0){
                            for(var i = 0; i < result.rows.length; i++){
                                item = result.rows.item(i);
                                note+="<li id="+item["id"]+"><a href='#'><h3>" +
item["title"]+"</h3><p>"+item["inputMemo"]+"</p></a></li>";
                            }
                        }
                        $("#list").append(note);
                        $("#list").listview('refresh');
                    },function(e){
                        alert("SELECT 语法出错了!"+e.message)
                    });
                });
            }
    });
```

```
    </script>
    </head>
    <body>
    <!--首页 记事列表-->
    <div data-role="page" id="home">
      <div data-role="header" id="header">
      <a href="#" data-icon="delete" id="del">删除</a>
        <h1>备忘记事本</h1>
        <a  href="#"  data-icon="plus"  class="ui-btn-right"  id="new"> 新 增 记 事
</a></div>
      <div data-role="content">
         <ul id="list" data-role="listview" data-inset="true" data-filter="true"
data-filter-placeholder="快速搜索"></ul>
      </div>
    </div>

    <!--新增记事-->
    <div data-role="dialog" id="addNote">
      <div data-role="header">
        <h1>新增记事</h1>
      </div>
      <div data-role="content">
         <input type="text" id="title">
        <textarea cols="40" rows="8" id="inputMemo"></textarea>
        <hr>
        <a href="#" data-role="button" id="save">保存</a></div>
    </div>

    <!--记事详细-->
    <div data-role="dialog" id="viewNote">
      <div data-role="header">
        <h1 id="viewTitle">记事</h1>
      </div>
      <div data-role="content">
        <p id="viewMemo">内容</p>
      </div>
      <div data-role="footer">
        <p id="last_date">日期</p>
      </div>
    </div>
    </body>
    </html>
```